最弱受约束电子理论

郑能武 著

上海科学技术出版社

内 容 提 要

本书系统详尽地介绍了一种新的量子理论——最弱受约束电子理论（WBE Theory).阐明如何从逐级电离和全同粒子角度,将体系哈密顿算符划分成单电子哈密顿算符的两种等效方法;如何从给定的解析式,严格求解单电子薛定谔方程,得到能量和波函数的解析表达式;如何处理分子问题等.用大量示例展现该理论在物理学、化学、材料科学中的应用,以表明其准确性、简便性和普适性,并指出未来的研究方向和前景.

本书以创新的思维、开阔的视野、严谨的风格和流畅的文字吸引多学科领域的读者,特别是物理学、化学和材料科学方面的科研人员、大学教师和本、硕、博士生.

图书在版编目（C I P）数据

最弱受约束电子理论 / 郑能武著. -- 上海 ： 上海
科学技术出版社，2023.1
ISBN 978-7-5478-6014-4

Ⅰ. ①最… Ⅱ. ①郑… Ⅲ. ①量子化学－研究 Ⅳ.
①O641.12

中国版本图书馆CIP数据核字(2022)第221173号

最弱受约束电子理论

郑能武　著

上海世纪出版(集团)有限公司
上海 科 学 技 术 出 版 社　出版、发行
(上海市闵行区号景路 159 弄 A 座 9F - 10F)
邮政编码 201101　　www.sstp.cn
上海雅昌艺术印刷有限公司印刷
开本 787×1092　1/16　印张 15.25
字数 235 千字
2023 年 1 月第 1 版　2023 年 1 月第 1 次印刷
ISBN 978 - 7 - 5478 - 6014 - 4/O · 110
定价：149.00 元

谨以此书表达我对父母永远的怀念

前言 | FOREWORD

最弱受约束电子理论(Weakest Bound Electron Theory, WBE Theory)是我首次提出并构建起来的一种新颖的量子理论.

早在1985—1988年理论创建初期,我在《科学通报》中、英文版上发表了一组题为"关于多电子原子及离子体系的一种新的理论模型"的论文.之后江苏教育出版社的编辑上门组稿,建议在论文基础上结合相关研究写一本专著.于是1988年便诞生了我的第一部专著《原子新概论》,责任编辑是王瑞书先生(现江苏凤凰教育出版社总编辑).专著核心内容是:① 引入最弱受约束电子(Weakest Bound Electron,WBE)概念,并提出最弱受约束电子势模型理论(Weakest Bound Electron Potential Model Theory,WBEPM Theory).② 提出新的"元素电离势有限差分定律",并用此定律计算出周期表元素的几千个电离能数据.迄今,国际上仍没有一种量子理论和方法能系统地计算出如此众多准确的数据.这些数据对物理、化学、天体物理等学科的研究仍有重要的现实意义.

当年多位专家对上述论文和专著呈现的工作都给予了很高的评价.

(1) 中国现代理论化学开拓者和奠基人、国家自然科学基金委员会首届主任、第21届和第23届中国化学会理事长、国际量子分子科学院院士、中国科学院学部委员(院士)唐敖庆先生,在1991年送评的科研成果评审意见中评价道:作者的理论其主题思想可以概括为,将多电子原子或离子的薛定谔(Schrödinger)方程中的哈密顿算符(Hamilton operator)写成WBE单电子哈密顿算符之和,并提出了WBE单电子哈密顿算符中势函数 V_i 的解析形式,在该 V_i 形式下求得

$$\hat{H}_j \, \psi_j(r) = \varepsilon_j \, \psi_j(r)$$

的解为广义拉盖尔函数乘以球谐函数.作者的思想是新颖的,单粒子波函数的解又是解析形式……这对研究无机化合物的结构与性能间的关系很有帮助.总体评价是"国际先进".

(2) 著名物理化学家和无机化学家、2008 年国家最高科学技术奖得主、"中国稀土之父"、第四届亚洲化学联合会主席、第 22 届中国化学会理事长、中国科学院学部委员(院士)徐光宪先生评价道:工作的创新之处是,把多电子原子看作一个由最易电离的电子(即最弱受约束电子)和其余电子及原子核组成的体系.对其余电子及原子核产生的势场提出一个新的解析形式的公式.这样就得到单电子薛定谔方程,求解这一方程,其径向波函数为广义拉盖尔多项式(不是通常的联属拉盖尔多项式).一个电子电离后,就有第二个最易电离的电子,从而又可得到第二电子的波函数…….推广到分子,意义就更大.

(3) 第 24 届中国化学会理论化学专业委员会副主任、世界理论有机化学家协会中国国家副代表、北京理工大学化工与材料学院院长、量子化学教授李前树先生评价道:该理论的创新性在于,提出最弱受约束电子的概念;建议了一种平方反比势;用广义拉盖尔函数对具有上述势形式的单电子哈密顿进行径向方程求解.这一理论是一种富有创新性的新理论,有相当高的学术水平,有别于以往的其他理论,理论水平达到国际先进水平.

(4) 无机化学家、浙江大学姚克敏教授的评议结论是:该理论是一种具有创造性内容及观点的新理论.比量化中已建立的有关多电子体系的理论有着更多优点,所以此理论有相当高的学术和应用价值.尤其是敢于向传统的理论挑战,这是非常难能可贵的.因此,我认为应该给予此出色的新成就高度评价和重视.

(5) 配位化学家、中南大学张祥麟教授评价道:作者以原子(离子)体系中最弱受约束电子、也是化学上最活跃的电子作为处理对象,在国际上首次提出最弱受约束电子势模型理论.并用此理论成功地讨论了原子的一系列性质,受到国内外不少同行的重视.本人认为,该科研成果在有关科学领域内表现出较高学术水平,有重大科学意义;总体上具有国际先进水平,至少在局部问题方面,作者的工作似已达到国际领先水平.

　　该成果得到老一辈科学家和国内知名专家的肯定,并获得 1992 年度中国科学院自然科学二等奖,让我感到我的研究思路是对的,信心更加充足.于是,我和我的博硕士生研究团队决定开展全面的理论应用研究,跻身国际学术舞台.我们广泛开展了原子能级、振子强度、跃迁概率、辐射寿命、电离势、总能量及结构新颖的镧系元素配位聚合物的设计合成等一系列研究.in *Astrophys J Supply Ser*，*J Phys Chem*，*J Chem Phys*，*Phys Rev A*，*Angew Chem Int Ed*，*J Quantum Chem*，*At Mol Opt Phys*，*J Opt Soc Am*，*B-Opt Phys*，*J Mol Strict*，*Inorg Chem*，*Chem Phys Letts*，*At Data Nucl Data Tables* 等国际著名刊物上发表了 70 多篇论文,受到国内外物理、化学界同行的广泛关注.

　　由于理论和理论的应用都向纵深推进,原来使用的理论名称涵盖不下理论的新内容.因此,将理论的原来名称"最弱受约束电子势模型理论(WBEPM Theory)"更名为"最弱受约束电子理论(WBE Theory)";同时,对原来在原子(基态)逐级电离势基础上建立起来的元素"电离势有限差分定律"的名称和定律的表述也做了改动.定律名称改为基态和激发态均适用的"电离能差分定律",重新表述为"在一等光谱态能级系列中电离能的一阶差分对 Z 呈良好的线性关系;二阶差分接近于定值".

　　我的第二部专著《最弱受约束电子理论及应用》在 2009 年获得国家科学技术学术著作出版基金资助,中国科学技术大学出版社出版,责任编辑是高哲峰女士(中国科学技术大学出版社原总编).2011 年又出了修订版.该专著出版后,获得新闻出版总署第三届"三个一百"原创图书出版工程奖(学术著作一等奖)、中国大学出版社第二届优秀教材、优秀学术著作、优秀畅销书奖(优秀学术著作一等奖)等多项荣誉.深受学术界的好评.物理无机化学家、中国科学院院士、北京大化学与分子工程学院教授黎乐民先生评价道:"这本书概括了您在最弱受约束电子理论方面的研究成果.工作是系统的,具有自己特色".量子信息学家、中国科学院院士、第三世界科学院院士、中国科学技术大学教授郭光灿先生,在专家推荐意见表中评论道"量子力学的提出是 20 世纪最重大的科学成就之一.许多科学家发展了多种处理多电子体系的近似的量子理论和计算方法,如哈特里-福克自洽场方法、分子轨道理论和从头计算方法、多体微扰理论等.从事研究的一些科学家还因为他们做出的杰出贡献荣获诺贝尔奖.作者多年来所从事的也正是致力于建立一种近似的处理多粒子体系的新的量子理论和计算方法的研究.最终作者成功地在国际上首次提出并建立了最弱受约束电子理论……作者的理论和应用成果已赢得国际同行的公认和广泛引用.该书是一本阐述自主创新理论及应用的学术价值极高的原创性学术专著."

修订版面世 10 年多后,上海科学技术出版社和 Springer 出版社经过评审,非常看好这部专著的学术价值,决定合作出版该专著的英文版,全球发行.同时上海科学技术出版社愿意再版其中文修订版.趁此次再版机会,向亲爱的读者介绍一下最弱受约束电子理论的研究历程,以及包括近 10 年来研究成果在内的理论要点和展望.由于前言篇幅有限,有些内容还将在后记中加以补充.

1. 最弱受约束电子理论核心要点

(1) 引入最弱受约束电子(Weakest Bound Electron,WBE)概念,作为纽带,创建一种全新的量子理论.从原子分子的逐级电离的定义,作者领悟出:一方面,WBE 是当前体系中和体系联系最弱、最易被激发或被电离、化学性质最活泼的电子,它和原子、分子林林总总的物理化学性质直接相关;另一方面,体系中所有电子都有可能成为 WBE,可以与量子化学标准状态、定态薛定谔方程(能量本征值方程)关联.这样建立起来的新量子理论,既便于讨论单个电子的行为,又便于讨论体系的整体性质.

(2) N 电子原子问题可以简化成 N 个 WBE 单电子问题处理.从"移走"电子模式和"加入"电子模式的思想,提出两种划分体系哈密顿算符为单电子算符的方式.所谓"移走"模式,就是体系在逐级电离过程中,电子一个个作为 WBE 被移到和核无限分离且彼此无限分离的状态(量子化学零能状态);所谓"加入"模式,即把处于量子化学零能状态的 N 个电子逐一移到核场周围,按电子排布三原则构造全同粒子 N 电子体系,我们称之为类奥夫保过程(Aufbau-like process).

在"移走"模式中,WBE_i 的单电子哈密顿算符

$$\hat{H}_i = -\frac{1}{2}\,\nabla_i^2 - \frac{z}{r_i} + \sum_{i<j}^{N} \frac{1}{r_{ij}}$$

可以看出,该式的思想是:所有与 WBE_i 相关的电子对之间的排斥势能项都归到 WBE_i 的名下.

在"加入"模式中,单电子哈密顿算符

$$\hat{H}_i = -\frac{1}{2}\,\nabla_i^2 - \frac{z}{r_i} + \frac{1}{2}\sum_{i\neq j}^{N} \frac{1}{r_{ij}}$$

可以看出,该式的思想是:体系中相互作用的全同粒子 i 和 j 之间的排斥能,各取二分之一平摊给电子 i 和 j.

"移走"和"加入"过程互为逆过程,构成一个封闭的循环,且拓扑等价.因而两种模式中单电子算符之和等于体系哈密顿算符,单电子能量之和等于体系总电子能量,从而克服了哈特里(Hartree)自洽场中重复计算电子排斥能的弊端.

(3) 两种单电子算符表达式的物理本质是相同的,所以我们提出了一个近似的、统一的、解析的函数形式来表达它们的势能.

$$V(r) = -\frac{z'}{r} + \frac{d(d+1)+2dl}{2\,r^2}$$

这样,单电子薛定谔方程可以严格求解.解的角向部分为球谐函数,和氢原子相同.径向方程有两种等效解法,即广义拉盖尔多项式法和伽马函数法.得到的径向波函数是解析解.《原子新概论》中列出了最受约束电子原子轨道波函数的解析形式,克服了哈特里自洽场没有解析解的弊端.

两种模式意味着电子可以集中处理,也可以一个一个处理,既体现了全同粒子的不可分辨性和反对称原理,又为电子的可分离性找到理论依据,彰显了电子的个性.

(4) 提出多中心问题(即分子体系)可以简化成单中心线性组合问题来处理.对于分子体系或分子的简化模拟多中心体系,分子轨道是离域的,它可以由合适的原子的 WBE 的原子轨道线性组合而成.

2. 最弱受约束电子理论的几大研究方向

随着 WBE Theory 被更多人认识和研究,特别是物理学(包括天体物理学、原子物理学、物理光学、量子力学)、化学(包括无机化学、无机材料化学、量子化学)、生物医学(包括医疗技术、医学诊断和治疗)等跨学科的研究者介入,笔者预测,近期 WBE Theory 在以下几个方向上将可能取得成果.

(1) 对比研究.基于 WBE Theory 中单电子哈密顿算符的表达、严格求解的径向波函数为广义拉盖尔多项式的解析形式,以及 WBE 的离域分子轨道可以由 WBE 的原子轨道线性组合而成的优势,通过和已有量子化学理论及计算方法(自洽场理论等)的对比研究,可能取得改变目前量子化学、量子力学格局的成果.

(2) 新能源和新技术.化学反应、生物反应及矿物能源利用,只涉及原子价电子层和少数 d、f 电子的变动,核能(裂变和聚变)只涉及原子核.而大片低能级的内层电子的积极性没有调动起来,少有研究.基于作者提出的元素电离能差分定律及计算结果和 WBE Theory,这个领域的研究将可能在新能源、等离子体技术、新医疗技术和某些疾病的诊断治疗的开发方面做出贡献(X 射线是已知的一例).

(3) 激光和物理光学.基于我们提出的新的能级计算公式和 WBE Theory 在能级、振子强度、跃迁概率、辐射寿命等能级跃迁中既简单又准确的计算方法,开展能级和能级跃迁的相关研究,将在激光和光源(特别是新节能光源)方面有新贡献.

(4) 化学合成和新材料.把 WBE Theory 中的核势和电负性、软硬酸碱理论结合,必将在指导材料化学、无机化学合成方面起到很大的作用.

(5) 分子和催化:WBE Theory 用于分子体系研究,用于催化过渡态研究.

本书得以出版,缘于上海科学技术出版社张晨先生、季英明先生和 Springer 出版社相关编辑的远见卓识,我深表感谢.也借此机会感谢为翻译英文书稿付出很多心血的花兰女士;感谢美国科学院院士、斯坦福大学能源研究中心主任崔屹教授和德国马克斯-普朗克研究所科学家马东霞女士,在英文书稿推荐信中给予的高度评价;同时向老一辈科学家和国内知名专家的关爱和帮助表示崇高的敬意.

　　感谢王瑞书先生和江苏教育出版社.感谢高哲峰女士和中国科学技术大学出版社.感谢国家科学技术学术著作出版委员会给予国家科学技术学术著作出版基金的资助.感谢曾与我并肩战斗并对该理论和应用研究做出贡献的我的学生们.感谢中国科学院陈耀全教授、清华大学洪啸吟教授、北京大学金祥林教授、国家科学基金委员会冯汉保教授、中国科学院周家驹教授对我的帮助.

　　本书虽是再版,但由于近十年来有重大的突破和成果,因此,对中国科学技术大学出版社出版的修订版中的以下诸项有所调整或重写:书名、内容提要、作者照片和作者简历、前言、后记、第4章参考文献的编排以及索引.尤其,新的前言和后记集中了 WBE Theory 之精华和十年来的进展,为点睛之笔.举足轻重.值得读者细细品读.

　　最后,我怀着深深的情意,感谢我的父母、妻子徐幼仙和孩子们对我的支持和帮助.

作　者
2022 年 6 月于北京

［1］　郑能武.原子新概论[M].南京:江苏教育出版社,1988.
［2］　郑能武.最弱受约束电子理论及应用(第一版)[M].合肥:中国科学技术大学,2009.
［3］　郑能武.最弱受约束电子理论及应用(修订版)[M].合肥:中国科学技术大学,2011.
［4］　Zheng Neng-Wu . Weakest Bound Electron Theory and Application[M]. Singapore:Springer Nature Singapore Pte Ltd.,2023.

目录 CONTENTS

第1章　最弱受约束电子理论的量子力学基础

1.1　波粒二象性

光的干涉、衍射、偏振等现象,显示光有波动性;而黑体辐射、光电效应等现象,则显示了光的粒子性.因此,光具有波粒二象性.

在光的波粒二象性的启示下,1923年法国物理学家德布罗意(L. V. de Broglie)提出实物粒子(指静质量 $m \neq 0$ 的粒子,如电子、原子、分子等)也具有波粒二象性的假说,并给出了有名的关系式

$$\lambda = \frac{h}{p} = \frac{h}{mv} \tag{1.1.1}$$

该式称为德布罗意关系式,它把体现粒子性的动量 p 和体现波动性的波长 λ 关联在一起.和实物粒子相联系的波,称为德布罗意波或物质波.

德布罗意的假说随后被一系列实验(包括电子束、氦原子束、氢分子束等实验)所证实.其中最有名的是 1927 年由戴维孙(C. J. Davison)和革末(L. M. Germer)完成的电子衍射实验.

1.2　测不准原理

在宏观世界,一个物体的位置和动量是可以同时精确测定的.物体在空间沿着确定的路径(或轨迹)在运动,这样的路径或轨迹服从牛顿运动定律.人们可以通过跟踪每一个物体所取的准确的路径或轨迹来区分(或分辨)它们.但在微观世界中,由于波粒二象性,要同时测出微观粒子的位置和动量,其精确度是有一定限制的.1927 年海森堡(W. Heisenberg)指出,同时精确知道一个微观粒子的坐标和动量是不可能的,其不确定程

度满足关系式

$$\Delta p \, \Delta q \gtrsim \frac{\hbar}{2} \tag{1.2.1}$$

这个关系式叫作微观粒子的坐标和动量的测不准关系式. 式中, $\hbar = h/2\pi$, h 为普朗克(Planck)常数; Δq 代表测量微观粒子的位置时的不确定范围; Δp 代表同时测得其动量的不确定范围.

由于微观粒子的位置和动量之间的不确定关系, 微观粒子不可能像宏观物体那样有确定的运动路径或轨迹. 所以, 存在相互作用的同类粒子, 在运动过程中是不可区分的.

类似于位置和动量的测不准关系, 也存在于能量和时间之间, 即

$$\Delta t \, \Delta E \gtrsim \frac{\hbar}{2} \tag{1.2.2}$$

该式表示, 一个体系处于某种状态, 若状态性质有明显改变所需的时间的不确定度为 Δt, 状态能量的不确定度则为 ΔE.

能量和时间不确定关系的一个例子, 出现在原子能级中. 由于激发态原子能自发地跃迁到低能态, 因此, 激发态原子是不稳定的. 如果用 Δt 表示原子在激发态的平均寿命, 根据能量和时间测不准关系, 具有平均寿命 Δt 的能级, 相应地会有一个自然宽度 ΔE. 所以, 实际原子能级都不是单一值. 宽度 ΔE 越小, 平均寿命就越长, 能级就越稳定, 也即越难发生自发跃迁. 反之, 亦然. 实验上可以通过测量自发辐射光子的能量来测出能级宽度, 从而可以推知能级的平均寿命. 原子能级的稳定与否, 和自发跃迁现象及激光的形成密切相关.[1]

上面所述的种种不确定关系, 在微观世界是一个普遍的规律, 因此, 总称为测不准原理[1].

测不准原理源于波粒二象性, 在量子力学中, 由于测不准原理, 相互作用的同一类粒子在运动过程中是不可区分的.

1.3 薛定谔方程

1926 年薛定谔(E. Schrödinger)提出了著名的波动方程(后人称此方程为薛定谔方程), 它揭示了微观粒子运动的基本规律, 是量子力学的

基本方程.薛定谔方程描述的体系是概率(或粒子数)守恒的且粒子运动的速度远比光速小的体系.概率(或粒子数)守恒意味着不存在粒子的产生和湮灭.在原子核衰变及核反应的高能领域中,存在粒子的产生和湮灭,而在大多数原子、分子问题中没有粒子的产生和湮灭现象.因原子、分子问题中粒子运动的速度远比光速小,所以该方程中用了非相对论性的能量(E)和动量(p)关系.对于自由粒子,用了

$$E = \frac{p^2}{2m}$$

对于势场 V 中的粒子,用了

$$E = \frac{p^2}{2m} + V$$

的关系.因此,薛定谔方程是非相对论性的.

薛定谔方程有含时间的薛定谔方程和不含时间的薛定谔方程.

含时间的薛定谔方程的通常表达形式是

$$i\hbar \frac{\partial}{\partial t}\Psi(r, t) = \left[-\frac{\hbar^2}{2m}\nabla^2 + V(r, t) \right]\Psi(r, t) \qquad (1.3.1)$$

式中,$\Psi(r, t)$ 不但和坐标有关,而且和时间有关.

当上述含时间的薛定谔方程中,势场 $V = V(r)$,即势场只和坐标有关而和时间无关时,体系的能量具有确定值.能量具有确定值的态称为定态(stationary state),通常所说的定态薛定谔方程就是指这种情况,其方程具有如下一般形式:

$$i\hbar \frac{\partial}{\partial t}\Psi(r, t) = \left[-\frac{\hbar^2}{2m}\nabla^2 + V(r) \right]\Psi(r, t) \qquad (1.3.2)$$

(1.3.2)式中的 $\Psi(r, t)$ 称为定态波函数,体系在定态下有一系列重要的特征.包括粒子的空间概率密度、力学量的平均值等都不随时间改变.

定态薛定谔方程,即(1.3.2)式,可以通过分离变量的方法,即令 $\Psi(r, t) = \psi(r)f(t)$ 的办法求解.其特解为

$$\Psi(r, t) = \psi(r)f(t) = \psi(r)\exp\left(-\frac{iEt}{\hbar} \right) \qquad (1.3.3)$$

其中,$\psi(r)$ 是满足下列方程的解

$$\left[-\frac{\hbar^2}{2m} \nabla^2 + V(r) \right] \psi(r) = E\psi(r) \qquad (1.3.4)$$

$\psi(r)$ 与时间无关,因此(1.3.4)式是不含时间的薛定谔方程(time-independent Schrödinger equation).

因(1.3.4)式所描述的体系也是 $V = V(r)$,它具有 $V = V(r)$ 体系的特征,所以往往也将(1.3.4)式称为定态薛定谔方程.$\psi(r)$ 也称为定态波函数.[2-6]

由(1.3.4)式,令

$$\hat{H} = -\frac{\hbar^2}{2m} \nabla^2 + V(r) \qquad (1.3.5)$$

则可得到不含时间的薛定谔方程的算符表达形式:

$$\hat{H}\psi(r) = E\psi(r) \qquad (1.3.6)$$

式中的 $\hat{H}$ 称为哈密顿(Hamilton)算符,它是体系的能量算符.E 是体系的能量本征值,而相应的波函数 $\psi(r)$ 是能量本征函数.因此,不含时间的薛定谔方程(1.3.6)或(1.3.4),实际上是体系的能量本征方程.

从数学上说,对于任何 E 值,(1.3.4)式或(1.3.6)式都有解,但是,所得的解,未必能满足物理上的要求.能满足物理要求的解(即波函数)必须在其全部变量的变化区域内,具有单值性、有界性和连续性.

在人们面对的和原子、分子有关的大多数物理、化学问题中,势场 V 只和坐标有关,势场及波函数都不随时间变化.它们都可以用(1.3.4)式来处理.因此,不含时间的薛定谔方程是很重要的.

如何写出一定表象下(1.3.6)式的哈密顿算符和相应的薛定谔方程的具体表述形式? 对于 N 电子原子和固定核构型的 N 个电子、X 个核的分子,在坐标表象和玻恩-奥本海默(Born-Oppenheimer)近似下,电子的非相对论哈密顿算符(原子单位)为

$$\hat{H}(1, 2, \cdots, N) = \sum_{\mu=1}^{N} \left(-\frac{1}{2} \nabla_\mu^2 \right) - \sum_{A}^{X} \sum_{\mu}^{N} Z_A r_{A\mu}^{-1} + \sum_{\mu<\nu}^{N} \sum_{}^{N} \frac{1}{r_{\mu\nu}}$$

$$(1.3.7)$$

上式中,若 $X = 1$,则(1.3.7)式代表 N 电子原子的哈密顿算符;若 $X > 1$,则(1.3.7)式代表固定核构型下 N 个电子、X 个核的分子体系中电子

的哈密顿算符.

与此算符相对应的不含时间的薛定谔方程是

$$\hat{H}\psi(1, 2, \cdots, N) = E\psi(1, 2, \cdots, N) \tag{1.3.8}$$

方程(1.3.8)的解 $\psi(1, 2, \cdots, N)$ 描述了电子在原子中或固定核场的分子中的运动状态,E 是体系中电子的总能量.

因为(1.3.8)式[或(1.3.4)式、(1.3.6)式]是体系的能量本征方程,所以(1.3.7)式也可写成如下形式:

$$\hat{H} = \hat{T} + \hat{V} \tag{1.3.9}$$

$\hat{T}$是电子的动能算符,

$$\hat{T} = -\frac{1}{2} \sum_{\mu=1}^{N} \nabla_\mu^2 \tag{1.3.10}$$

$\hat{V}$是势能算符,

$$\hat{V} = \sum_A^X \sum_\mu^N \left(-Z_A r_{A\mu}^{-1}\right) + \sum_{\mu<\nu}^N \sum^N \frac{1}{r_{\mu\nu}} \tag{1.3.11}$$

(1.3.11)式右边的第一项代表电子-核的吸引能.第二项代表电子-电子的排斥能.

对于原子体系而言,(1.3.8)式中的 E 就是体系的能量.而对于固定核构型的分子而言,E 代表在玻恩-奥本海默近似下电子的能量.体系的能量 W,除了 E 之外,还应加上核-核的排斥能,即

$$W = E + \sum_{A<B} Z_A Z_B R_{AB}^{-1} \tag{1.3.12}$$

当核构型发生变化时,W 也将随之变化.W 随核构型变化而变化的问题,是势能面研究中关心的课题.

1.4　电子自旋和自旋轨道[3,7-9]

为了解释当时原子光谱中出现的现象,如碱金属原子光谱能级的双线结构、塞曼(Zeeman)效应、斯特恩-盖拉赫(Stern-Gerlach)实验等,1925 年乌仑贝克(G. E. Uhlenbeck)和古德斯密特(S. Goudsmit)提出了电子具有自旋的假说.

电子的自旋运动和电子的轨道运动不同.

电子的自旋角动量是 $\hbar/2$,而轨道角动量是 $\hbar$ 的整数倍;电子自旋的(自旋磁矩/自旋角动量)$=e/mc$,而电子轨道的(轨道磁矩/轨道角动量)$=e/2mc$.两者相差一倍.或者说,朗德(Landè)因子或 g 因子(回转磁比值)对于自旋是 $|g_s|=2$,对于轨道是 $|g_l|=1$.碱金属原子光谱能级的双线结构、塞曼效应等正是由电子自旋这两个不同于轨道运动的特点造成的.

单个电子的自旋角动量用向量算符 s 表示,其分量分别为 s_x,s_y,s_z.自旋平方角动量 s^2 和分量 s_x,s_y,s_z 均对易,即

$$[s^2, s_x] = 0 \tag{1.4.1}$$

$$[s^2, s_y] = 0 \tag{1.4.2}$$

$$[s^2, s_z] = 0 \tag{1.4.3}$$

s^2 的本征值和 s_z(s 沿 z 轴的分量)的本征值分别是

$$s(s+1)\hbar^2, \quad s = \frac{1}{2} \tag{1.4.4}$$

和

$$m_s\hbar, \quad m_s = \pm\frac{1}{2} \tag{1.4.5}$$

和 s^2,s_z 相对应的本征态,即自旋函数,只有两个,用 α 和 β 表示.按通常的说法 α 和 β 是自旋磁量子数 m_s 的函数,即

$$\alpha = \alpha(m_s), \quad m_s = +\frac{1}{2} \tag{1.4.6}$$

$$\beta = \beta(m_s), \quad m_s = -\frac{1}{2} \tag{1.4.7}$$

α 态叫作向上自旋态(spin-up state),β 态叫作向下自旋态(spin-down state),并用符号↑(α 态)和↓(β 态)表示.

量子力学要求本征函数是归一化的,同时,α 和 β 是厄米(Hermite)算符 s_z 的不同本征值的两个本征态,α 和 β 相互正交.所以,两个自旋态是正交归一的,即

$$\sum_{m_s=-1/2}^{1/2} |\alpha(m_s)|^2 = 1 \tag{1.4.8}$$

$$\sum_{m_s=-1/2}^{1/2} |\beta(m_s)|^2 = 1 \tag{1.4.9}$$

$$\sum_{m_s=-1/2}^{1/2} \alpha^*(m_s)\beta(m_s) = 0 \tag{1.4.10}$$

为了满足上述正交归一条件,必须令

$$\alpha(1/2)=1, \qquad \alpha(-1/2)=0 \tag{1.4.11}$$

$$\beta(1/2)=0, \qquad \beta(-1/2)=1 \tag{1.4.12}$$

电子有自旋和相应的磁矩,这是电子自身的内在属性.这种属性的存在表明电子还有一个新的自由度.

于是,描述电子运动状态的波函数,除了空间部分之外,还应当包含和空间运动无关的电子内在的自旋状态.因此,一条原子轨道,现在要用四个量子数,即 n, l, m 和 m_s 来表征它. n 代表主量子数, $n=1$, 2, 3, …. l 代表角量子数, $l=0$, 1, 2, …, $n-1$. m 称磁量子数,它代表轨道角动量沿磁场方向的分量, $m=0$, ± 1, ± 2, …, $\pm l$. m_s 称自旋磁量子数.它代表自旋角动量沿磁场方向的分量, $m_s = \pm 1/2$. 对于中心场下非相对论的电子的描述,可以选取 (H, l^2, l_z, s_z) 为守恒量完全集.其共同本征态为 ψ_{nlmm_s},

$$\psi_{nlmm_s}(r, m_s) = \psi_{nlm}(r)x(m_s) \tag{1.4.13}$$

(1.4.13)式指明单个电子的完全波函数是空间轨道 ψ_{nlm} 和自旋函数 $x(m_s)$ [$m_s=+1/2$, $x(m_s)=\alpha$ 或 $m_s=-1/2$, $x(m_s)=\beta$] 的乘积.这样的波函数叫自旋轨道.对于分子,自旋轨道的定义仍然是空间轨道和自旋函数的乘积.只是由于对称性不同于原子,所以,空间轨道不再用量子数 nlm 来标记.

一条自旋轨道只能有一个电子,一条空间轨道可以容纳两个电子,但自旋必须相反.

在 LS 耦合下,多电子原子的能态可通过量子数 S, L 和 J 来分类. S, L 和 J 分别代表总自旋角动量、总轨道角动量和总角动量.

$$\boldsymbol{S}=\sum \boldsymbol{s} \tag{1.4.14}$$

$$L = \sum l \tag{1.4.15}$$

$$J = L + S \tag{1.4.16}$$

上三式表示,总自旋角动量 S 等于每个电子的自旋角动量 s 的矢量和;总轨道角动量 L 等于每个电子的角动量 l 的矢量和;总角动量 J 等于 L 和 S 的矢量和. S, L 和 J 的大小分别用量子数 S, L 和 J 刻画.如 $L \geqslant S$,则 J 值共有 $(2S+1)$ 个;如 $L < S$,则 J 值只有 $(2L+1)$ 个.于是原子能态可以写作

$$^{2S+1}L_J \tag{1.4.17}$$

$2S+1$ 叫作光谱项的多重性, ^{2S+1}L 代表光谱项, $^{2S+1}L_J$ 代表原子能级或光谱支项.对于 L,光谱学上有专门的表示符号,即 $L = 0$, 1, 2, ⋯ 分别记为 S, P, D, F, G, H, ⋯.

除了 LS 耦合方式还有 jj 耦合,即把每一个电子的 s 和 l 合并成 j,再把 j 合并成 J;以及 $J'l$ 耦合,即把除了最后一个电子的自旋 s_i 外的其他角动量耦合成 K,最后再用 K 和 s_i 耦合成总角动量 J.

电子的自旋不是一个经典的效应,自旋的理论处理属相对论量子力学范畴.电子的轨道运动和自旋运动各有一个磁矩,磁矩间的相互作用称为自旋-轨道耦合作用.相对论量子力学将推导出自旋-轨道耦合能的表达式[10],即

$$E_{SO} = \frac{1}{2\mu^2 c^2} \frac{1}{r} \frac{dV(r)}{dr} LS \tag{1.4.18}$$

相应的算符

$$H_{SO} = \frac{1}{2\mu^2 c^2} \frac{1}{r} \frac{dV(r)}{dr} \hat{L}\hat{S} = \xi(r) \hat{L}\hat{S} \tag{1.4.19}$$

1.5 微观全同粒子的不可分辨性

在微观世界中,所谓全同粒子是指内禀性质完全相同的同类粒子,例如电子.所有电子的质量(静止质量都等于 1 a.u., 1 a.u. $= 9.109\ 1 \times 10^{-28}$ g)、电荷(电荷都等于 1 a.u., 1 a.u. $= 4.802\ 98 \times 10^{-10}$ esu)、自旋(自旋量子数 $s = 1/2$,为半整数)等固有性质完全相同,所以,电子是全

同粒子.包含全同粒子的体系称为全同粒子体系.一个原子或一个分子中的所有电子就组成一个全同粒子体系.

由于全同粒子的内禀性质完全相同,无法借助内禀性质的差异区分它们.如前所述,由于测不准原理,全同粒子在运动过程中又是不可区分的.因而,从微观世界的基本特性——量子化特性和微观粒子的波粒二象性——着眼,全同粒子系中相互作用的粒子间本质上是不可分辨的.

既然全同粒子系中相互作用的粒子彼此是不可分辨的,那么交换其中的任意两个粒子的全部坐标(包括空间坐标和自旋坐标),或重新取名或重新编号,体系所处的状态是不会改变的;体系的任何可观测的物理量,特别是哈密顿(Hamilton)量也是不会改变的[10-12].若用 $q_i(i=1, 2, \cdots, i, \cdots, N)$ 表示粒子 i 的全部坐标,波函数 $\Psi(q_1, \cdots, q_i, \cdots, q_j, \cdots, q_N)$ 表示全同粒子系的状态,$\hat{P}_{ij}$ 表示 i 粒子和 j 粒子的全部坐标的交换,那么,由于全同性,$\hat{P}_{ij}\Psi(q_1, \cdots, q_i, \cdots, q_j, \cdots, q_N)=\Psi(q_1, \cdots, q_j, \cdots, q_i, \cdots, q_N)$ 所描述的状态也应该是体系的同一状态.

$\hat{P}_{ij}\Psi(q_1, \cdots, q_i, \cdots, q_j, \cdots, q_N)$ 和 $\Psi(q_1, \cdots, q_i, \cdots, q_j, \cdots, q_N)$ 最多只能相差一个常数因子,即

$$\hat{P}_{ij}\Psi(q_1, \cdots, q_i, \cdots, q_j, \cdots, q_N)$$
$$=c\Psi(q_1, \cdots, q_i, \cdots, q_j, \cdots, q_N) \tag{1.5.1}$$

再用交换算符 $\hat{P}_{ij}$ 左乘上式的两边,则

$$\hat{P}_{ij}^2\Psi(q_1, \cdots, q_i, \cdots, q_j, \cdots, q_N)$$
$$=\hat{P}_{ij}c\Psi(q_1, \cdots, q_i, \cdots, q_j, \cdots, q_N)$$
$$=c\hat{P}_{ij}\Psi(q_1, \cdots, q_i, \cdots, q_j, \cdots, q_N) \tag{1.5.2}$$

将(1.5.1)式代入,可得

$$\hat{P}_{ij}^2\Psi(q_1, \cdots, q_i, \cdots, q_j, \cdots, q_N)$$
$$=c^2\Psi(q_1, \cdots, q_i, \cdots, q_j, \cdots, q_N) \tag{1.5.3}$$

用 $\hat{P}_{ij}$ 两次,相当于没有净作用,所以 $\hat{P}_{ij}$ 的平方是单位算符,即 $\hat{P}_{ij}^2=1$.于是有

$$c^2=1 \tag{1.5.4}$$

$$c = \pm 1 \qquad (1.5.5)$$

也就是说,算符 $\hat{P}_{ij}$ 只有两个本征值.当 $c = +1$,$\hat{P}_{ij}\Psi(q_1, \cdots, q_i, \cdots, q_j, \cdots, q_N) = \Psi(q_1, \cdots, q_i, \cdots, q_j, \cdots, q_N)$,称此波函数 Ψ 为对称波函数;当 $c = -1$,$\hat{P}_{ij}\Psi(q_1, \cdots, q_i, \cdots, q_j, \cdots, q_N) = -\Psi(q_1, \cdots, q_i, \cdots, q_j, \cdots, q_N)$,称此波函数 Ψ 为反对称波函数.

换言之,全同粒子的不可分辨性,对体系的波函数施加了严格的限制.全同粒子系中对于任意的一对粒子的交换,要求体系的波函数要么是对称的,要么是反对称的,而且这一性质不随时间改变.量子力学中称此为全同性原理[4].

实验表明,全同粒子系的波函数的交换对称性和粒子的自旋禀性相关.凡整数自旋($s = 0, 1, 2, \cdots$)的粒子,体系波函数对于交换总是对称的.这类粒子称为玻色子(Bose 子);而凡半整数自旋($s = 1/2$,$3/2, \cdots$)的粒子,体系波函数对于交换总是反对称的,这类粒子称为费米子(Fermi 子).

1.6　泡利原理和周期表

电子自旋($s = 1/2$)是半整数的,因此,描述多电子体系的总电子波函数对于交换任意一对电子的全部坐标必须是反对称的,即

$$\hat{P}_{ij}\Psi(q_1, \cdots, q_i, \cdots, q_j, \cdots, q_N)$$
$$= \Psi(q_1, \cdots, q_j, \cdots, q_i, \cdots, q_N)$$
$$= -\Psi(q_1, \cdots, q_i, \cdots, q_j, \cdots, q_N) \qquad (1.6.1)$$

这就是量子力学中的泡利(Pauli)原理或反对称性原理.它是泡利原理的一种表述方式.

对于 N 电子体系,如何造出符合反对称性要求的多电子体系电子波函数呢?

由于 N 电子体系的哈密顿算符中,包含了电子间的相互作用项即 r_{ij}^{-1} 项.至今,人们还没有找到一个准确的方法可以把多电子哈密顿算符写成单个电子的哈密顿算符之和,因而建议了一些近似方法.

近似方法之一是独立粒子近似[9-10].在忽略电子间相互排斥项之后,电子间没有了相互作用,彼此独立地运动着,这时体系的哈密顿算符

$\hat{H}$ 就可以写成 N 个单电子哈密顿算符之和,即

$$\hat{H} = \sum_{i=1}^{N} H_i$$

　　根据基础概率论,多个独立事件同时出现的概率等于各个事件出现的概率之积.于是可以写出单电子波函数的乘积的表示式,即

$$\Psi(1, 2, \cdots, N) = \prod_{i=1}^{N} \psi_i$$

体系的薛定谔方程可以分解为一组相互独立的单电子薛定谔方程.不过,乘积波函数对于交换任意一对电子的全部坐标,既不是对称的,也不是反对称的,必须实施反对称化.量子力学已经把体系波函数 $\Psi^A(1, 2, \cdots, N)$ 表示成符合反对称性要求的斯莱特(Slater)行列式波函数形式.

　　在原子、分子中,电子间的排斥作用很强,对能量的贡献也很大.忽略电子间排斥项将会导致很大的误差.不过,独立粒子近似给了人们一个很好的启示.

　　另一种近似方法是轨道近似法.[10-11] 因为多电子哈密顿算符包含了电子间排斥项 $1/r_{ij}$,不能简单地写成单电子哈密顿算符之和.所以,将它近似为一个修改了的多电子哈密顿型算符 $\mathscr{F}(1, 2, \cdots, N)$,$\mathscr{F}(1, 2, \cdots, N)$ 可写成"有效"单电子哈密顿算符 $F(i)$ 之和,即

$$\mathscr{F}(1, 2, \cdots, N) = \sum_{i=1}^{N} F(i) = \sum_{i=1}^{N} \left[-\frac{1}{2} \nabla_i^2 + V(i) \right]$$

$V(i)$ 为单电子 i 的势能算符,代表原子核和其余$(N-1)$个电子产生的平均势场.

　　算符 $\mathscr{F}(1, 2, \cdots, N)$ 用于薛定谔型方程,其解可写成单电子波函数乘积形式,即原始的 Hartree 乘积.单电子波函数 ψ_i 满足单电子薛定谔方程

$$F_i(\mu)\psi_i(\mu) = \varepsilon_i \psi_i(\mu)$$

然后再从乘积函数实施反对称化,造出满足反对称性要求的 Slater 型行列式波函数.

　　从以上可见,只要能把体系的哈密顿算符写成单电子哈密顿算符之和,就可以用单电子态函数(或单电子自旋轨道)作元素,通过 Slater 行列式的形式(单个行列式或行列式的线性组合),造出满足反对称性要求

最弱受约束电子理论

的多电子体系电子波函数.

比如对于每一空间轨道被两个电子占据的 $N(N=2n)$ 电子体系,最简单的单个 Slater 行列式波函数的形式可写为

$$\Psi(1, 2, \cdots, N) = \frac{1}{\sqrt{N!}} \begin{vmatrix} \psi_1(1)\alpha(1) & \psi_1(1)\beta(1) & \cdots & \psi_n(1)\beta(1) \\ \psi_1(2)\alpha(2) & \psi_1(2)\beta(2) & \cdots & \psi_n(2)\beta(2) \\ \vdots & \vdots & & \vdots \\ \psi_1(N)\alpha(N) & \psi_1(N)\beta(N) & \cdots & \psi_n(N)\beta(N) \end{vmatrix}$$

$$(1.6.2)$$

行列式中每一列的所有元素有相同的自旋轨道,而每一行的所有元素包含同一个电子. $1/\sqrt{N!}$ 为归一化因子.

(1.6.2)式常缩写成围在两根线内的矩阵的对角元乘积形式:

$$\Psi(1, 2, \cdots, N) = |\ \psi_1(1)\alpha(1) \quad \psi_1(2)\beta(2) \quad \cdots \quad \psi_n(N)\beta(N)\ |$$

$$(1.6.3)$$

或者更简化的形式:

$$\Psi(1, 2, \cdots, N) = |\ \psi_1(1) \overline{\psi_1}(2) \cdots \overline{\psi_n}(N)\ |$$
$$= |\ \psi_1 \overline{\psi_1} \cdots \overline{\psi_n}\ | \qquad (1.6.4)$$

(1.6.4)式中,空间函数上加一横线的代表自旋轨道的自旋部分是 β,而不加横线的代表自旋部分是 α.

(1.6.3)式和(1.6.4)式的标记法中,按约定已隐含了归一化因子.

使用交换算符 $\hat{P}_k$,(1.6.2)式也可以表示成如下形式:

$$\Psi(1, 2, \cdots, N)$$
$$= \frac{1}{\sqrt{N!}} \sum_k^{N!} (-1)^k \hat{P}_k \{\psi_1(1)\alpha(1)\psi_1(2)\beta(2)\cdots\psi_n(N)\beta(N)\}$$

$$(1.6.5)$$

式中, $\hat{P}_k$ 代表任意一对电子的全部坐标的交换, k 代表成对电子交换的次数.当 k 为奇置换时, $(-1)^k$ 为负;当 k 为偶置换时, $(-1)^k$ 为正.

行列式的性质之一是:对交换行列式的任意两行(或两列),行列式的值乘以-1.对于(1.6.2)式的行列式波函数而言,这相当于任意交换一对电子的全部坐标,波函数具有反对称性的结果.行列式的另一个性质是如

果行列式中有任何两列(或两行)相同,则行列式的值为零.对于(1.6.2)式的行列式波函数而言,这意味着不可能有两个电子处于完全相同的自旋轨道状态.这自然引出文献中泡利不相容原理的又一种表述方式:"没有两个电子能够占据同一自旋轨道."这种表述方式实际上是在行列式波函数下,泡利原理或反对称原理的一个推论.

如 1.4 节所述电子的自旋轨道被定义为一个电子的空间轨道和自旋函数的乘积.对于原子体系而言,电子的空间轨道和自旋函数可用一组量子数 n, l, m 和 m_s 来表征.量子数 n, l, m 和 m_s 分别称为主量子数、角量子数、磁量子数和自旋磁量子数.于是,文献中常见到泡利原理的另一种更局限的表述方式:"在同一原子内,没有两个电子能够在所有四个量子数 n, l, m 和 m_s 上皆取相同的值."不难看出泡利原理的这种表述形式是仅局限于具有中心对称的原子体系.[5,10]

在轨道、自旋概念、泡利原理和最低能量原理下,通过奥夫保(Aufbau)过程[13],便可以构造出元素周期表中各元素的电子结构.所谓奥夫保过程就是从氢元素的原子开始,按原子序数的顺序,每次把一个质子加到原子核中去,与此同时把一个电子加到合适的电子亚层的轨道上,便构造出各元素的电子结构.比如,氢原子核内有一个质子,核外有一个电子.按最低能量原理,这个电子应填充到 1s 轨道上,所以,氢原子的电子组态是 $1s^1$.加一个质子到氢核中就变成下一个元素——氦,同时加入的一个电子按最低能量原理和泡利原理必须填在 1s 轨道上,但两个 1s 电子的自旋方向必须相反.所以,氦的电子组态是 $1s^2$.接下来,再加一个质子到氦核中,就得到元素锂.同时加入的一个电子,按最低能量原理和泡利原理,应当加到 2s 轨道上,于是锂原子的电子组态是 $1s^2 2s^1$.如此继续下去,整个元素周期表的元素的电子结构都可构造出来.表 1.6.1 给出元素周期表前 36 个元素的电子组态的写法.

表 1.6.1　元素周期表中 $Z = 1$ - 36 元素的电子组态

原子序数	元素符号	电子组态	原子序数	元素符号	电子组态
1	H	$1s^1$	4	Be	$[He]2s^2$
2	He	$1s^2$	5	B	$[He]2s^2 2p^1$
3	Li	$[He]2s^1$	6	C	$[He]2s^2 2p^2$

原子序数	元素符号	电子组态	原子序数	元素符号	电子组态
7	N	$[He]2s^2 2p^3$	22	Ti	$[Ar]3d^2 4s^2$
8	O	$[He]2s^2 2p^4$	23	V	$[Ar]3d^3 4s^2$
9	F	$[He]2s^2 2p^5$	24	Cr	$[Ar]3d^5 4s^1$
10	Ne	$[He]2s^2 2p^6$	25	Mn	$[Ar]3d^5 4s^2$
11	Na	$[Ne]3s^1$	26	Fe	$[Ar]3d^6 4s^2$
12	Mg	$[Ne]3s^2$	27	Co	$[Ar]3d^7 4s^2$
13	Al	$[Ne]3s^2 3p^1$	28	Ni	$[Ar]3d^8 4s^2$
14	Si	$[Ne]3s^2 3p^2$	29	Cu	$[Ar]3d^{10} 4s^1$
15	P	$[Ne]3s^2 3p^3$	30	Zn	$[Ar]3d^{10} 4s^2$
16	S	$[Ne]3s^2 3p^4$	31	Ga	$[Ar]3d^{10} 4s^2 4p^1$
17	Cl	$[Ne]3s^2 3p^5$	32	Ge	$[Ar]3d^{10} 4s^2 4p^2$
18	Ar	$[Ne]3s^2 3p^6$	33	As	$[Ar]3d^{10} 4s^2 4p^3$
19	K	$[Ar]4s^1$	34	Se	$[Ar]3d^{10} 4s^2 4p^4$
20	Ca	$[Ar]4s^2$	35	Br	$[Ar]3d^{10} 4s^2 4p^5$
21	Sc	$[Ar]3d^1 4s^2$	36	Kr	$[Ar]3d^{10} 4s^2 4p^6$

奥夫保过程既填质子又填电子,但对于把电子加入或填充到原子或分子核场中的过程也常称为类奥夫保过程.在此意义上,这样的过程正好和电子从原子或分子中电离的过程相反.

在元素电子结构的基础上,便有了内层电子、外层电子、开壳层、闭壳层结构,价电子、实电子,以至化学成键中的 σ 电子、π 电子等等许多有用的概念.

1.7　量子力学中的近似方法之一——变分法

包含两个或两个以上电子的原子、分子体系是量子力学中的有相互作用的多粒子体系.就目前而言,这样的体系的薛定谔方程是无法精确求解的,只能做近似处理.近似处理中最常用的方法是变分法和微扰理论.下面简要介绍变分法的相关内容.

在量子化学中变分法以三种不同的方式被应用,即里兹(Ritz)变分法、线性变分法和待定因子法.它们都建立在变分原理之上.

对于一个 N 电子原子或分子体系,它的哈密顿算符记为 $\hat{H}$,相应的薛定谔方程为

$$\hat{H}\Psi_i = E_i\Psi_i \qquad (1.7.1)$$

Ψ_i 和 E_i 分别是体系的束缚态的本征函数和能量本征值. $\int \Psi_i^* \Psi_j \mathrm{d}\tau = \delta_{ij}$,且 $E_0 \leqslant E_1 \cdots \leqslant E_i \leqslant \cdots (i = 0, 1, 2, \cdots)$.

虽然无法精确求解方程(1.7.1)以得到 E_i 和 Ψ_i,但是可以借助变分原理得到接近于真实解的近似波函数和能量.

任何一个满足连续、单值和平方可积条件的函数都可称为品优函数.变分原理声称:如果用满足体系边界条件的品优函数 Φ 代替 Ψ,计算算符 $\hat{H}$ 的期望值为 W,则必定有

$$W = \frac{\langle \Phi \mid \hat{H} \mid \Phi \rangle}{\langle \Phi \mid \Phi \rangle} \geqslant E_0 \qquad (1.7.2)$$

上式中的 E_0 是精确的基态能量,Φ 称为尝试波函数,近似基态能量 W 是基态能量 E_0 的一个上限.

(1) 里兹变分法[3,4,11,14]

若选取尝试波函数 Φ,使其包含若干个待定参数,即

$$\Phi = \Phi(q, c_1, c_2, \cdots, c_i, \cdots) \qquad (1.7.3)$$

式中,q 代表体系的全部坐标,其余为待定参数.由这样的 Φ 得到的 W 是待定参数 c_i 的函数.根据变分原理对 $W(c_1, c_2, \cdots, c_i, \cdots)$ 取极值,

$$\sum_i \frac{\partial W}{\partial c_i} \delta c_i = 0 \qquad (1.7.4)$$

据此便可确定各参数 c_i 之值以及和这些值相对应的 W 值(记为 W_0). W_0 即为尝试波函数取(1.7.3)形式下最接近 E_0 的近似基态能量值.Φ 函数选择得越接近于真实波函数,所含待定参数 c_i 的数目越多,则 W_0 偏离 E_0 越小.

(2) 线性变分法

把尝试波函数表达成 n 个满足问题的边界条件且线性无关的函数 f_1, f_2, $\cdots$, $f_i \cdots$, f_n 的线性组合,

$$\Phi = \sum_i c_i f_i \tag{1.7.5}$$

再通过变分积分取极小和归一化条件来确定待定参数 c_i，最终得到体系的前 n 个状态的能量的上限.这样的方法,称为线性变分法.在量子化学计算中它是非常有用的.

线性变分法的具体细节可描述如下:

重写(1.7.5)式

$$\Phi = \sum_i c_i f_i$$

则变分积分

$$W = \frac{\langle \Phi \mid \hat{H} \mid \Phi \rangle}{\langle \Phi \mid \Phi \rangle} = \frac{\left\langle \sum_i c_i f_i \mid \hat{H} \mid \sum_j c_j f_j \right\rangle}{\left\langle \sum_i c_i f_i \mid \sum_j c_j f_j \right\rangle} = \frac{\sum_i \sum_j c_i c_j H_{ij}}{\sum_i \sum_j c_i c_j S_{ij}}$$

$$\tag{1.7.6}$$

式中,

$$H_{ij} = \langle f_i \mid \hat{H} \mid f_j \rangle \tag{1.7.7}$$

$$S_{ij} = \langle f_i \mid f_j \rangle \tag{1.7.8}$$

由(1.7.6)式可得

$$W \sum_i \sum_j c_i c_j S_{ij} = \sum_i \sum_j c_i c_j H_{ij} \tag{1.7.9}$$

对 c_k 求上式的偏导数,则有

$$\frac{\partial W}{\partial c_k} \sum_i \sum_j c_i c_j S_{ij} + W \frac{\partial}{\partial c_k} \sum_i \sum_j c_i c_j S_{ij} = \frac{\partial}{\partial c_k} \sum_i \sum_j c_i c_j H_{ij}$$

$$\tag{1.7.10}$$

根据变分原理,要使 W 极小,必须让

$$\frac{\partial W}{\partial c_k} = 0 \quad (k = 1, 2, \cdots, i, \cdots, j, \cdots, n) \tag{1.7.11}$$

这样一来,(1.7.10)式就变成

$$W \frac{\partial}{\partial c_k} \sum_i \sum_j c_i c_j S_{ij} = \frac{\partial}{\partial c_k} \sum_i \sum_j c_i c_j H_{ij} \tag{1.7.12}$$

进一步得

$$W \sum_i c_i S_{ik} = \sum_i c_i H_{ik} \qquad (1.7.13)$$

或写为

$$\sum_i (H_{ik} - W S_{ik}) c_i = 0 \quad (k = 1, 2, \cdots, n) \qquad (1.7.14)$$

上式是含有 n 个未知数 c_1, c_2, $\cdots$, c_i, $\cdots$, c_n 的齐次线性联立方程组,非零解的条件是本征行列式必须为零,即

$$\det(H_{ik} - W S_{ik}) = 0 \qquad (1.7.15)$$

或

$$\begin{vmatrix} H_{11} - S_{11}W & H_{12} - S_{12}W & \cdots & H_{1n} - S_{1n}W \\ H_{21} - S_{21}W & H_{22} - S_{22}W & \cdots & H_{2n} - S_{2n}W \\ \vdots & \vdots & & \vdots \\ H_{n1} - S_{n1}W & H_{n2} - S_{n2}W & \cdots & H_{nn} - S_{nn}W \end{vmatrix} = 0 \quad (1.7.16)$$

(1.7.15)式或(1.7.16)式称为久期方程.该方程有 n 个实根,分别为体系基态和激发态本征能级 E_0, E_1, E_2, $\cdots$, E_n 的上限.和 W_0, W_1, $\cdots$, W_n 相对应的波函数 Φ_1, Φ_2, $\cdots$, Φ_n 则是体系基态和各激发态的近似波函数.

久期方程现在可用标准程序在计算机上迅速求解,此为一大优点.

(3) 拉格朗日乘子法

拉格朗日乘子(Lagrange multiplier)法或待定因子法是条件变分问题.当人们打算让某一积分的变分等于零而附带的条件是另一个(或另几个)积分必须保持不变时可采用此法.此法的要点是,先写出含拉格朗日乘子(或含待定因子)λ 的所有有关积分 I 的线性组合式

$$I_0 + \lambda_1 I_1 + \lambda_2 I_2 + \cdots + \lambda_k I_k \qquad (1.7.17)$$

令线性组合的变分等于零,即

$$\delta(I_0 + \lambda_1 I_1 + \lambda_2 I_2 + \cdots + \lambda_k I_k) = 0 \qquad (1.7.18)$$

对于任何变化,只要能使 $\delta I_i = 0 (i = 1, 2, \cdots, k)$,则必定有 $\delta I_0 = 0$.上两式中的 $\lambda_i (i = 1, 2, \cdots, k)$ 称为拉格朗日乘子.[15]

举例如下:

$$\delta\{\langle \Phi \mid \hat{A} \mid \Phi \rangle - \lambda[\langle \Phi \mid \Phi \rangle - 1]\} = 0$$

(附带条件是保持归一性,即$\langle \Phi \mid \Phi \rangle = 1$)[16,17]　　(1.7.19)

$$\delta\left[\langle \hat{H} \rangle - \sum_{i<j}\sum \delta(m_{si}, m_{sj})\lambda_{ij}\int \psi_i^*(1)\psi_j(1)d\tau_1\right] = 0$$

(附带条件是保持相同自旋单粒子态空间函数相互正交)[10]　(1.7.20)

$$\delta\left\{\langle \hat{H} \rangle + \sum_{i,j}\lambda_{ij}\left(\delta_{ij} - \int \phi_i^*(1)\phi_j(1)d\tau_1\right)\right\} = 0$$

(附带条件是保持正交归一,即$\int \phi_i^*(1)\phi_j(1)d\tau_1 = \delta_{ij}$)[17]　(1.7.21)

　　拉格朗日乘子法是一种数学技巧.它使人们可以把一个或几个额外的附加条件(或者说边界条件,如归一、正交等)加到变分中去.如想通过"自洽"求得最佳结果,可用此法.关于拉格朗日乘子法的具体应用,读者可参看相关文献.

参考文献

[1] 褚圣麟.原子物理学[M].北京:人民教育出版社,1979.

[2] 曾谨言.量子力学:卷Ⅰ,卷Ⅱ[M].3版.北京:科学出版社,2001.

[3] 徐光宪,黎乐民.量子化学基本原理和从头计算法:上册[M].北京:科学出版社,1984.

[4] 尹鸿钧.量子力学[M].合肥:中国科学技术大学出版社,1999.

[5] Levine I N. Quantum Chemistry[M]. 5th ed. New Jersey: Prentice-Hall, Inc., 2000.

[6] 唐敖庆,杨忠志,李前树.量子化学[M].北京:科学出版社,1982.

[7] 彭桓武,徐锡申.理论物理基础[M].北京:北京大学出版社,1998.

[8] 郑乐民,徐庚武.原子结构与原子光谱[M].北京:北京大学出版社,1988.

[9] 徐克尊.高等原子分子物理学[M].北京:科学出版社,2000.

[10] 徐光宪,黎乐民,王德民.量子化学基本原理和从头计算法:中册[M].北京:科学出版社,1985.

[11] 波普尔 J A,贝弗里奇 D L.分子轨道近似方法理论[M].江元生,译.北京:科学出版社,1976.

[12] Ballentine L E. Quantum Mechanics: A Modern Development[M]. Singapore: World Scientific Publishing Co. Pte., Ltd., 2001.

[13] Holtzclaw H F, Jr., Robinson W R, Odom J D. General Chemistry with

Qualitative Analysis[M]. 9th ed. Lexington：D. C. Heath and Company, 1991.

[14]　沈永欢,梁在中,许履瑚,等.实用数学手册[M].北京：科学出版社,1999.

[15]　Slater J C. Quantum Theory of Atomic Structure：Vol. I and Vol. II [M]. New York：McGraw-Hill Book Company, Inc., 1960.

[16]　Springborg M. Methods of Electronic-Structure Calculations：From Molecules to Solid[M]. New York：John Wiley & Sons, Ltd., 2000.

[17]　李俊清.量子化学中的 Xα 方法及其应用[M].合肥：安徽科学技术出版社, 1984.

第 2 章　最弱受约束电子理论(一)

量子化学中,一些理论是建立在相互作用的全同粒子的不可区分性(indistinguishability)和反对称性原理之上,如哈特利-福克自洽场方法(Hartree-Fock Self-Consistent-Field Method)等;而另一些理论则是源于电子的可分离性的考虑,如价实分离的模型势理论等.但是,原子、分子中的电子的行为具有波粒二象性.因此,前者彰显电子个性不足,而后者又往往需要可分离性的理论支持.如何使电子行为的波动性和粒子性在同一个理论中得到体现,或者如何建立一种既保留费米子体系的交换反对称性和用波函数描述电子的"波动性"特征,同时又兼顾物理和化学事实所反映的电子具有可分离性的"粒子"特征的二象性统一的量子理论,一直是我思考的问题和研究工作的方向.我们把最弱受约束电子概念引入量子力学,并力图在波粒二象性之基础上建立一种新的量子理论.

2.1　最弱受约束电子概念

价电子和实电子,外层电子和内层电子,前线电子和非前线电子,σ电子和 π 电子,这些概念已经被化学家和物理学家广为接受,并且被频繁地用于量子理论之中.相比之下,最弱受约束电子的概念受重视的程度就差得多了,更谈不上以它为核心概念去建立量子理论的问题.其实,这是因为至今对最弱受约束电子问题缺乏深入研究,因而对它的重要性、广泛性估计不足所致.在此,首先把最弱受约束电子概念引入到量子力学中来.

原子、分子都存在逐级电离的现象,因此,原子、分子的电离势定义[1-2]和逐级电离过程是人们所熟悉的.文献[1]中,自由粒子的电离势定义是这样表述的：自由粒子,如原子或分子,电离势可以定义为从基态粒子完全移走最弱受约束电子,以致生成的(正)离子也处于基态所需要的能量.由此,一个中性粒子的逐级电离所需要的能量分别称为该粒子的第一、第二、第三、……电离势.

该定义引出了最弱受约束电子(Weakest Bound Electron,WBE)和非最弱受约束电子(Non Weakest Bound Electron,NWBE)的概念.所谓最弱受约束电子,就是当前体系中和体系联系最弱的或和体系结合最松散的电子.因而,它是最容易被激发或被电离的电子,也是化学上最活泼的电子.而非最弱受约束电子,就是当前体系中和体系结合得比最弱受约束电子更紧密或牢固一些的电子,这些电子在当前体系发生电离时是不被电离的.对于将发生电离过程的当前体系,最弱受约束电子只有一个,而非最弱受约束电子数目则视当前体系总电子数目的多寡而有别.若当前体系总电子数目为 1,即单电子体系,则只有一个最弱受约束电子,而没有非最弱受约束电子;若当前体系总电子数目为 N,则当前体系的最弱受约束电子只有一个,而非最弱受约束电子有($N-1$)个.

照此定义,单电子体系(如氢原子和类氢离子,氢分子离子)中唯一的一个电子,就是当前体系的最弱受约束电子;碱金属原子和类碱金属原子离子中处在闭壳层之外的那个价电子,也是当前体系的最弱受约束电子;非简并的、最高占单的分子轨道(HOMO)中的那个前线电子,也是当前体系的最弱受约束电子;受激原子、分子体系中处在最高激发能级上的那一个电子也是当前体系的最弱受约束电子.即便对于有多个价电子的原子或原子离子体系及有两个或两个以上等价电子占据最高轨道的分子或分子离子体系,在逐级电离、电子激发(非内层电子激发)和化学反应中,这些价层电子也是逐一成为最弱受约束电子被电离、被激发或参与化学反应.可见,最弱受约束电子无处不在,只是人们没有统一地冠之以"最弱受约束电子"之名而已.

再者,对单电子体系中的电子(也即 WBE)的处理,在量子理论的建立过程中起着重要作用;对碱金属和类碱金属原子离子中唯一的价电子(也即 WBE)的处理,在原子光谱学的发展和量子亏损理论的建立中有着重要的地位;"HOMO 的能级相当于改变了符号的电离能,而 LUMO 能级的能量与改变了符号的电子亲和能相对应,或者说,'密切相关'更正确些"[3],前线电子理论和 HOMO - LUMO 相互作用等概念对有机化学反应、立体选择现象,分子结构和静态性质的解释有着重要的意义;受激电子(也即 WBE)的行为和能级跃迁、过渡态等直接相关;……由此可见,最弱受约束电子的概念和行为对物理、化学等自然科学是多么重要.

那么,最弱受约束电子的概念为什么在量子理论中没有受到应有的重视? 可能有以下原因:① 以为一个 N 电子原子、分子体系只有一个最弱受约束电子,因而最弱受约束电子概念不可能用来处理所有 N 个电子的问题.其实,这是一种误解.② 没有找到划分 N 电子哈密顿算符为单个电子的哈密顿算符之和的合适的方法.③ 和如何表达全同粒子的不可区分性(indistinguishability)和电子具有可分离性(separability)的问题有关.

2.2 电离过程和类奥夫保过程互为逆过程

中性 N 电子原子(分子)体系的逐级电离过程可用图 2.2.1 表示.图中 N 电子原子(分子)A,我们称之为原体系 A.原体系 A 在逐级电离过程中,电子是一个一个地被当作最弱受约束电子移走的.所以原体系 A 的逐级电离过程可以用一串子系统来表达,子系统 A^1,A^2,…,A^N 分别代表中性 N 电子原子(分子),正一价原子离子(分子离子),…,正 $(N-1)$ 价原子离子(分子离子).逐级电离过程中每一级发生电离的物种正是这些子系统所代表的物种,子系统 A^1 中只有一个最弱受约束电子,在此,将它标记为 WBE_1,同时还有 $(N-1)$ 个不被电离的非最弱受约束电子,由它们和原子核或核骨架组成的聚集体,称为原子实$_1$ 或 $core_1$;子系统 A^2 也只有一个最弱受约束电子,标记为 WBE_2,同时还有 $(N-2)$ 个非最弱受约束电子,它们和原子核或核骨架组成原子实$_2$ 或 $core_2$.如此,子系统 A^μ 也只有一个最弱受约束电子,和 $(N-\mu)$ 个非最弱受约束电子,原子实记为原子实$_\mu$ 或 $core_\mu$.最后的一个子系统为 A^N,它也只有一个最弱受约束电子,但没有非最弱受约束电子而只有裸核或裸核骨架,此原子核或裸核骨架称为原子实$_N$ 或 $core_N$.所以,每一个子系统都只有一个最弱受约束电子,每一个子系统都是由一个最弱受约束电子和相应的原子实组成.子系统成为逐级电离这一链条中的一个环节.

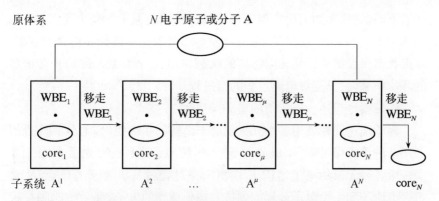

图 2.2.1 N 电子原子或分子的逐级电离过程示意图.N 电子原子或分子中的
N 个电子作为最弱受约束电子,一个个地被电离

原体系 A 的逐级电离链条是从子系统 A^1 开始.当从子系统 A^1 移走
WBE_1 后,剩下的 $core_1$ 就要变成子系统 A^2,注意这里用了"变成"这个词,
而不是 $core_1$"成为"子系统 A^2 或 $core_1$"等于"子系统 A^2,如果是"成为"或
"等于",就意味着使用了"轨道冻结条件".这是库普曼(Koopmans)定理
中的图像,而不是我们要给出的图像.我们用"变成"这个词有两个含意:
其一是,移走 WBE_1 之后,由于弛豫效应(relaxation effect)[4-5],$core_1$ 中
的($N-1$)个非最弱受约束电子的单电子态要发生调整,变得和原来的
不同;其二是,$core_1$ 中剩下的($N-1$)个非最弱受约束电子,在调整后将
有一个电子成为子系统 A^2 中的最弱受约束电子,其余($N-2$)个电子成
为 A^2 中的非最弱受约束电子,它们和原子核或核骨架组成 $core_2$.随后,
子系统 A^2,…,A^μ,…在逐级电离过程中重演与子系统 A^1 相同的场
景,直至子系统 A^N.对于 A^N,在移走 WBE_N 后便余下了 $core_N$,它是裸
核或裸核骨架.上述是对原子、分子体系逐级电离过程的一个描述.在完
成逐级电离过程之后,所有被当作最弱受约束电子电离的电子和原子核
或核骨架,彼此处于无限远离和静止的状态.此时体系所处的状态就是
量子化学选定的体系电子能量的零点状态.因此,有如下关系:

$$E_{电子} = -\sum_{\mu=1}^{N} I_\mu \tag{2.2.1}$$

式中,$E_{电子}$ 代表 N 电子原子(分子)体系的总电子能量,I_μ 代表逐级电
离能.此式的含意是 N 电子原子(分子)体系的总电子能量等于逐级电
离能之和的负值.[2,6]

下面,将描述如何用类似于原子结构中构造原子的奥夫保过程[7-8]来构造 N 电子原子或分子.这个过程是从量子化学的体系电子能量的零点状态出发把电子从无限远离的状态,一个一个地引入到原子或分子的环境中来,它是逐级电离过程的逆过程.

先简要地重述一下所谓的奥夫保过程.

为了描述周期表中各种元素的电子结构的系统变化,化学家们提出了所谓的奥夫保过程(Aufbau process),按原子序数的变化逐个构造周期表中各种元素的电子结构.所谓奥夫保过程就是从氢原子开始,每次把一个质子和一个电子分别加到核和核外适当的电子亚层的轨道中,直到构造出所有元素的正确的电子组态.具体地说,氢原子是由一个带单位正电荷的质子的原子核和一个处于最低能态的 1s 轨道上的核外电子组成.氢原子的电子组态是 $1s^1$.如果把一个质子和一个电子分别加到氢原子核和核外最低能态的 1s 轨道上,便可构造出周期表中具有 $1s^2$ 电子组态的第二号元素氦.若再把一个质子和一个电子分别加到氦核和核外最低能态的空的 2s 轨道上,便可构造出周期表中具有电子组态 $1s^2 2s^1$ 的第三号元素锂原子.如此继续下去,遵照最低能量原理和泡利不相容原理,便可造成周期表中所有元素的电子组态.

所谓类似于原子结构中构造原子的奥夫保过程,是只把电子逐一填入原子或分子环境之中而不添加质子的过程.让我们从量子化学选定的体系电子能量的零点状态开始.也即从图 2.2.1 中的 $core_N$ 和 N 个与之无限远离、彼此也无限远离的电子且它们都处在静止之中的状态开始.先将一个电子从无限远处移入 $core_N$ 的周围,构造出子系统 A^N;然后再把一个电子从无限远处移入 A^N 的环境中,构造出子系统 A^{N-1}.由于第二个电子的加入引起的弛豫效应,使得 A^{N-1} 中的两个电子的单电子态,没有一个会和 A^N 中的那个电子的单电子态相同;如此,通过类似于原子结构中构造原子的奥夫保过程,不断地、逐一地把处在无限远处的电子加入原子离子或分子离子中来,最终将构造出原体系 A,即 N 电子原子、分子体系 A.虽然由于能级交错,每一级电离和每一步加入电子的过程,有可能不完全一一对应,但逐一加入电子的全过程是逐级电离全过程的逆过程.加入电子的每一步和每一级电离一样,都存在弛豫效应.从原体系 A 出发,逐级电离,体系最终到达量子化学选定的体系电子能量的零点状态;然后,又从零点状态出发通过类奥夫保过程逐一把电子加入原子或分子的环境中来,最终恢复到原体系 A 的状态,形成一个完整的循环.所以,对于加入电子的过程(2.2.1)式同样适用.

通过上述的分析,我们得出如下四个重要的结果:

(1) 根据 WBE 理论的观点,N 电子原子、分子体系中的 N 个电子可以当作 N 个子系统中的 N 个最弱受约束电子处理.

(2) 由于移走(逐级电离)和加入(类奥夫保过程)电子的过程互为逆过程,并构成闭合循环,所以把 N 电子原子、分子体系中的 N 个电子当作 N 个子系统中的 N 个最弱受约束电子处理,和把 N 电子原子、分子体系中的 N 个电子集合在原体系 A 中当作电子 1,电子 2,$\cdots$,电子 N 处理是等价的.摆在我们面前的两幅图像和不同的处理方式,看似差别很大,实际上,就本质而言,前者不过是根据动态电离的观点,用最弱受约束电子的名字给电子 1,电子 2,$\cdots$,电子 N 重新命名而已.根据第 1 章阐述过的量子力学的知识,若简单地将电子重新命名或编号,体系的哈密顿量保持不变.[9]

(3) 在子系统 A^{μ} 中,最弱受约束电子 μ 处在由 $(N-\mu)$ 个非最弱约束电子和原子核或核骨架组成的原子实$_{\mu}$(或 core$_{\mu}$)的势场中运动.(注意 core$_N$ 只是一个原子核或固定的核骨架.)

(4) 量子化学选定体系的电子和电子、电子和核或固定核骨架无限分离并静止的状态为体系电子能量的零点状态(或称量子化学标准状态),因此,无论是移走或加入电子的哪一种处理模式,(2.2.1)式总是成立.此处并没有库普曼定理的近似性.

2.3　最弱受约束电子的单电子哈密顿算符

2.3.1　最弱受约束电子的非相对论单电子哈密顿算符

N 电子原子、分子的非相对论电子哈密顿算符(原子单位)为

$$\hat{H}^{nr} = \sum_{\mu=1}^{N}\left(-\frac{1}{2}\nabla_{\mu}^{2}\right) - \sum_{A=1}^{X}\sum_{\mu=1}^{N}Z_{A}r_{A\mu}^{-1} + \sum_{\mu<\nu}^{N}\sum^{N}r_{\mu\nu}^{-1} \qquad (2.3.1)$$

既然用最弱受约束电子名字为电子重新命名,体系的哈密顿算符不变,那么,把 N 电子原子、分子体系中的 N 个电子当作 N 个最弱受约束电子处理时,体系的非相对论哈密顿算符仍为(2.3.1)式.

现在从动态电离角度审视(2.3.1)式.根据动态电离观点重新组合(2.3.1)式右边各项,则该式变为

$$\hat{H}^{nr} = \left(-\frac{1}{2} \nabla_1^2 - \sum_{A=1}^{X} Z_A r_{A1}^{-1} + \sum_{\nu, 1<\nu}^{N} r_{1\nu}^{-1} \right)$$
$$+ \left(-\frac{1}{2} \nabla_2^2 - \sum_{A=1}^{X} Z_A r_{A2}^{-1} + \sum_{\nu, 2<\nu}^{N} r_{2\nu}^{-1} \right)$$
$$+ \cdots$$
$$+ \left(-\frac{1}{2} \nabla_\mu^2 - \sum_{A=1}^{X} Z_A r_{A\mu}^{-1} + \sum_{\nu, \mu<\nu}^{N} r_{\mu\nu}^{-1} \right)$$
$$+ \cdots$$
$$+ \left(-\frac{1}{2} \nabla_N^2 - \sum_{A=1}^{X} Z_A r_{AN}^{-1} \right) \tag{2.3.2}$$

在第一级电离中,当电子 1 被当作 WBE_1 移走后,(2.3.2)式右边的第一个括号中的所有项都消失了,因为这些项是和电子 1,也即和被移走的 WBE_1 相联系的.随后,在第二级电离中,电子 2 被当作 WBE_2 移走,相应地(2.3.2)式右边的第二个括号中的所有项都消失,因为这些项是和电子 2,也即和被移走的 WBE_2 相关联的.依此类推,直至第 N 级电离.在第 N 级电离中,最后一个电子,即电子 N 被当作 WBE_N 移走,(2.3.2)式右边的最后一个括号中的所有项消失了.此时体系所处的状态就是前面描述过的量子化学电子能量的零点状态.由此可见,N 电子体系的非相对论哈密顿算符在 WBE 理论下可以写成 N 个最弱受约束电子的单电子非相对论哈密顿算符之和,即

$$\hat{H}^{nr} = \sum_{\mu=1}^{N} \left(-\frac{1}{2} \nabla_\mu^2 \right) - \sum_{A=1}^{X} \sum_{\mu=1}^{N} Z_A r_{A\mu}^{-1} + \sum_{\mu<\nu}^{N} \sum^{N} r_{\mu\nu}^{-1}$$
$$= \sum_{\mu=1}^{N} \left(-\frac{1}{2} \nabla_\mu^2 - \sum_{A=1}^{X} Z_A r_{A\mu}^{-1} + \sum_{\nu, \mu<\nu}^{N} r_{\mu\nu}^{-1} \right)$$
$$= \sum_{\mu=1}^{N} \hat{H}_\mu^{nr} \tag{2.3.3}$$

于是有

$$\hat{H}_\mu^{nr} = -\frac{1}{2} \nabla_\mu^2 - \sum_{A=1}^{X} Z_A r_{A\mu}^{-1} + \sum_{\nu, \mu<\nu}^{N} r_{\mu\nu}^{-1} = \hat{h}(\mu) + \sum_{\nu, \mu<\nu}^{N} r_{\mu\nu}^{-1} \tag{2.3.4}$$

式中,

$$\hat{h}(\mu) = -\frac{1}{2}\nabla_\mu^2 - \sum_{A=1}^{X} Z_A r_{A\mu}^{-1} \tag{2.3.5}$$

$\hat{H}_\mu^{nr}$ 就是 WBE$_\mu$ 的单电子非相对论哈密顿算符.其中,$\hat{h}(\mu)$ 代表 WBE$_\mu$ 的动能算符及 WBE$_\mu$ 和体系中所有核之间的吸引势算符之和,$\sum\limits_{\nu,\ \mu<\nu}^{N} r_{\mu\nu}^{-1}$ 求和项代表子系统 A^μ 中 WBE$_\mu$ 和非最弱受约束电子 $\nu(\mu<\nu)$ 之间的排斥势算符之和.

现在,再从逐级电离过程的逆过程,即类奥夫保加入电子的过程,审视哈密顿算符随电子的加入引起的变化.

从零点状态出发,把处在无限远处并静止的一个电子(任意标记它为电子 N)移入裸核或裸核骨架的原子离子或分子离子环境中来,便可构造出带有一个电子的基态原子离子或分子离子.此离子的哈密顿算符是

$$\hat{H}^{nr}(N) = -\frac{1}{2}\nabla_N^2 - \sum_{A=1}^{X} Z_A r_{AN}^{-1} \tag{2.3.6}$$

对于这个离子来说,显然,移入的电子 N 恰恰是构造出来的体系中的最弱受约束电子,用和前面逐级电离过程相同的标记,这个正 $(N-1)$ 价离子就是子系统 A^N.那个唯一的电子也就是 WBE$_N$,所以有

$$\hat{H}^{nr}(N) = -\frac{1}{2}\nabla_N^2 - \sum_{A=1}^{X} Z_A r_{AN}^{-1} = \hat{H}_{\mathrm{WBE}_N}^{nr} \tag{2.3.7}$$

随后,再把处在无限远处并静止的一个电子[任意标记它为电子 $(N-1)$]移入正 $(N-1)$ 价离子的环境中来,便可构造出有两个电子的基态原子离子或分子离子.此体系的哈密顿算符是

$$\hat{H}^{nr}(N-1,\ N) = \left(-\frac{1}{2}\nabla_{N-1}^2 - \sum_{A=1}^{X} Z_A r_{A(N-1)}^{-1} + r_{(N-1)N}^{-1}\right)$$

$$+ \left(-\frac{1}{2}\nabla_N^2 - \sum_{A=1}^{X} Z_A r_{AN}^{-1}\right) \tag{2.3.8}$$

对比(2.3.8)式和(2.3.6)式,可知(2.3.8)式右边增添了三个项,即电子 $(N-1)$ 的动能算符,电子 $(N-1)$ 和所有核之间的吸引势算符,以及电

子$(N-1)$和电子 N 之间的排斥势.如此继续下去,直到把最后一个处在无限远处并静止的电子(任意标记它为电子 1)移入正一价原子离子或分子离子中来,构造出基态的中性的 N 电子原子或分子,即原体系A.于是,体系的哈密顿算符是

$$\hat{H}^{nr}(1,\ 2,\ \cdots,\ N) = \left(-\frac{1}{2}\nabla_1^2 - \sum_{A=1}^{X} Z_A r_{A1}^{-1} + \sum_{\nu,1<\nu}^{N} r_{1\nu}^{-1}\right)$$
$$+ \left[\sum_{\mu=2}^{N}\left(-\frac{1}{2}\nabla_\mu^2\right) - \sum_{A=1}^{X}\sum_{\mu=2}^{N} Z_A r_{A\mu}^{-1} + \sum_{\mu=2}^{N}\sum_{\mu<\nu}^{N} r_{\mu\nu}^{-1}\right]$$
$$= \sum_{\mu=1}^{N}\left(-\frac{1}{2}\nabla_\mu^2\right) - \sum_{A=1}^{X}\sum_{\mu}^{N} Z_A r_{A\mu}^{-1} + \sum_{\mu<\nu}^{N}\sum_{}^{N} r_{\mu\nu}^{-1}$$

$$(2.3.9)$$

此式和(2.3.1)式相同.从能量零点状态出发,相继加入电子,最终有

$$\hat{H}^{nr}(1,\ 2,\ \cdots,\ N) = \sum_{\mu=1}^{N}\left(-\frac{1}{2}\nabla_\mu^2\right) - \sum_{A=1}^{X}\sum_{\mu=1}^{N} Z_A r_{A\mu}^{-1} + \sum_{\mu<\nu}^{N}\sum_{}^{N} r_{\mu\nu}^{-1}$$
$$= \sum_{\mu=1}^{N}\hat{H}_\mu^{nr} = \hat{H}^{nr}$$

$$(2.3.10)$$

以上表明,移走和加入电子过程,得到的结果是相同的.即重新命名,体系的哈密顿量不变;且 N 电子体系的非相对论哈密顿算符可以写成 N 个最弱受约束电子的单电子非相对论哈密顿算符之和.

在量子力学和量子化学中,都希望把多电子哈密顿算符写成单电子算符之和.但由于 r_{ij}^{-1} 项的存在,变量无法分离,所以设想了多种近似处理方案.例如,在独立粒子近似中,通过忽略 r_{ij}^{-1} 项,把多电子哈密顿算符写成单电子哈密顿算符之和.在自洽场轨道近似中,通过重复计算 r_{ij}^{-1} 项,把单电子势函数视为核和其余$(N-1)$个电子产生的平场势场,从而把一个修改过的多电子哈密顿算符写成"有效"单电子哈密顿算符之和.这样修改过的多电子哈密顿算符毕竟和体系原来的哈密顿算符不同,所以新定义了一个轨道能的概念[10-13].众所周知,量子力学中单电子的氢原子问题是可以精确求解的.氢原子的薛定谔方程可写为

$$\hat{H}^0\psi^0 = \varepsilon^0\psi^0 \qquad (2.3.11)$$

式中,ψ^0 是电子的波函数,又称轨道;ε^0 是轨道上的电子的能量.轨道和电子能量是相关联的.而在自洽场轨道近似中,单电子算符的本征函数称为轨道,和轨道相对应的本征值称为轨道能,而不是轨道上的电子的能量.换句话说,和轨道相关联的是轨道能,不再是轨道上电子的能量.轨道能和电子能量只在库普曼(Koopmans)近似下才近似相等[4-5],而且体系的总电子能量不等于轨道能之和.当把最弱受约束电子概念和逐级电离观点引入到量子力学中来之后,多电子非相对论哈密顿算符便可以不带任何近似地写成 N 个最弱受约束电子的非相对论单电子哈密顿算符之和.

2.3.2 电子间磁相互作用的处理

原子、分子中的各种效应主要和电磁相互作用有关.[14]体系的非相对论性哈密顿算符,包含电子和核、电子和电子之间的库仑(Coulomb)相互作用,但不包括各种磁相互作用.以原子体系为例,除了库仑相互作用及电子和核之间的磁相互作用之外,和电子有关的磁相互作用有单个电子自身的自旋-轨道耦合作用,及双电子 μ 和 ν 之间的磁耦合作用(包括电子 μ 的自旋和电子 ν 的自旋耦合,电子 μ 的自旋和电子 ν 的轨道耦合,电子 μ 的轨道和电子 ν 的轨道耦合,电子 μ 的轨道和电子 ν 的自旋耦合).体系完全的哈密顿算符应当把这些耦合作用包括进去.在最弱受约束电子概念和逐级电离观点之下,同样可以准确地为这些电子间的磁相互作用找到归属.单个电子的自旋-轨道耦合算符 $\hat{H}_{SO}$,不必说自然应归属于各个最弱受约束电子的单电子哈密顿算符名下.而各种双电子之间的磁耦合算符,完全可以像上一小节中处理 $r_{\mu\nu}^{-1}$ 一样来划分它们的归属.以电子 μ 的自旋和其他电子 ν 的轨道耦合算符 $\hat{H}_{SOO}$ 为例,被当作 WBE_1 处理的电子1的自旋和电子2、电子3、……、电子 N 的轨道耦合算符均应划归 WBE_1 的单电子哈密顿算符名下;类似地,被当作 WBE_2 处理的电子2的自旋和电子3、电子4、……、电子 N 的轨道耦合算符应划归 WBE_2 的单电子哈密顿算符名下.照此处置,各种双电子之间的磁耦合算符都可以找到归宿.

2.3.3 相对论哈密顿算符[15-25]

考虑最弱受约束电子 μ.当忽略电子和原子核之间的磁相互作用以

及在子系统 A^{μ} 中最弱受约束电子 μ 和 $(N-\mu)$ 个非最弱受约束电子的各种双电子间的电、磁相互作用,那么最弱受约束电子 μ 的相对论性哈密顿算符应该取成狄拉克(Dirac)单电子哈密顿算符 $H_D(\mu)$ 形式.在此基础上,若考虑最弱受约束电子 μ 和非最弱受约束电子 ν 之间的库仑排斥作用,那么一个新项,即

$$\sum_{\nu,\ \mu<\nu}^{N} r_{\mu\nu}^{-1} \qquad (2.3.12)$$

应当加入进来.上式中,$r_{\mu\nu}$ 是最弱受约束电子 μ 和非最弱受约束电子 ν 之间的距离.若再考虑最弱受约束电子 μ 和非最弱受约束电子 ν 之间的相对论性相互作用,包括 WBE_{μ} 的自旋—$N\mathrm{WBE}_{\nu}$ 的自旋、WBE_{μ} 的自旋—$N\mathrm{WBE}_{\nu}$ 的轨道、WBE_{μ} 的轨道—$N\mathrm{WBE}_{\nu}$ 的自旋、WBE_{μ} 的轨道—$N\mathrm{WBE}_{\nu}$ 的轨道之间的耦合以及延迟效应(retardation effect),那么,称为 Breit 算符的新项应该被加进来.于是,在忽略电子和原子核之间的磁相互作用之下,最弱受约束电子 μ 的相对论性哈密顿算符可以表示为(原子单位)

$$H_{\mu}^{R}=H_D(\mu)+\sum_{\nu,\ \mu<\nu}^{N}\frac{1}{r_{\mu\nu}}+\sum_{\nu,\ \mu<\nu}^{N}B(\mu,\ \nu) \qquad (2.3.13)$$

式中,

$$H_D(\mu)=\alpha(\mu)[cP(\mu)+A(r_{\mu})]+c^2\beta(\mu)-\phi(r_{\mu}) \qquad (2.3.14)$$

(2.3.14)式中的 $A(r_{\mu})$ 和 $\phi(r_{\mu})$ 分别代表作用在最弱受约束电子 μ 上的电磁场的矢势和标势,在 Pauli-Dirac 表象中 $\alpha(\mu)$ 和 $\beta(\mu)$ 的矩阵表示如下[21,24-25]:

$$\alpha(\mu)=\begin{bmatrix} 0 & \sigma^P \\ \sigma^P & 0 \end{bmatrix} \qquad (2.3.15)$$

$$\beta(\mu)=\begin{bmatrix} I & 0 \\ 0 & -I \end{bmatrix} \qquad (2.3.16)$$

此处,σ^P 是三个 2×2 的泡利(Pauli)矩阵,I 是 2×2 的单位矩阵.

(2.3.13)式中的 Breit 算符传统上已经被处理成如下两项之和,即磁相互作用

$$g^{M}(\mu,\nu)=-\frac{\alpha(\mu)\alpha(\nu)}{r_{\mu\nu}} \qquad (2.3.17)$$

和 retardation 项

$$g^{R}(\mu,\nu)=\frac{1}{2}\left\{\frac{\alpha(\mu)\alpha(\nu)}{r_{\mu\nu}}-\frac{[\alpha(\mu)r_{\mu\nu}][\alpha(\nu)r_{\mu\nu}]}{r_{\mu\nu}^{3}}\right\} \qquad (2.3.18)$$

将(2.3.14)式代入(2.3.13)式,在忽略 Breit 相互作用项和中心场近似的条件下[此时 $A(r_{\mu})=0,\phi(r_{\mu})=Z/r_{\mu}$],最弱受约束电子 μ 的相对论性哈密顿算符 H_{μ}' 可写成

$$H_{\mu}'=\alpha(\mu)cP(\mu)+c^{2}\beta+V(r_{\mu}) \qquad (2.3.19)$$

式中,

$$V(r_{\mu})\approx-\frac{Z}{r_{\mu}}+\sum_{\nu,\ \mu<\nu}^{N}\frac{1}{r_{\mu\nu}} \qquad (2.3.20)$$

通过和文献[24-25]相似的处理,(2.3.19)式可进一步写成

$$H_{\mu}'=\frac{1}{2}[P(\mu)]^{2}+V(r_{\mu})-\frac{1}{8c^{2}}[P(\mu)]^{4}$$
$$+\frac{1}{2c^{2}r_{\mu}}\frac{dV(r_{\mu})}{dr_{\mu}}(s_{\mu}l_{\mu})-\frac{1}{4c^{2}}\frac{dV(r_{\mu})}{dr_{\mu}}\frac{\partial}{\partial r_{\mu}} \qquad (2.3.21)$$

或

$$H_{\mu}'=\frac{1}{2}[P(\mu)]^{2}+V(r_{\mu})-\frac{1}{8c^{2}}[P(\mu)]^{4}$$
$$+\frac{1}{2c^{2}r_{\mu}}\frac{dV(r_{\mu})}{dr_{\mu}}(s_{\mu}l_{\mu})+\frac{1}{8c^{2}}\nabla^{2}V(r_{\mu}) \qquad (2.3.22)$$

(2.3.21)式或(2.3.22)式中的前两项实际上就是中心场下最弱受约束电子 μ 的非相对论哈密顿算符 H_{μ}^{0},第三项是质-速项,记为 $\Delta\hat{H}_{m}$,第四项是最弱受约束电子 μ 自身自旋和轨道耦合项,记为 $\Delta\hat{H}_{ls}$,最后一项代表达尔文(Darwin)项,记为 $\Delta\hat{H}_{d}$.

由本节可以看出,在 WBE 理论下,N 电子原子、分子体系的相对论或非相对论哈密顿算符等于 N 个最弱受约束电子的单电子的相对论或非相对论哈密顿算符之和,即具有加和性.

2.4 最弱受约束电子的单电子薛定谔方程[23]

下面针对原子体系进行讨论.

对于子系统 A$^\mu$,令 $\hat{H}_\mu$ 代表 WBE$_\mu$ 的单电子哈密顿算符.ψ_μ 和 ε_μ 分别代表它的波函数和能量.于是 WBE$_\mu$ 的单电子薛定谔方程为

$$\hat{H}_\mu \psi_\mu = \varepsilon_\mu \psi_\mu \tag{2.4.1}$$

并且有

$$\langle \psi_\mu \mid \hat{H}_\mu \mid \psi_\mu \rangle = \varepsilon_\mu = -I_\mu \tag{2.4.2}$$

对于 N 个最弱受约束电子有

$$\sum_{\mu=1}^{N} \langle \psi_\mu \mid \hat{H}_\mu \mid \psi_\mu \rangle = \sum_{\mu=1}^{N} \varepsilon_\mu = -\sum_{\mu=1}^{N} I_\mu = E_{电子} \tag{2.4.3}$$

上面的式子中 I_μ 代表 N 电子体系的第 μ 级电离能.$E_{电子}$ 代表体系的总电子能量.

对于分子体系,在固定核场近似下,体系的总能量 $E_{总}$ 应等于体系的总电子能量 $E_{电子}$,加上核之间的排斥能[6],即

$$E_{总} = E_{电子} + \sum_{A<B}^{X} \sum^{X} Z_A Z_B R_{AB}^{-1} \tag{2.4.4}$$

式中,R_{AB} 为核 A 和核 B 之间的核间距.

当忽略电子和核之间的磁相互作用,则 $\hat{H}_\mu$ 可写成(2.3.13)式的形式,即

$$\hat{H}_\mu^R = H_D(\mu) + \sum_{\nu,\ \mu<\nu}^{N} r_{\mu\nu}^{-1} + \sum_{\nu,\ \mu<\nu}^{N} B(\mu,\nu) \tag{2.4.5}$$

若进一步忽略 Breit 算符项,并取中心场近似,则 $\hat{H}_\mu^R$ 变成(2.3.21)式或(2.3.22)式的形式,即

$$\hat{H}_\mu' = \frac{1}{2}[P(\mu)]^2 + V(r_\mu) - \frac{1}{8c^2}[P(\mu)]^4$$
$$+ \frac{1}{2c^2 r_\mu}\frac{dV(r_\mu)}{dr_\mu}(s_\mu l_\mu) - \frac{1}{4c^2}\frac{dV(r_\mu)}{dr_\mu}\frac{\partial}{\partial r_\mu} \tag{2.4.6}$$

式中,

$$V(r_\mu) \approx -\frac{Z}{r_\mu} + \sum_{\nu=\mu+1}^{N} \frac{1}{r_{\mu\nu}} \tag{2.4.7}$$

若再忽略(2.4.6)式右边的后三项,就得到中心场近似下最弱受约束电子的非相对论单电子哈密顿算符的表达形式:

$$\hat{H}_\mu^0 = -\frac{1}{2}\left[P(\mu)\right]^2 + V(r_\mu) = -\frac{1}{2}\nabla_\mu^2 + V(r_\mu) \tag{2.4.8}$$

与之对应的最弱受约束电子的非相对论单电子薛定谔方程是

$$\hat{H}_\mu^0 \psi_\mu^0 = \varepsilon_\mu^0 \psi_\mu^0 \tag{2.4.9}$$

式中,ε_μ^0 和 ψ_μ^0 分别是 $\hat{H}_\mu^0$ 的能量本征值和本征波函数.

2.5　最弱受约束电子理论的要点

最弱受约束电子理论的要点归纳如下:

(1) N 电子体系逐级电离移走最弱受约束电子的全过程和逐一加入电子构造 N 电子体系的类奥夫保全过程,互为逆过程.两者构成一个封闭的循环.移走和加入电子为处理 N 电子原子、分子问题展现了两种拓扑等价模式.两种模式仅仅是给电子重新命名,因而体系的哈密顿量不变.

两种模式意味着电子可集中在一个体系中处理,也可一个个处理.可体现全同粒子的不可分辨性和反对称原理;又为电子的可分离性找到理论依据,彰显电子的个性.

两种模式下都有

$$E_{电子} = -\sum_{\mu}^{N} I_\mu \tag{2.5.1}$$

也即具有共同的量子化学选定的总电子能量的零点状态.

(2) 每次移走或加入电子,都伴随弛豫效应,即由于电子数的变化,导致电子数变化前后体系中所有单粒子态发生变化.

(3) 在移走电子的模式下,N 电子原子问题可以作为 N 个子系统中的最弱受约束电子问题处理.在子系统 A^μ 中,WBE_μ 运动在 $(N-\mu)$ 个非最弱受约束电子和核产生的势场之中;体系的相对论或非相对论哈密顿算符可以写成 N 个最弱受约束电子的相对论或非相对论单电子哈密顿算符之和，即具有加和性；最弱受约束电子 μ 的单电子能量 ε_μ 等于体系第 μ 级电离能的负值，即

$$\varepsilon_\mu = -I_\mu \tag{2.5.2}$$

参考文献

[1]　Thewlis J, et al. Encyclopedic Dictionary of Physics：Vol. 2［M］. Oxford：Pergamon Press，1961.

[2]　Cowan R D. The Theory of Atomic Structure and Spectra［M］. Berkeley：University of California Press，1981.

[3]　福井谦一.化学反应与电子轨道［M］.李荣森，译.北京：科学出版社，1985.

[4]　Veszprémi T，Fehér M. Quantum Chemistry：Fundamentals to Applications［M］. New York：Kluwer Academic / Plenum Publishing，1999.

[5]　Springborg M. Methods of Electronic-Structure Calculations：From Molecules to Solids［M］. New York：John Wiley & Sons, Ltd.，2000.

[6]　廖沐真，吴国是，刘洪霖.量子化学从头计算方法［M］.北京：清华大学出版社，1984.

[7]　Steinfeld J I. Molecules and Radiation：An Introduction to Modern Molecular Spectroscopy［M］. New York：Harper & Row，Publishers，Inc.，1974.

[8]　Holtzclaw H F，Jr.，Robinson W R，Odom J D. General Chemistry with Qualitative Analysis［M］. 9th ed. Lexington：D. C. Heath and Company，1991.

[9]　Ballentine L E. Quantum Mechanics：A Modern Development［M］. Singapore：World Scientific Publishing Co. Pte. Ltd.，2001.

[10]　波普尔 J A，贝弗里奇 D L.分子轨道近似方法理论［M］.江元生，译.北京：科学出版社，1976.

[11]　曾谨言.量子力学：卷 I［M］.3 版.北京：科学出版社，2001.

[12]　尹鸿钧.量子力学［M］.合肥：中国科学技术大学出版社，1999.

[13]　默雷尔 J N,凯特尔 S F A,特德 J M.原子价理论［M］.文振翼，姚惟馨，等，译.北京：科学出版社，1978.

[14]　徐光宪，黎乐民，王德民.量子化学基本原理和从头计算法：中册［M］.北京：科学出版社，1985.

[15]　Bethe H A，Salpeter E E. Quantum Mechanics of One- and Two-Electron Atoms［M］. Berlin：Springer-Verlag，1957.

[16]　Grant I P. Adv. Physics，1970，19：747，811.

[17]　Kim Y K. Phys. Rev.，1967，154：17.

[18]　Mann J B，Johnson W R. Phys. Rev. A，1971，4：41.

[19]　Mann J B，Waber J T. At. Date，1973，5：201.

[20]　Desclaux J P. At. Data Nucl. Data Tables，1973，12：311.

[21]　彭桓武,徐锡申.理论物理基础[M].北京：北京大学出版社,1998.

[22]　King F W. Adv. At. Mol. Opt. Phys.，1999，40：57.

[23]　Zheng N W，Wang T，Ma D X，et al. Int. J. Quantum Chem.，2004，98：281.

[24]　郑乐民,徐庚武.原子结构与原子光谱[M].北京：北京大学出版社,1988.

[25]　曾谨言.量子力学：卷Ⅱ[M].北京：科学出版社,2001.

第3章　最弱受约束电子理论(二)[1-4]

从粒子的相互作用角度,原子、分子作为费米子多粒子体系的量子力学处理,没有什么区别.[5]所以,上一章陈述的 WBE 理论的基本观点,对于原子和分子体系都是适合的.但分子是由原子组成的,两者毕竟不在同一层面上,彼此间显然存在差异.比如,原子和分子的对称性就不同,原子是中心对称的,而分子具有点群对称性.所以,本章将深入讨论原子问题,提出 WBE 理论在原子体系中的解析表述形式——最弱受约束电子势模型理论(Weakest Bound Electron Potential Model Theory, WBEPM Theory).

3.1　势函数

无论在经典力学中或量子力学中,有心力场问题都占有重要地位.[6]原子是中心对称的,因此有心力场对原子问题更加重要.

氢原子中的电子在原子核的库仑(Coulomb)场中运动,是有心力场问题.碱金属原子中的单价电子,在由稳定的稀有气体电子结构和核组成的原子实的势场中运动,也是近似度极好的有心力场问题.所谓有心力场,就是运动粒子的势能只是粒子到力场中心距离的函数.[7]

用有心力场模型研究原子结构问题,始于 20 世纪 20 年代.量子力学中的哈特利(Hartree)方法和哈特利-福克自洽场方法也是建立在有心力场模型之上的.[8]

碱金属原子的光谱特性和氢及类氢的光谱很相似,但两者又有不同之处.氢和类氢中的电子处在核的点电荷势场中,而碱金属原子中的单价电子处在非刚性的原子实势场中.原子实和单价电子之间的作用不像点电荷,而像一个复杂的电荷体系.单价电子的势能可以用下列级数形

式表示:

$$V = -\frac{e^2}{r} - C_1 \frac{e^2}{r^2} - C_2 \frac{e^2}{r^3} - \cdots \qquad (3.1.1)$$

式中的第一项表示单价电子在受屏蔽的核的点电荷 $+ Z_{net}e$ 场中的势能;第二项表示单价电子使原子实极化导致的偶极场对单价电子的作用势;后面的项则代表更复杂的电荷体系的场[9]. 取(3.1.1)式中的前两项已经能很好地说明碱金属原子的光谱特性[7-9].

上一章已经阐明,在量子力学中引入最弱受约束电子概念,N 电子原子、分子问题可以当作 N 个最弱受约束电子问题处理,并且导出了原子体系在中心场下非相对论最弱受约束电子的单电子哈密顿算符和相应的单电子薛定谔方程的形式,即

$$\hat{H}_\mu^0 = -\frac{1}{2} \nabla_\mu^2 + V(r_\mu) \qquad (3.1.2)$$

式中,

$$V(r_\mu) \approx -\frac{Z}{r_\mu} + \sum_{\nu=\mu+1}^{N} \frac{1}{r_{\mu\nu}} \qquad (3.1.3)$$

和

$$\hat{H}_\mu^0 \psi_\mu^0 = \varepsilon_\mu^0 \psi_\mu^0 \qquad (3.1.4)$$

如何写出 $V(r_\mu)$ 的近似的解析形式呢?

最弱受约束电子 μ 处在由 $(N-\mu)$ 个非最弱受约束电子和核组成的原子实$_\mu$(或 core$_\mu$)的势场中运动,和碱金属单价电子处在闭壳层原子实的势场中运动,多少有些相似. 因此,用具有中心势场特征的(3.1.1)式的级数的前两项来近似 $V(r_\mu)$,应该是一个不错的选择. 不过,应该考虑更多的电子之间的相互作用.

最弱受约束电子 μ 不仅受到核的吸引作用还受到 $(N-\mu)$ 个电子的排斥作用. 电子的排斥作用相当于把核电荷屏蔽起来. 如果屏蔽是完全的话,那么最弱受约束电子 μ 感受到的净的屏蔽核电荷是 $+ Z_{net}e$(对于中性原子,$Z_{net} = 1$; 对于正一价离子,$Z_{net} = 2$; ……). 然而,"实"是非刚性的,电子还有贯穿作用[8]. 由于贯穿作用使得屏蔽不完全. 因此,最弱受约束电子 μ 应感受到一个有效核电荷为 $+Z'e$ 的库仑场而不是净电荷 $+Z_{net}e$ 场的作用. 因此用 $+Z'e$ 代替(3.1.1)式中第一项的 $+Z_{net}e(=+e)$.

同时,(3.1.1)式中第二项的系数 C_1 改用 B 表示,以便和碱金属的相关讨论区别开来.于是 $V(r_\mu)$ 可近似地取成如下形式:[1-5,10]

$$V(r_\mu) \approx -\frac{Z'}{r_\mu} + \frac{B}{r_\mu^2}(原子单位) \tag{3.1.5}$$

将(3.1.5)式代入(3.1.2)式,可得

$$\hat{H}_\mu^0 = -\frac{1}{2}\nabla_\mu^2 + V(r_\mu) \approx -\frac{1}{2}\nabla_\mu^2 - \frac{Z'}{r_\mu} + \frac{B}{r_\mu^2} \tag{3.1.6}$$

把(3.1.6)式代入(3.1.4)式,则

$$\left[-\frac{1}{2}\nabla_\mu^2 - \frac{Z'}{r_\mu} + \frac{B}{r_\mu^2}\right]\psi_i''(\mu) = \varepsilon_\mu''\psi_i''(\mu) \tag{3.1.7}$$

$\psi_i''(\mu)$ 和 ε_μ'' 分别是在给定的解析势下 ψ_μ^0 和 ε_μ^0 的近似.(3.1.7)式中轨道的标记用了 i,电子的标记用了 μ,是为了可能的方便.若略去全部标记,则(3.1.7)式变成

$$\left[-\frac{1}{2}\nabla^2 - \frac{Z'}{r} + \frac{B}{r^2}\right]\psi = \varepsilon\psi \tag{3.1.8}$$

该方程可以严格求解,且 B 的表达形式可以得到.

3.2 径向方程的求解

3.2.1 球谐函数

重写(3.1.8)式

$$\left[-\frac{1}{2}\nabla^2 - \frac{Z'}{r} + \frac{B}{r^2}\right]\psi = \varepsilon\psi \tag{3.2.1}$$

令

$$-Z' = A \tag{3.2.2}$$

并把直角坐标转换成极坐标,则(3.2.1)式变为

$$\frac{1}{2}\left[\frac{1}{r^2}\frac{\partial}{\partial r}\left(r^2\frac{\partial\psi}{\partial r}\right) + \frac{1}{r^2\sin\theta}\frac{\partial}{\partial\theta}\left(\sin\theta\frac{\partial\psi}{\partial\theta}\right)\right.$$
$$\left. + \frac{1}{r^2\sin^2\theta}\frac{\partial^2\psi}{\partial\phi^2}\right] + \left(\varepsilon - \frac{A}{r} - \frac{B}{r^2}\right)\psi = 0 \tag{3.2.3}$$

式中,

$$\psi = \psi(r, \theta, \phi)$$

用分离变量法,设

$$\psi(r, \theta, \phi) = R(r) Y(\theta, \phi) \tag{3.2.4}$$

将它代入(3.2.3)式,便可将方程分离成径向方程和角向方程

$$-\left\{ \frac{1}{Y\sin\theta} \frac{\partial}{\partial\theta}\left(\sin\theta \frac{\partial Y}{\partial\theta}\right) + \frac{1}{Y\sin^2\theta} \frac{\partial^2 Y}{\partial\phi^2} \right\} = \beta \tag{3.2.5}$$

和

$$\frac{1}{2R} \frac{d}{dr}\left(r^2 \frac{dR}{dr}\right) + \left(\varepsilon - \frac{A}{r} - \frac{B}{r^2}\right) = \beta \tag{3.2.6}$$

角向方程(3.2.5)和氢原子问题一样.显然角向方程及其解与 $V(r_\mu)$ 的具体形式无关.对于有心力场来说普遍如此.这一点很重要.它使最弱受约束电子的角向问题(如成键能力、成键方向性等)可以像氢原子的角向问题一样处理.

表 3.2.1 列出最弱受约束电子的 $Y_{l,m}(\theta, \phi)$ 函数.

表 3.2.1　最弱受约束电子的 $Y_{l,m}(\theta, \phi)$ 函数[1-3]

$$Y_{0,0} = s = \sqrt{\frac{1}{4\pi}}$$

$$Y_{1,0} = p_z = \sqrt{\frac{3}{4\pi}}\cos\theta$$

$$Y_{1,\pm1} = \begin{cases} p_x = \sqrt{\frac{3}{4\pi}}\sin\theta\cos\phi \\ p_y = \sqrt{\frac{3}{4\pi}}\sin\theta\sin\phi \end{cases}$$

$$Y_{2,0} = d_{z^2} = \sqrt{\frac{5}{16\pi}}(3\cos^2\theta - 1)$$

$$Y_{2,\pm1} = \begin{cases} d_{xz} = \sqrt{\frac{15}{4\pi}}\sin\theta\cos\theta\cos\phi \\ d_{yx} = \sqrt{\frac{15}{4\pi}}\sin\theta\cos\theta\sin\phi \end{cases}$$

$$Y_{2,\pm2} = \begin{cases} d_{xy} = \sqrt{\frac{15}{16\pi}}\sin^2\theta\sin2\phi \\ d_{x^2-y^2} = \sqrt{\frac{15}{16\pi}}\sin^2\theta\cos2\phi \end{cases}$$

$$Y_{3,0} = f_{z^3} = \sqrt{\frac{7}{16\pi}}\,(5\cos^3\theta - 3\cos\theta)$$

$$Y_{3,\pm 1} = \begin{cases} f_{xz^2} = \sqrt{\dfrac{21}{32\pi}}\,\sin\theta(5\cos^2\theta - 1)\cos\phi \\[2ex] f_{yz^2} = \sqrt{\dfrac{21}{32\pi}}\,\sin\theta(5\cos^2\theta - 1)\sin\phi \end{cases}$$

$$Y_{3,\pm 2} = \begin{cases} f_{z(x^2-y^2)} = \sqrt{\dfrac{105}{16\pi}}\,\sin^2\theta\cos\theta\cos 2\phi \\[2ex] f_{zxy} = \sqrt{\dfrac{105}{16\pi}}\,\sin^2\theta\cos\theta\sin 2\phi \end{cases}$$

$$Y_{3,\pm 3} = \begin{cases} f_{x(x^2-3y^2)} = \sqrt{\dfrac{35}{32\pi}}\,\sin^3\theta\cos 3\phi \\[2ex] f_{y(3x^2-y^2)} = \sqrt{\dfrac{35}{32\pi}}\,\sin^3\theta\sin 3\phi \end{cases}$$

通过角向方程的求解可得

$$\beta = l(l+1) \tag{3.2.7}$$

$$l = 0,\ 1,\ 2,\ \cdots,\ n-1$$

将(3.2.7)式代入(3.2.6)式,经整理后得

$$\frac{1}{2}\frac{\mathrm{d}^2 R}{\mathrm{d}r^2} + \frac{1}{r}\frac{\mathrm{d}R}{\mathrm{d}r} + \left[\varepsilon - \frac{A}{r} - \frac{B}{r^2} - \frac{l(l+1)}{2r^2}\right]R = 0 \tag{3.2.8}$$

令

$$2B + l(l+1) = l'(l'+1) \tag{3.2.9}$$

并将(3.2.2)式代入,则有

$$\frac{1}{2}\frac{\mathrm{d}^2 R}{\mathrm{d}r^2} + \frac{1}{r}\frac{\mathrm{d}R}{\mathrm{d}r} + \left[\varepsilon + \frac{Z'}{r} - \frac{l'(l'+1)}{2r^2}\right]R = 0 \tag{3.2.10}$$

3.2.2　广义拉盖尔函数方法

按照文献[1]给出的广义拉盖尔函数方法求解径向方程(3.2.10)式,将得到束缚态最弱受约束电子的能量 ε 的表达式和用广义拉盖尔多项式表达的径向波函数的表示式:

$$\varepsilon = -\frac{Z'^2}{2n'^2} \tag{3.2.11}$$

$$R(r) = A\mathrm{e}^{-Z'r/n'} r^{l'} \mathrm{L}_{n-l-1}^{2l'+1}\left(\frac{2Z'r}{n'}\right) \tag{3.2.12}$$

(3.2.11)式和(3.2.12)式中的 Z'，n'，l'，A 和 $\mathrm{L}_{n-l-1}^{2l'+1}\left(\frac{2Z'r}{n'}\right)$，分别是有效核电荷、有效主量子数、有效角量子数、归一化因子和广义拉盖尔多项式.

$$n' = k + l' + 1 \tag{3.2.13}$$

k 是方程(3.2.10)求解过程中级数中断后保留的项数.

$$\begin{aligned} n' &= k + l' + 1 \\ &= k + l + 1 + l' - l \\ &= n + l' - l \end{aligned} \tag{3.2.14}$$

式中，n 和 l 分别是主量子数和角量子数.

由(3.2.9)式可得

$$l'(l'+1) - [l(l+1) + 2B] = 0 \tag{3.2.15}$$

$$l' = -\frac{1}{2} \pm \frac{1}{2}\sqrt{(2l+1)^2 + 8B} \tag{3.2.16}$$

取正号，则

$$l' = -\frac{1}{2} + \frac{1}{2}\sqrt{(2l+1)^2 + 8B} \tag{3.2.17}$$

$$(2l'+1)^2 = (2l+1)^2 + 8B \tag{3.2.18}$$

整理后得

$$B = \frac{(l'+l+1)(l'-l)}{2} \tag{3.2.19}$$

令

$$l' = l + d \tag{3.2.20}$$

则

$$B = \frac{d(d+1) + 2dl}{2} \tag{3.2.21}$$

将(3.2.20)式代入(3.2.14)式,得

$$n' = n + d \tag{3.2.22}$$

可见参数 d 是用来将整数主量子数 n 和角量子数 l 改变成非整数的有效主量子数 n' 和有效角量子数 l' 的.

利用归一化条件

$$\int_0^\infty [R(r)]^2 r^2 \mathrm{d}r = 1 \tag{3.2.23}$$

可以决定(3.2.12)式中的归一化因子 A. 于是有

$$|A|^2 \int_0^\infty \mathrm{e}^{-2Z'r/n'} r^{2l'+2} \left[\mathrm{L}_{n-l-1}^{2l'+1}\left(\frac{2Z'r}{n'}\right) \right]^2 \mathrm{d}r = 1 \tag{3.2.24}$$

或者

$$|A|^2 \left(\frac{n'}{2Z'}\right)^{2l'+3} \int_0^\infty \left(\frac{2Z'r}{n'}\right)^{2l'+2} \mathrm{e}^{-2Z'r/n'}$$

$$\times \left[\mathrm{L}_{n-l-1}^{2l'+1}\left(\frac{2Z'r}{n'}\right) \right]^2 \mathrm{d}\left(\frac{2Z'r}{n'}\right) = 1 \tag{3.2.25}$$

利用含有两个广义拉盖尔多项式的乘积的积分公式(见下节):

$$\int_0^\infty Z^\lambda \mathrm{e}^{-Z} \mathrm{L}_n^\mu(Z) \mathrm{L}_{n'}^{\mu'}(Z) \mathrm{d}Z$$

$$= (-1)^{n+n'} \Gamma(\lambda+1) \sum_k \binom{\lambda-\mu}{n-k}\binom{\lambda-\mu'}{n'-k}\binom{\lambda+k}{k}$$

$$R_e(\lambda) > -1 \tag{3.2.26}$$

只要(3.2.24)式或(3.2.25)式满足

$$2l' + 2 > -1 \tag{3.2.27}$$

即

$$l' > -\frac{3}{2} = -1.5 \tag{3.2.28}$$

的条件,(3.2.24)式或(3.2.25)式左端的积分可积,于是可得归一化因子 A.

表 3.2.2 给出最弱受约束电子径向波函数 $R_{n',l'}(r)$ 的通用表达式.

表 3.2.2　$R_{n',l'}(r)$ 的通用表达式 $\left(\rho=\dfrac{2Z'r}{n'a_0}\right)^{[1-3]}$

n	l	$R_{n',l'}(r)$
1	0	$[\Gamma(2l'+3)]^{-1/2}\left(\dfrac{2}{n'}\right)^{3/2}\left(\dfrac{Z'}{a_0}\right)^{3/2}\rho^{l'}\,\mathrm{e}^{-\rho/2}$ ①
2	0	$[\Gamma(2l'+3)]^{-1/2}[2l'+4]^{-1/2}\left(\dfrac{2}{n'}\right)^{3/2}\left(\dfrac{Z'}{a_0}\right)^{3/2}\rho^{l'}\times[(2l'+2)-\rho]\mathrm{e}^{-\rho/2}$
	1	$[\Gamma(2l'+3)]^{-1/2}\left(\dfrac{2}{n'}\right)^{3/2}\left(\dfrac{Z'}{a_0}\right)^{3/2}\rho^{l'}\,\mathrm{e}^{-\rho/2}$
3	0	$[\Gamma(2l'+3)]^{-1/2}\left[\dfrac{1}{4}+(2l'+3)+\dfrac{(2l'+4)(2l'+3)}{2}\right]^{-1/2}$ $\times\left(\dfrac{2}{n'}\right)^{3/2}\left(\dfrac{Z'}{a_0}\right)^{3/2}\rho^{l'}\left[\dfrac{(2l'+3)(2l'+2)}{2}-(2l'+3)\rho+\dfrac{1}{2}\rho^2\right]\mathrm{e}^{-\rho/2}$
	1	$[\Gamma(2l'+3)]^{-1/2}[2l'+4]^{-1/2}\left(\dfrac{2}{n'}\right)^{3/2}\left(\dfrac{Z'}{a_0}\right)^{3/2}\times\rho^{l'}[(2l'+2)-\rho]\mathrm{e}^{-\rho/2}$
	2	$[\Gamma(2l'+3)]^{-1/2}\left(\dfrac{2}{n'}\right)^{3/2}\left(\dfrac{Z'}{a_0}\right)^{3/2}\rho^{l'}\,\mathrm{e}^{-\rho/2}$
4	0	$[\Gamma(2l'+3)]^{-1/2}\left[\dfrac{1}{36}+\dfrac{(2l'+3)}{4}+\dfrac{(2l'+4)(2l'+3)}{2}\right.$ $\left.+\dfrac{(2l'+5)(2l'+4)(2l'+3)}{6}\right]^{-1/2}\left(\dfrac{2}{n'}\right)^{3/2}$ $\times\left(\dfrac{Z'}{a_0}\right)^{3/2}\rho^{l'}\left[\dfrac{(2l'+4)(2l'+3)(2l'+2)}{6}\right.$ $\left.-\dfrac{(2l'+4)(2l'+3)}{2}\rho+\dfrac{(2l'+4)}{2}\rho^2-\dfrac{1}{6}\rho^3\right]\mathrm{e}^{-\rho/2}$
	1	$[\Gamma(2l'+3)]^{-1/2}\left[\dfrac{1}{4}+(2l'+3)+\dfrac{(2l'+4)(2l'+3)}{2}\right]^{-1/2}$ $\times\left(\dfrac{2}{n'}\right)^{3/2}\left(\dfrac{Z'}{a_0}\right)^{3/2}\rho^{l'}\left[\dfrac{(2l'+3)(2l'+2)}{2}-(2l'+3)\rho+\dfrac{1}{2}\rho^2\right)\mathrm{e}^{-\rho/2}$
	2	$[\Gamma(2l'+3)]^{-1/2}[2l'+4]^{-1/2}\left(\dfrac{2}{n'}\right)^{3/2}\times\left(\dfrac{Z'}{a_0}\right)^{3/2}\rho^{l'}\left[(2l'+2)-\rho\right]\mathrm{e}^{-\rho/2}$
	3	$[\Gamma(2l'+3)]^{-1/2}\left(\dfrac{2}{n'}\right)^{3/2}\left(\dfrac{Z'}{a_0}\right)^{3/2}\rho^{l'}\,\mathrm{e}^{-\rho/2}$

n	l	$R_{n',l'}(r)$
5	0	$[\Gamma(2l'+3)]^{-1/2}\left[\dfrac{1}{2\,304}+\dfrac{(2l'+3)}{36}+\dfrac{(2l'+4)(2l'+3)}{8}\right.$ $+\dfrac{(2l'+5)(2l'+4)(2l'+3)}{6}$ $\left.+\dfrac{(2l'+6)(2l'+5)(2l'+4)(2l'+3)}{24}\right]^{-1/2}$ $\times\left(\dfrac{2}{n'}\right)^{3/2}\left(\dfrac{Z'}{a_0}\right)^{3/2}\rho^{l'}$ $\times\left[\dfrac{(2l'+5)(2l'+4)(2l'+3)(2l'+2)}{24}\right.$ $-\dfrac{(2l'+5)(2l'+4)(2l'+3)}{6}\rho+\dfrac{(2l'+5)(2l'+4)}{4}\rho^2$ $\left.-\dfrac{(2l'+5)}{6}\rho^3+\dfrac{1}{24}\rho^4\right]\mathrm{e}^{-\rho/2}$
	1	$[\Gamma(2l'+3)]^{-1/2}\left[\dfrac{1}{36}+\dfrac{(2l'+3)}{4}+\dfrac{(2l'+4)(2l'+3)}{2}\right.$ $\left.+\dfrac{(2l'+5)(2l'+4)(2l'+3)}{6}\right]^{-1/2}\left(\dfrac{2}{n'}\right)^{3/2}$ $\times\left(\dfrac{Z'}{a_0}\right)^{3/2}\rho^{l'}\left[\dfrac{(2l'+4)(2l'+3)(2l'+2)}{6}\right.$ $\left.-\dfrac{(2l'+4)(2l'+3)}{2}\rho+\dfrac{(2l'+4)}{2}\rho^2-\dfrac{1}{6}\rho^3\right]\mathrm{e}^{-\rho/2}$
	2	$[\Gamma(2l'+3)]^{-1/2}\left[\dfrac{1}{4}+(2l'+3)+\dfrac{(2l'+4)(2l'+3)}{2}\right]^{-1/2}$ $\times\left(\dfrac{2}{n'}\right)^{3/2}\left(\dfrac{Z'}{a_0}\right)^{3/2}\rho^{l'}\left[\dfrac{(2l'+3)(2l'+2)}{2}-(2l'+3)\rho+\dfrac{1}{2}\rho^2\right]\mathrm{e}^{-\rho/2}$
	3	$[\Gamma(2l'+3)]^{-1/2}[2l'+4]^{-1/2}\left(\dfrac{2}{n'}\right)^{3/2}\left(\dfrac{Z'}{a_0}\right)^{3/2}\rho^{l'}\times[(2l'+2)-\rho]\mathrm{e}^{-\rho/2}$

注：① 适用于多电子原子及离子体系.

将(3.2.21)式代回到(3.1.5)式得

$$V(r_\mu)\approx-\frac{Z'_\mu}{r_\mu}+\frac{d_\mu(d_\mu+1)+2d_\mu l_\mu}{2r_\mu^2} \tag{3.2.29}$$

或略去下标，

$$V(r) \approx -\frac{Z'}{r} + \frac{d(d+1)+2dl}{2r^2} \tag{3.2.30}$$

这就是在非相对论、中心场下,从屏蔽、贯穿和极化作用考虑,给出的最弱受约束电子 μ 的近似的解析势函数形式.其物理意义是,上式的第一项代表由 $(N-\mu)$ 个非最弱受约束电子对核的屏蔽作用和电子的轨道贯穿作用综合形成的有效核电荷为 $+Z'e$ 的点电荷中心势场中的势能;第二项代表最弱受约束电子 μ 对由非最弱受约束电子和核组成的"实 μ"的极化作用所引起的偶极子场中的势能.

将(3.2.30)式代回到(3.1.8)式得

$$\left[-\frac{1}{2}\nabla^2 - \frac{Z'}{r} + \frac{d(d+1)+2dl}{2r^2} \right]\varphi = \varepsilon\varphi \tag{3.2.31}$$

这就是在上述近似条件下,最弱受约束电子 μ 的单电子薛定谔方程的解析表达式.

求解(3.2.31)式所得最弱受约束电子 μ 的单电子能量 ε 和径向波函数的表达式是

$$\varepsilon = -\frac{Z'^2}{2n'^2} \tag{3.2.32}$$

$$R(r) = Ae^{-Z'r/n'}r^{l'}L_{n-l-1}^{2l'+1}\left(\frac{2Z'r}{n'}\right) \tag{3.2.33}$$

ε_μ^0 是非相对论、中心场下的结果,所以应有

$$-I_\mu = \varepsilon_\mu = \varepsilon_\mu^0 + \Delta E_c + \Delta E_r \tag{3.2.34}$$

式中, ΔE_r 和 ΔE_c 分别代表被忽略了的相对论和电子相关效应对最弱受约束电子的单电子能量的贡献.由于修正项较小,也因此有

$$\varepsilon_\mu^0 \approx -I_\mu \tag{3.2.35}$$

又由于 ε 代表中心场给定解析势下最弱受约束电子的非相对论的能量值,它和 ε_μ^0 有差别,但差别很小,所以可以有 $\varepsilon \approx \varepsilon_\mu^0$ 和 $\varepsilon \approx -I_\mu$.

在我们先前的研究工作中,把原子体系中 $V(r)$ 取(3.2.30)形式和单电子薛定谔方程取(3.2.31)形式的所得结果,称为最弱受约束电子势模型理论(WBEPM Theory).本书仍沿用这一名称.由前面的论述可知,WBEPM 理论只适用于原子.它是最弱受约束电子理论(WBE Theory)

在原子体系中给定解析势下的一种表达形式.

王麓雅等[11]和陈子栋等[12]分别给出了 WBEPM 理论下径向波函数的递推关系,更方便了计算.

3.2.3　还原成氢和类氢的形式[1]

在量子力学中,氢和类氢是可以严格求解的单电子体系.体系中唯一的电子也是体系的最弱受约束电子.由于在氢和类氢中不存在电子间的相互作用,所以 $Z' = Z$, $d = 0$. 于是

$$n' = n + d = n \tag{3.2.36}$$

$$l' = l + d = l \tag{3.2.37}$$

这样就有

$$\varepsilon = -\frac{Z^2}{2n^2} \tag{3.2.38}$$

和

$$u\frac{\mathrm{d}^2 M}{\mathrm{d}u^2} + (k+1-u)\frac{\mathrm{d}M}{\mathrm{d}u} + (n-l-1)M = 0 \tag{3.2.39}$$

或

$$u\frac{\mathrm{d}^2 M}{\mathrm{d}u^2} + (k+1-u)\frac{\mathrm{d}M}{\mathrm{d}u} + (n+l-k)M = 0 \tag{3.2.40}$$

上式中 k 是正整数 $(k = 2l+1)$,而(3.2.39)式或(3.2.40)式是读者熟悉的、量子力学中求解氢和类氢 $R(r)$ 方程时遇到的联属拉盖尔多项式满足的微分方程,其归一化解为

$$R_{nl}(r) = -\left\{\frac{(n-l-1)!}{2n[(n+l)!]^3}\right\}^{1/2}\left(\frac{2Z}{n}\right)^{3/2} \times \left(\frac{2Zr}{n}\right)^l \mathrm{e}^{-Zr/n}\mathrm{L}_{n+l}^{2l+1}\left(\frac{2Zr}{n}\right)$$

$$\tag{3.2.41}$$

WBEPM 理论可以很自然地还原出氢和类氢的量子力学的处理结果.这表明 WBEPM 理论是普遍适用于单电子和多电子原子体系的统一的理论模型.求径向波函数的广义拉盖尔多项式方法是更一般性的方法.联属拉盖尔多项式对单电子原子和离子体系的求解,只是广义拉盖尔多项式方法的特例.

3.2.4　广义拉盖尔函数的定义和性质

3.2.4.1　Γ 函数[1,13-14]

由于 WBEPM 理论涉及 Γ 函数的有关知识,在此先就 Γ 函数的定义和常用的性质加以叙述.

1. Γ 函数的定义

由积分定义的 $\Gamma(Z)$ 函数,可表示为

$$\Gamma(Z) = \int_0^\infty \mathrm{e}^{-t} t^{Z-1} \mathrm{d}t \tag{3.2.42}$$

这个定义只适用于 $R_e(Z) > 0$ 的区域,因为这是积分在 $t = 0$ 处收敛的条件.(3.2.42)式右边的积分称为第二类欧勒积分.

$\Gamma(Z)$ 函数的更普遍的定义可以表示为

$$\Gamma(Z) = \lim_{n \to \infty} \frac{1 \times 2 \cdots (n-1)}{Z(Z+1)\cdots(Z+n-1)} n^Z$$

$$= \frac{1}{Z} \prod_{n=1}^\infty \left[\left(1 + \frac{Z}{n}\right)^{-1} \left(1 + \frac{1}{n}\right)^z \right] \tag{3.2.43}$$

除了极点 $Z = -n$ 外,对于任何 Z 取值上式都成立.

2. 递推关系

$\Gamma(Z)$ 满足下列递推关系:

$$\Gamma(Z+1) = Z\Gamma(Z) \tag{3.2.44}$$

递推关系可证明如下.按照伽马函数的积分定义式,有

$$\Gamma(Z+1) = \int_0^\infty \mathrm{e}^{-t} t^Z \mathrm{d}t \tag{3.2.45}$$

利用分部积分法,上式右边的积分

$$\int_0^\infty \mathrm{e}^{-t} t^Z \mathrm{d}t = [-\mathrm{e}^{-t} t^Z]_0^\infty + Z \int_0^\infty \mathrm{e}^{-t} t^{Z-1} \mathrm{d}t = Z\Gamma(Z) \tag{3.2.46}$$

证毕.

设 n 为任一正整数,(3.2.44)式可进一步推广为

$$\Gamma(Z+n) = (Z+n-1)(Z+n-2)\cdots(Z+1)Z\Gamma(Z) \tag{3.2.47}$$

或

$$\Gamma(Z) = \frac{\Gamma(Z+n)}{Z(Z+1)\cdots(Z+n-1)} = \frac{1}{(Z)_n} \int_0^\infty e^{-t} t^{Z+n-1} \mathrm{d}t$$

$$(3.2.48)$$

式中，

$$(Z)_n = Z(Z+1)\cdots(Z+n-1) \tag{3.2.49}$$

式(3.2.48)把 $\Gamma(Z)$ 的定义推广到 $R_e(Z) > -n$.

由(3.2.48)式可以看出 $\Gamma(Z)$ 是 Z 的半纯函数.极点为 $Z = -n(n = 0，1，2，\cdots)$. 在极点处的残数为

$$\lim_{Z \to -n}(Z+n)\Gamma(Z) = \frac{\Gamma(Z+n+1)}{Z(Z+1)\cdots(Z+n-1)}\bigg|_{Z=-n} = \frac{(-1)^n}{n!}$$

$$(3.2.50)$$

3. Γ 函数的有关公式

$$\Gamma(n+1) = n! \quad (n \text{ 为正整数}) \tag{3.2.51}$$

特别地

$$\Gamma(1) = 1 \tag{3.2.52}$$

$$\Gamma(2) = 1 \tag{3.2.53}$$

$$\Gamma(Z)\Gamma(-Z) = -\frac{\pi}{Z\sin \pi Z} \tag{3.2.54}$$

$$\Gamma(n+Z)\Gamma(n-Z) = \frac{\pi Z}{\sin \pi Z}[(n-1)!]^2 \prod_{k=1}^{n-1}\left(1 - \frac{Z^2}{k^2}\right) \ (n = 1, 2, 3, \cdots)$$

$$(3.2.55)$$

$$\Gamma(Z)\Gamma(1-Z) = \frac{\pi}{\sin \pi Z} \tag{3.2.56}$$

(3.2.56)式中若令 $Z = 1/2$，得

$$\Gamma\left(\frac{1}{2}\right) = \sqrt{\pi} \tag{3.2.57}$$

4. 当 $1 \leqslant Z \leqslant 2$ 时，$\Gamma(Z)$ 的近似值

《数学手册》一般均有搜集,可供查阅.

5. 不完全伽马函数[14]

不完全伽马函数的定义及相关表达式如下:

$$\gamma(\nu,\ Z)=\int_0^Z u^{\nu-1}\mathrm{e}^{-u}\mathrm{d}u \quad [\mid Z\mid<\infty,\ R_e(\nu)>0] \quad (3.2.58)$$

$$\Gamma(\nu,\ Z)=\Gamma(\nu)-\gamma(\nu,\ Z)$$
$$=\int_Z^\infty u^{\nu-1}\mathrm{e}^{-u}\mathrm{d}u \quad (\mid \arg Z\mid<\pi) \quad (3.2.59)$$

$$\gamma(\alpha+1,\ Z)=\alpha\gamma(\alpha,\ Z)-Z^\alpha\mathrm{e}^{-Z} \quad (3.2.60)$$

$$\Gamma(\alpha+1,\ Z)=\alpha\Gamma(\alpha,\ Z)+Z^\alpha\mathrm{e}^{-Z} \quad (3.2.61)$$

$$\Gamma(\alpha,\ Z)=\frac{\mathrm{e}^{-Z}Z^\alpha}{\Gamma(1-\alpha)}\int_0^\infty\frac{\mathrm{e}^{-t}t^{-\alpha}}{Z+t}\mathrm{d}t \quad (3.2.62)$$

3.2.4.2 广义拉盖尔多项式及有关积分[1,13-14]

1. 拉盖尔多项式(Laguerre polynomial)

拉盖尔多项式 $L_\alpha(x)$ 是 x 的 α 次多项式.它可用下面的式子加以定义:

$$L_\alpha(x)=\mathrm{e}^x\frac{\mathrm{d}^\alpha}{\mathrm{d}x^\alpha}(x^\alpha\mathrm{e}^{-x}) \quad (3.2.63)$$

拉盖尔多项式满足拉盖尔微分方程

$$x\frac{\mathrm{d}^2L_\alpha}{\mathrm{d}x^2}+(1-x)\frac{\mathrm{d}L_\alpha}{\mathrm{d}x}+\alpha L_\alpha=0 \quad (3.2.64)$$

2. 联属拉盖尔多项式(associated Laguerre polynomial)

$L_\alpha(x)$ 的 β 阶导数,称为联属拉盖尔多项式,并用符号 $L_\alpha^\beta(x)$ 表示.

$$L_\alpha^\beta(x)=\frac{\mathrm{d}^\beta}{\mathrm{d}x^\beta}L_\alpha(x)=\frac{\mathrm{d}^\beta}{\mathrm{d}x^\beta}\left[\mathrm{e}^x\frac{\mathrm{d}^\alpha}{\mathrm{d}x^\alpha}(x^\alpha\mathrm{e}^{-x})\right] \quad (\beta\leqslant\alpha)$$
$$(3.2.65)$$

它是一个 $(\alpha-\beta)$ 次多项式.其中,β 是一个正整数或零,并小于或等于 α.

$L_\alpha^\beta(x)$ 所满足的微分方程是

$$x\frac{\mathrm{d}^2}{\mathrm{d}x^2}L_\alpha^\beta+(\beta+1-x)\frac{\mathrm{d}}{\mathrm{d}x}L_\alpha^\beta+(\alpha-\beta)L_\alpha^\beta=0 \quad (3.2.66)$$

3. 广义拉盖尔多项式(generalized Laguerre polynomial)

(1) 广义拉盖尔多项式 $L_n^\mu(Z)$ 的定义是

$$L_n^\mu(Z) = \frac{\Gamma(\mu+1+n)}{n!\,\Gamma(\mu+1)} F(-n,\,\mu+1,\,Z) \qquad (3.2.67)$$

这是一个 n 次多项式.其中,μ 是不等于负整数的任意实数或复数;$F(-n,\,\mu+1,\,Z)$ 是库末函数.

若 $\mu=0$, $L_n^0(Z)=L_n(Z)$. 这就是前面见到过的拉盖尔多项式.

若 $\mu=m$(m 为正整数),$L_n^\mu(Z)=L_n^m(Z)$. 这是前面见到过的联属拉盖尔多项式.

(2) 广义拉盖尔多项式的积分和微商表达式

$$L_n^\mu(Z) = \frac{e^Z Z^{-\mu}}{n!} \frac{d^n}{dZ^n}(Z^{\mu+n} e^{-Z})$$

$$= \sum_{k=0}^{n} (-1)k \binom{n+\mu}{n-k} \frac{Z^k}{k!}$$

$$= \frac{(-)^n}{2\pi i} \int^{(0+)} e^{Zt}(1-t)^{\mu+n} t^{-n-1} dt \qquad (3.2.68)$$

(3) 广义拉盖尔微分方程

广义拉盖尔多项式 $L_n^\mu(Z)$ 满足下列微分方程:

$$Z L_n^{\mu\prime\prime}(Z) + (\mu+1-Z) L_n^{\mu\prime}(Z) + n L_n^\mu(Z) = 0 \qquad (3.2.69)$$

该方程称为广义拉盖尔微分方程.

(4) 生成函数

$$\frac{e^{-Zt/(1-t)}}{(1-t)^{\mu+1}} = \sum_{n=0}^{\infty} L_n^\mu(Z) t^n \quad (\,|\,t\,|<1) \qquad (3.2.70)$$

(5) 含两个广义拉盖尔多项式的乘积的积分

$$\int_0^\infty Z^\lambda e^{-Z} L_n^\mu(Z) L_{n'}^{\mu'}(Z) dZ$$

$$= (-1)^{n+n'} \Gamma(\lambda+1) \sum_k \binom{\lambda-\mu}{n-k}\binom{\lambda-\mu'}{n'-k}\binom{\lambda+k}{k} \qquad (3.2.71)$$

其中 $R_e(\lambda) > -1$，以保证积分在下限收敛.

这个重要的乘积的积分公式,可以这样来证明[12]:

由(3.2.71)式

$$\sum_{n=0}^{\infty} t^n L_n^{\mu}(Z) \sum_{n'=0}^{\infty} s^{n'} L_{n'}^{\mu'}(Z) = \sum_{n,\,n'} t^n s^{n'} L_n^{\mu}(Z) L_{n'}^{\mu'}(Z)$$

$$= \frac{e^{-Z\left(\frac{t}{1-t} - \frac{s}{1-s}\right)}}{(1-t)^{\mu+1}(1-s)^{\mu'+1}} \quad (3.2.72)$$

设 $|s| < 1$，$|t| < 1$，则

$$\sum_{n,\,n'} t^n s^{n'} \int_0^{\infty} Z^{\lambda} e^{-Z} L_n^{\mu}(Z) L_{n'}^{\mu'}(Z) dZ$$

$$= \int_0^{\infty} Z^{\lambda} \frac{e^{-Z(1-ts)/(1-t)(1-s)}}{(1-t)^{\mu+1}(1-s)^{\mu'+1}} dZ$$

$$= (1-t)^{\lambda-\mu}(1-s)^{\lambda-\mu'}(1-ts)^{-\lambda-1} \int_0^{\infty} e^{-\nu} \nu^{\lambda} d\nu$$

$$= \Gamma(\lambda+1) \sum_l \binom{\lambda-\mu}{l}(-t)^l \sum_{l'} \binom{\lambda-\mu'}{l'}(-s)^{l'}$$

$$\times \sum_k \binom{-\lambda-1}{k}(-ts)^k$$

$$= \Gamma(\lambda+1) \sum_{n,\,n'} t^n s^{n'} \sum_k \binom{\lambda-\mu}{n-k}\binom{\lambda-\mu'}{n'-k}\binom{-\lambda-1}{k}(-1)^{n+n'+k}$$

$$(3.2.73)$$

比较等式两边 $t^n s^{n'}$ 的系数,并注意

$$(-1)^k \binom{-\lambda-1}{k} = \binom{\lambda+k}{k}$$

则知(3.2.71)式已被证毕.

(6) 展开公式[12]

$$Z^s L_n^{\mu}(Z) = \sum_{r=0}^{n+s} \alpha_r^s L_{n+s-r}^{\mu+p}(Z) \quad (3.2.74)$$

展开系数

$$\alpha_r^s = (-1)^{s+r} \frac{(n+s-r)! \Gamma(s+\mu+p+1)}{\Gamma(n+s+\mu+p-r+1)}$$

$$\times \sum_k \binom{s+p}{n-k} \binom{s}{k+r-n} \binom{s+\mu+p+k}{k} \quad (3.2.75)$$

(7) 广义拉盖尔多项式的正交性[13]

$$\int_0^\infty \frac{x^\alpha}{e^x} L_m^\alpha(x) L_n^\alpha(x) dx = \begin{cases} 0 & m \neq n, \ \alpha > -1 \\ \dfrac{\Gamma(n+\alpha+1)}{n!} & m = n, \ \alpha > -1 \end{cases}$$

$$\left(或 = \frac{\Gamma(n+\alpha+1)}{n!} \delta_{mn} \right) \quad (3.2.76)$$

3.2.5　关于满足赫尔曼-费曼定理的证明[5]

广义微分赫尔曼-费曼(Hellmann-Feynman)定理的内容是：对于一个量子力学体系,如果 ψ 是哈密顿算符 $\hat{H}$ 的一个归一化了的正确波函数,E 是相应的本征值,那么,E 对出现在算符 $\hat{H}$ 中的任何一个参数的一级微商,应等于 $\hat{H}$ 对该参数的一级微商的期望值.参数可以是近似理论中包含的参数,也可以是体系中的物理量,如核电荷数等.

下面将证明,对于最弱受约束电子在其势函数取前面描述过的解析形式下,赫尔曼-费曼定理是否得到满足的问题.

对于最弱受约束电子 μ,在中心场近似下,取势函数

$$V(r_\mu) = -\frac{Z'_\mu}{r_\mu} + \frac{d_\mu(d_\mu+1)+2d_\mu l_\mu}{2r_\mu^2} \quad (3.2.77)$$

与它相对应的单电子薛定谔方程为

$$\hat{H}''_\mu \psi''_i(\mu) = \left(-\frac{1}{2} \nabla_\mu^2 - \frac{Z'_\mu}{r_\mu} + \frac{d_\mu(d_\mu+1)+2d_\mu l_\mu}{2r_\mu^2} \right) \psi''_i(\mu)$$

$$= \varepsilon''_\mu \psi''_i(\mu) \quad (3.2.78)$$

式中,$\hat{H}''_\mu$ 代表最弱受约束电子 μ 在给定解析势下的非相对论单电子哈密顿算符;ψ''_i 和 ε''_μ 分别是算符的本征函数和本征值.

略去上下标并通过严格求解(3.2.78)式,人们可以得到如下的一组重要的表达式,包括本征能量 ε、径向波函数 $R_{n',l'}$、径向坐标算符 r_μ^k 的

矩阵元和期望值(参见 3.3 节)等的表达式.这些表达式中和这里的证明有关的式子有

$$\varepsilon = -\frac{Z'^2}{2n'^2} \tag{3.2.79}$$

$$\left\langle \frac{1}{r_\mu} \right\rangle = \frac{Z'}{n'^2} \tag{3.2.80}$$

$$\left\langle \frac{1}{r^2} \right\rangle = \frac{2Z'}{n'^3(2l'+1)} \tag{3.2.81}$$

首先,考虑 Z' 作为参数,我们有

$$\frac{\partial H}{\partial Z'} = -\frac{1}{r} \tag{3.2.82}$$

$$\left\langle \frac{\partial H}{\partial Z'} \right\rangle = -\left\langle \frac{1}{r} \right\rangle = -\frac{Z'}{n'^2} \tag{3.2.83}$$

和

$$\frac{\partial \varepsilon}{\partial Z'} = -\frac{Z'}{n'^2} \tag{3.2.84}$$

比较(3.2.83)式和(3.2.84)式,可得

$$\left\langle \frac{\partial H}{\partial Z'} \right\rangle = \frac{\partial \varepsilon}{\partial Z'} \tag{3.2.85}$$

再考虑 d_μ 作为参数,于是有

$$\frac{\partial H}{\partial d} = \frac{2d+1+2l}{2r^2} \tag{3.2.86}$$

$$\left\langle \frac{\partial H}{\partial d} \right\rangle = \frac{2d+1+2l}{2}\left\langle \frac{1}{r^2} \right\rangle = \frac{Z'^2}{n'^3} \tag{3.2.87}$$

和

$$\frac{\partial \varepsilon}{\partial d} = \frac{\partial}{\partial d}\left(-\frac{Z'^2}{2n'^2}\right) = \frac{\partial}{\partial d}\left[-\frac{Z'^2}{2(n+d)^2}\right] = \frac{Z'^2}{(n+d)^3} = \frac{Z'^2}{n'^3} \tag{3.2.88}$$

比较(3.2.87)式和(3.2.88)式,可得

$$\left\langle \frac{\partial H}{\partial d} \right\rangle = \frac{\partial \varepsilon}{\partial d} \tag{3.2.89}$$

由(3.2.85)式和(3.2.89)式可知赫尔曼-费曼定理得到满足.

3.3 任意幂次径向坐标算符 r^k 的矩阵元和平均值

文根旺等[15]根据广义拉盖尔多项式的泰勒(Taylor)展开及微分性质,导出了 WBEPM 理论中任意幂次径向坐标算符 r^k 的矩阵元和平均值的计算通式.其结果是

$$\langle n_1 l_1 \mid r^k \mid n_2 l_2 \rangle$$

$$= (-1)^{n_1+n_2+l_1+l_2} \left(\frac{2Z'_1}{n'_1}\right)^{l'_1} \left(\frac{2Z'_2}{n'_2}\right)^{l'_2}$$

$$\times \left(\frac{Z'_1}{n'_1}+\frac{Z'_2}{n'_2}\right)^{-l'_1-l'_2-k-3} \left[\frac{n'^4_1 \Gamma(n'_1+l'_1+1)}{4Z'^3_1(n_1-l_1-1)!}\right]^{-1/2}$$

$$\times \left[\frac{n'^4_2 \Gamma(n'_2+l'_2+1)}{4Z'^3_2(n_2-l_2-1)!}\right]^{-\frac{1}{2}} \sum_{m_1=0}^{n_1-l_1-1} \sum_{m_2=0}^{n_2-l_2-1} \frac{(-1)^{m_2}}{m_1!m_2!}$$

$$\times \left(\frac{Z'_1}{n'_1}-\frac{Z'_2}{n'_2}\right)^{m_1+m_2} \left(\frac{Z'_1}{n'_1}+\frac{Z'_2}{n'_2}\right)^{-m_1-m_2}$$

$$\times \Gamma(l'_1+l'_2+m_1+m_2+k+3)$$

$$\times \sum_{m_3=0}^{s} \binom{l'_2-l'_1+k+m_2+1}{n_1-l_1-1-m_1-m_3} \times \binom{l'_1-l'_2+k+m_1+1}{n_2-l_2-1-m_2-m_3}$$

$$\times \binom{l'_1+l'_2+k+2+m_1+m_2+m_3}{m_3} \tag{3.3.1}$$

式中,$s = \min\{n_1-l_1-1-m_1, n_2-l_2-1-m_2\}$,$k>-l'_1-l'_2-3$;以及

$$\langle nl \mid r^k \mid nl \rangle = \left(\frac{n'}{2Z'}\right)^k \frac{(n-l-1)!}{2n'} \frac{\Gamma(2l'+k+3)}{\Gamma(n'+l'+1)}$$

$$\times \sum_{m=s'}^{n-l-1} \binom{k+1}{n-l-1-m}^2 \binom{2l'+k+2+m}{m} \tag{3.3.2}$$

式中,$s' = \max\{0, n-l-1-k-1\}$.

对于氢和类氢有 $Z'=Z$,$d=0$(或 $n'=n$,$l'=l$),上述两式可自然过渡到氢和类氢的情况.

周呙路等[16]利用广义拉盖尔多项式的两种等价表示和分部积分法,也导出了 WBEPM 理论中任意幂次径向坐标算符 r^k 的矩阵元的计算通式.其结果和(3.3.1)式一致,只是可以少算一重求和.其平均值计算通式也和(3.3.2)式一致,该文还给出了 $k=1,-1,-2,-3$ 和-4 的具体表达式.为方便读者,在此将这些式子分列如下:

$$\langle nl \mid r \mid nl \rangle = \frac{3n'^2 - l'(l'+1)}{2Z'} \tag{3.3.3}$$

$$\langle nl \mid r^{-1} \mid nl \rangle = \frac{Z'}{n'^2} \tag{3.3.4}$$

$$\langle nl \mid r^{-2} \mid nl \rangle = \frac{2Z'^2}{n'^3(2l'+1)} \tag{3.3.5}$$

$$\langle nl \mid r^{-3} \mid nl \rangle = \frac{2Z'^3}{n'^4(2l'+1)(l'+1)l'} \tag{3.3.6}$$

$$\langle nl \mid r^{-4} \mid nl \rangle = \frac{4Z'^4[3n'^2 - l'(l'+1)]}{n'^5 l'(l'+1)(2l'-1)(2l'+1)(2l'+3)} \quad (l'>-1/2) \tag{3.3.7}$$

上述公式中,贾祥富[17]对展开的广义拉盖尔多项式进行直接积分,导出了 WBEPM 理论中任意幂次径向坐标算符 r^k 的矩阵元计算通式.其形式比(3.3.1)式少一重求和.有关表达式是

$$\langle n_i l_i \mid r^k \mid n_f l_f \rangle = \left[\frac{(n_i'-l_i'-1)!\,(n_f'-l_f'-1)!}{4n_i'n_f'(n_i'+l_i')!\,(n_f'+l_f')!} \right]^{1/2}$$

$$\times \left(\frac{Z_i'}{n_i'} + \frac{Z_f'}{n_f'} \right)^{-k} \sum_{m_1=0}^{n_i'-l_i'-1} \sum_{m_2=0}^{n_f'-l_f'-1} \frac{(-1)^{m_1+m_2}}{m_1!\,m_2!}$$

$$\times \begin{pmatrix} n_i'+l_i' \\ n_i'-l_i'-1-m_1 \end{pmatrix} \begin{pmatrix} n_f'+l_f' \\ n_f'-l_f'-1-m_2 \end{pmatrix}$$

$$\times \left(\frac{2Z_i'n_f'}{Z_i'n_f'+Z_f'n_i'} \right)^{\frac{3}{2}+l_i'+m_1} \left(\frac{2Z_f'n_i'}{Z_i'n_f'+Z_f'n_i'} \right)^{\frac{3}{2}+l_f'+m_2}$$

$$\times \Gamma(l_i'+l_f'+k+3+m_1+m_2) \tag{3.3.8}$$

文根旺等[18-20]还利用超维里(Hyper-Virial)定理导出了各幂次径向坐标算符矩阵元之间的递推关系式.

周光辉等[18]导出了含径向微分算符 $r^s \dfrac{\mathrm{d}^t}{\mathrm{d}r^t} r^{s'}$ 的矩阵元 $\left\langle n_1 l_1 \left| r^s \dfrac{\mathrm{d}^t}{\mathrm{d}r^t} r^{s'} \right| n_2 l_2 \right\rangle$ 和平均值 $\left\langle nl \left| r^s \dfrac{\mathrm{d}^t}{\mathrm{d}r^t} r^{s'} \right| nl \right\rangle$ 的计算通式.

若令 $t=0$，$s'=0$，这些计算通式则退化为(3.3.1)式和(3.3.2)式.

陈刚[20]运用升降算子和超维里定理导出了 WBEPM 理论下任意算符 $f(r)$ 的矩阵元的递推关系. $f(r)$ 可以是任意幂次径向坐标算符 r^k，指数算符 e^{sr}，任意次微分算符 $\dfrac{\mathrm{d}^r}{\mathrm{d}r^r}$ 及它们的组合.

3.4　WBEPM 理论中散射态的精确解

束缚态理论研究主要关心体系的分立的能量本征值、本征态以及能态之间的量子跃迁问题.通过第 2 章和本章前面的讨论，已经得到了在给定的解析势下的最弱受约束电子的单电子薛定谔方程.严格求解该方程，得到了分立能谱和态函数的表达式.在本章的后续章节还将就能谱、能态间的量子跃迁等问题做深入的讨论.

从氢原子问题的讨论中人们知道，除了束缚态还有连续态.散射态是一种非束缚态，涉及体系能谱的连续区部分.用和处理束缚态同样的方法，可以得出 $E>0$ 的能谱，不过它是连续的.[21-23] 现在要问，在最弱受约束电子势模型理论中散射态是否存在精确解？另外，只有完备集的函数集合，才能作为线性展开的基函数用于原子、分子问题的讨论.氢原子束缚态波函数不构成完备集，但把它的连续谱本征函数和束缚态本征函数加在一起，便构成了一个完备集[24]，那么，最弱受约束电子的本征函数是否构成一个完备集？陈昌远等[25]给出了 WBEPM 理论下的散射态径向波函数按"$k/2\pi$ 标度"归一化的精确解和相移表达式.

精确解的表达式为

$$R_{kl} = \frac{|\,\Gamma(l'+1-\mathrm{i}Z'/k)\,|\,\mathrm{e}^{\pi Z'/2k}(2kr)^{l'+1}}{\Gamma(2l'+2)}$$

$$\times \frac{\mathrm{e}^{-\mathrm{i}kr}}{r} F(l'+1+\mathrm{i}Z'/k,\, 2l'+2,\, 2\mathrm{i}kr) \tag{3.4.1}$$

该式满足归一化条件

$$\int_0^\infty r^2 R_{kl}^*(r) R_{kl}(r) \mathrm{d}r = 2\pi\delta(k'-k) \qquad (3.4.2)$$

还导出了束缚-连续跃迁矩阵元 $\langle n_1 l_1 \mid r^s \mid kl_2 \rangle$ 的解析计算式和束缚-自由非相对论跃迁矩阵元的解析计算式[25-26].这些表达式在处理光电离截面等散射问题中是有用的.陈昌远等[25]在文章的结论部分写道:"本文把 WBEPM(理论)推广到散射态,详细研究了散射态特性.给出了精确的按'$k/2\pi$ 标度'归一化的连续波波函数和相移表达式以及扭曲库仑波的解析解.讨论了散射、振幅的解析性质,指出散射振幅在复 k 平面上的极点正好对应于束缚态能级所在,由连续波波函数导出了束缚态波函数.给出了普遍的束缚-连续跃迁矩阵元的解析计算式.""量子理论中Schrödinger 方程能够精确求解的例子是非常少的.每一个精确可解的例子均具有重要的理论意义且在实际问题中有着广泛的应用.本文和其他作者的工作说明,郑能武提出的 WBEPM(理论)的束缚态和散射态均可以精确求解,是三维可精确求解的又一实例,并且具有普遍性,类氢体系作为特例包含其中.就此而言,WBEPM(理论)已非常令人满意了,更不用说它在实际问题中还有着广泛的应用."

3.5　精细结构的计算式

2.3.3 小节曾给出在忽略 Breit 相互作用和中心场近似下最弱受约束电子 μ 的哈密顿算符 H_μ'.

重写(2.3.22)式

$$H_\mu' = \frac{1}{2}\big[p(\mu)\big]^2 + V(r_\mu) - \frac{1}{8c^2}\big[p(\mu)\big]^4$$

$$+ \frac{1}{2c^2 r_\mu}\frac{\mathrm{d}V(r_\mu)}{\mathrm{d}r_\mu}(s_\mu l_\mu) + \frac{1}{8c^2}\nabla^2 V(r_\mu) \qquad (3.5.1)$$

则最弱受约束电子 μ 的单电子狄拉克(Dirac)方程的非相对论近似 $(v/c \leqslant 1)$ 为

$$\left\{\frac{1}{2}\big[p(\mu)\big]^2 + V(r_\mu) - \frac{1}{8c^2}\big[p(\mu)\big]^4\right.$$

$$\left. + \frac{1}{2c^2 r_\mu}\frac{\mathrm{d}V(r_\mu)}{\mathrm{d}r_\mu}(s_\mu l_\mu) + \frac{1}{8c^2}\nabla^2 V(r_\mu)\right\}\psi_\mu' = \varepsilon_\mu'\psi_\mu' \qquad (3.5.2)$$

上式大括号中前两项为中心场下非相对论薛定谔方程中的哈密顿量,记为 $\hat{H}_\mu^0$. 在 WBEPM 理论中,$\hat{H}_\mu^0$ 若取(3.2.31)式的形式,即

$$\hat{H}_\mu'' = -\frac{1}{2}\nabla^2 - \frac{Z'}{r} + \frac{d(d+1)+2dl}{2r^2} \tag{3.5.3}$$

$\hat{H}_\mu''$ 的本征方程可严格求解.

(3.5.2)式左边大括号中的第三项是质-速项(相对论修正项),记为 $\Delta\hat{H}_m$;第四项是自旋-轨道相互作用项,记为 $\Delta\hat{H}_{ls}$;第五项是达尔文(Darwin)项,记为 $\Delta\hat{H}_d$. 后三项都很小,在 $\hat{H}_\mu''$ 的本征方程能严格求解的条件下,可当作微扰计算出相应的能量修正值 ΔE_m,ΔE_{ls},ΔE_d. 它们的和即为最弱受约束电子 μ 能级的精细结构.陈昌远等[27]在耦合表象下导出了各修正项的表达式.他们推得的表达式如下:

$$\Delta E_m = -\frac{Z'^4}{2c^2 n'^4}\left[\frac{1}{4} + \frac{2n'^2 + 2B - 2n'l' - n'}{n'(2l'+1)}\right.$$
$$\left. + \frac{48B^2 n'^2 - 16B^2 l'(l'+1) - 16Bn'^2(2l'+3)(2l'-1)}{n'(2l'+3)(2l'+2)(2l'+1)2l'(2l'-1)}\right]$$

$$\left(l' > \frac{1}{2}\right) \tag{3.5.4}$$

$$\Delta E_{ls} = \frac{2Z'^4}{c^2 n'5}\frac{[4l'(l^8+1) - 3 - 12B]n'^2 + 4Bl'(l'+1)}{(2l'+3)(2l'+2)(2l'+1)2l'(2l'-1)}$$
$$\times \begin{cases} l & j = l + \dfrac{1}{2} \\ -(l+1) & j = l - \dfrac{1}{2} \end{cases} \tag{3.5.5}$$

$$\Delta E_d = \frac{4BZ'^4}{c^2 n'^5}\frac{3n'^2 - l'(l'+1)}{(2l'+3)(2l'+2)(2l'+1)2l'(2l'-1)} \tag{3.5.6}$$

以上三式中 B 就是(3.2.21)式中的 B.即

$$B = \frac{1}{2}[d(d+1)+2dl] \tag{3.5.7}$$

令 $Z'=Z$,$d=0$,则(3.5.4)式至(3.5.6)式均可还原成氢和类氢的精细结构的表达式.

3.6 旋-轨耦合系数的计算

王麓雅等[28]导出了 WBEPM 理论下旋-轨耦合系数的计算式,下面介绍他们的工作.

取

$$V(r) = -\frac{Z'}{r} + \frac{d(d+1) + 2dl}{2r^2} \qquad (3.6.1)$$

旋-轨耦合系数需要计算下式:

$$\zeta_{nl} = \langle nl \mid \xi(r) \mid nl \rangle \qquad (3.6.2)$$

其中,

$$\xi(r) = \frac{1}{2c^2 r} \frac{\mathrm{d}V(r)}{\mathrm{d}r} \qquad (3.6.3)$$

将(3.6.1)式代入(3.6.3)式后,则(3.6.2)式得

$$\zeta_{nl} = \frac{1}{2c^2} \big[Z'\langle nl \mid r^{-3} \mid nl \rangle - 2B\langle nl \mid r^{-4} \mid nl \rangle \big] \qquad (3.6.4)$$

式中,

$$B = \frac{1}{2} \big[d(d+1) + 2dl \big] \qquad (3.6.5)$$

利用超维里定理可得

$$\zeta_{nl} = \frac{Z'^2}{2c^2} \frac{\big[4l'(l'+1) - 3 - 12B \big]n'^2 + 4Bl'(l'+1)}{\big[4l'(l'+1) - 3 \big]l'(l'+1)n'^2} \langle nl \mid r^{-2} \mid nl \rangle \qquad (3.6.6)$$

再用

$$\langle nl \mid r^{-2} \mid nl \rangle = \left(\frac{2Z'}{n'} \right) \frac{1}{2l'+1} \langle nl \mid r^{-1} \mid nl \rangle \qquad (3.6.7)$$

和

$$\langle nl \mid r^{-1} \mid nl \rangle = \frac{Z'}{n'^2} \qquad (3.6.8)$$

最终得到

$$\zeta_{nl} = \frac{Z'^4}{c^2 n'^5} \frac{[4l'(l'+1)-3-12B]n'^2+4Bl'(l'+1)}{[4l'(l'+1)-3]l'(l'+1)(2l'+1)}$$

$$\left(l' > \frac{1}{2}\right) \tag{3.6.9}$$

若 $Z'=Z$，$d=0(n'=n, l'=l)$，则上式退化为氢和类氢的旋-轨耦合系数的计算式

$$\zeta_{nl} = \frac{Z^4}{c^2 n^3} \frac{1}{(2l+1)(l+1)l} \tag{3.6.10}$$

3.7 关联最弱受约束电子势模型理论和斯莱特原子轨函

斯莱特(Slater)建议[29-32]原子体系的单电子势函数 $V(r_i)$ 取如下形式：

$$V(r_i) = -\frac{(Z-s_i)}{r_i} + \frac{n'_i(n'_i-1)}{2r_i^2} \quad (\text{a.u.}) \tag{3.7.1}$$

将 $V(r_i)$ 代入单电子薛定谔方程

$$\left\{-\frac{1}{2}\nabla_i^2 + V(r_i)\right\}\psi_i = \varepsilon_i \psi_i \tag{3.7.2}$$

便可得到斯莱特(Slater)轨函和单电子能量 ε_i 的表达式：

$$\psi_i = N r_i^{n'_i-1} \mathrm{e}^{-(Z-s_i)r_i/n'_i} Y_{l,m}(\theta_i, \phi_i) \tag{3.7.3}$$

和

$$\varepsilon_i = -R\left(\frac{Z-s_i}{n'_i}\right)^2 \tag{3.7.4}$$

并且有原子或离子体系的总电子能量

$$E = \sum_{i=1}^{N}\varepsilon_i = -R\sum_{i=1}^{N}\left(\frac{Z-s_i}{n'_i}\right)^2 \tag{3.7.5}$$

上面各式中，N 是归一化因子；$Y_{l,m}(\theta_i, \phi_i)$ 是球谐函数，和氢原子的相同；R 是里德堡常数；n'_i 是第 i 电子的有效主量子数；s_i 是其余电子对第 i 电子的屏蔽常数；$(Z-s_i) = Z'_i$ 是第 i 电子感受到的有效核

电荷.

对 n_i' 和 s_i,斯莱特提出了一套经验的计算规则.该规则的基本内容如下:

(1) 有效主量子数 n_i' 和主量子数 n_i 的对应关系是

$$
\begin{array}{ccccccc}
n_i & 1 & 2 & 3 & 4 & 5 & 6 \\
n_i' & 1 & 2 & 3 & 3.7 & 4.0 & 4.2
\end{array}
\tag{3.7.6}
$$

(2) 为了确定 Z_i',将电子划分成若干顺序组:

$$(1s)(2s,p)(3s,p)(3d)(4s,p)(4d)(4f)(5s,p)(5d)\cdots$$

对任一电子组中的电子,s_i 值由下述贡献加和而成.

(a) 该组右边的各组电子对 s_i 没有贡献;

(b) 该组内的每一其他电子的贡献为 0.35($1s$ 电子为 0.3);

(c) 若所考虑的电子处于(ns,p)组,则主量子数为$(n-1)$的每一个电子贡献 0.85,小于$(n-1)$的每一电子贡献 1.00;

(d) 所考虑的电子处于 d 或 f 组,则左边各组的每一电子均贡献 1.00.

Slater 轨函和经验规则已被广泛用于原子、离子总能量,原子逐级电离能以及原子的 X 光谱线系的各级极限值,电负性标度,硬软酸碱标度,离子极化力的标度,配合物稳定常数的规律等物理、化学问题的讨论,特别是量子化学理论计算中.[22,31-33]

Slater 轨函是无节面的函数.彼此完全不正交(这一点可通过一组正交 Slater 轨道改正过来).

关于 Slater 轨函和经验规则有两点值得在这里探讨一下.第一,斯莱特建议的势函数[即(3.7.1)式],是建立在假定原子的多电子哈密顿算符中的 $\left(-\dfrac{Z}{r_i}+\sum\limits_{j,\,i<j}^{N}\dfrac{1}{r_{ij}}\right)$ 部分可以用(3.7.1)式的形式来代替的基础之上,于是可以把多电子哈密顿算符 $\hat{H}$ 写成单电子哈密顿算符之和,并得到单电子薛定谔方程,即

$$\hat{H}=\sum_i \hat{H}_i \tag{3.7.7}$$

$$\hat{H}_i=-\frac{1}{2}\nabla_i^2+V(r_i) \tag{3.7.8}$$

$$\hat{H}_i \psi_i = \left\{ -\frac{1}{2} \nabla_i^2 + V(r_i) \right\} \psi_i = \varepsilon_i \psi_i \tag{3.7.9}$$

注意,这里是一个假定,而不是从多电子原子的哈密顿算符和体系的电子波函数的源头出发导出的结果;第二,经验规则不是由变分法决定的,而是通过经验调整以期和被剥离的原子能级、X 射线能级等结果达到相一致的情况下确定的.

第 2 章已阐明,在最弱受约束电子理论下,体系的哈密顿算符可以写为最弱受约束电子的单电子哈密顿算符之和,并导出了最弱受约束电子的单电子薛定谔方程.

对于原子体系,重写(2.4.8)式和(2.4.9)式

$$\hat{H}_\mu^0 = -\frac{1}{2} \nabla_\mu^2 + V(r_\mu) \tag{3.7.10}$$

和

$$\hat{H}_\mu^0 \psi_\mu^0 = \varepsilon_\mu^0 \psi_\mu^0 \tag{3.7.11}$$

(3.7.10)式代表中心场近似下最弱受约束电子的非相对论单电子哈密顿算符的表达式.(3.7.11)式是与 $\hat{H}_\mu^0$ 相对应的单电子薛定谔方程.

如果(3.7.10)式中的 $V(r_\mu)$ 取成斯莱特建议的单电子势函数形式,即(3.7.1)式,便可得到(3.7.3)式、(3.7.4)式和(3.7.5)式的结果.

如果(3.7.11)式中的 $V(r_\mu)$ 取成

$$V(r_\mu) = -\frac{Z'}{r} + \frac{d(d+1) + 2dl}{2r^2} \tag{3.7.12}$$

则可导出 WBEPM 理论中相关的表达式.

可见 Slater 轨函和在 WBEPM 理论下用广义拉盖尔函数表达的最弱受约束电子的单电子波函数,只是在不同近似的单电子势函数下的结果.

关于 Slater 规则,斯莱特虽在文献[29]中原则地说明了选定 n_i' 和 s_i 值的方法和原则,但并没有透露其中的细节.

为了有助于做出某种推断,以锂、碳、氟原子和离子为例,此处做了如下含四个步骤的尝试性计算:[34]

第一步,查出锂、碳、氟原子的逐级电离能实验值,列在表 3.7.1 中.

表 3.7.1　锂、碳、氟原子的逐级电离能实验值(eV)

元素	I_1	I_2	I_3	I_4	I_5	I_6	I_7	I_8	I_9
Li	5.392	75.638	122.451						
C	11.260	24.383	47.887	64.492	392.077	489.981			
F	17.422	34.970	62.707	87.138	114.240	157.161	185.182	953.886	1 103.089

第二步,按 Slater 划分的组,算出每组电子的电离能之和 $\sum I_j$ 及该组电子的电离能的平均值 I_Ψ,

$$I_\Psi = \frac{\sum I_j}{m} \tag{3.7.13}$$

m 为组内电子数目.

第三步,借用(3.7.4)式,用 I_Ψ 代替 ε_i 计算 s 值,暂记为 $s_\dagger$.

第四步,用 Slater 规则算出 s 值,记为 s_s.表 3.7.2 列出了全部计算结果.

表 3.7.2　$s_\dagger$ 和 $s_s (R=13.6\text{ eV})$

(a) Li

	$j=1$	$j=2$ 至 3	$j=3$
$\sum I_j$	5.392	198.089	122.451
I_Ψ	5.392	99.045	122.451
$s_\dagger$	1.741	0.301	~0
s_s	1.7	0.3	0

(b) C

	$j=1$ 至 4	$j=2$ 至 4	$j=3$ 至 4	$j=4$	$j=5$ 至 6	$j=6$
$\sum I_j$	148.022	136.762	112.379	64.492	882.058	489.981
I_Ψ	37.001	45.587	56.190	64.492	441.029	489.981
$s_\dagger$	2.70	2.338	1.935	1.645	0.305	~0
s_s	2.75	2.4	2.05	1.7	0.3	0

(c) F

	$j=1$ 至 7	$j=2$ 至 7	$j=3$ 至 7	$j=4$ 至 7	$j=5$ 至 7
$\sum I_j$	658.82	641.398	606.428	543.721	456.583
$I_{平}$	94.117	106.900	121.286	135.930	152.194
$s_{计}$	3.739	3.393	3.027	2.677	2.309
s_s	3.8	3.45	3.1	2.75	2.4

	$j=6$ 至 7	$j=7$	$j=8$ 至 9	$j=9$
$\sum I_j$	342.343	185.182	2 056.975	1 103.089
$I_{平}$	171.171	185.182	1 028.488	1 103.089
$s_{计}$	1.905	1.620	0.304	~ 0
s_s	2.05	1.7	0.3	0

表 3.7.2 中的 $s_{计}$ 和 s_s 十分接近,可见 Slater 规则包含了某种平均性.

在第 2 章和第 3 章中有

$$-I_\mu \approx \varepsilon_\mu^0 \tag{3.7.14}$$

由此可认为,Slater 经验规则中的 s 是 Slater 分组的组内电子一个个作为最弱受约束电子处理的近似平均结果.

参考文献

[1]　郑能武.原子新概论[M].南京:江苏教育出版社,1988.

[2]　郑能武.科学通报,1977,22:531;1985,23:1801;1986,17:1316;1987,5:354.

[3]　Zheng N W. Kexue Tongbao,1986,31:1238;1987,32:1263;1988,33:916.

[4]　Zheng N W, Wang T, Ma D X, Zhou T, Fan J. Int. J. Quantum Chem., 2004,98:281.

[5]　徐光宪,黎乐民,王德民.量子化学基本原理和从头计算法:中册[M].北京:科学出版社,1985.

[6]　曾谨言.量子力学导论[M].北京：北京大学出版社,1993.

[7]　尹鸿钧.量子力学[M].合肥：中国科学技术大学出版社,1999.

[8]　斯莱特 J C.原子结构的量子理论：第一卷[M].杨朝潢,译.上海：上海科学技术出版社,1981.

[9]　史包尔斯基 Э B.原子物理学：第二卷第一分册[M].周同庆,等,译.北京：高等教育出版社,1958.

[10]　郑能武,周涛,王涛,等.化学物理学报,2001,14：292.

[11]　王麓雅,黄建平,胡国权.湖南师范大学自然科学学报,2000,23：39.

[12]　陈子栋,陈刚.化学物理学报,2005,18：983.

[13]　王竹溪,郭敦仁.特殊函数概论[M].北京：北京大学出版社,2000.

[14]　数学手册编写组.数学手册[M].北京：高等教育出版社,1979.

[15]　文根旺,王麓雅,王瑞旦.科学通报,1990,35：1231.

[16]　周吕路,卢书城.上海师范大学学报：自然科学版,1995,24：40.

[17]　贾祥富.山西师范大学学报：自然科学版,2003,20：89.

[18]　文根旺,王瑞旦,王麓雅.科学通报,1991,15：1137.

[19]　周光辉,文根旺,王麓雅,等.原子与分子物理学报,1994,11：276.

[20]　陈刚.原子与分子物理学报,2003,20：89.

[21]　曾谨言.量子力学：卷 I [M].3 版.北京：科学出版社,2001.

[22]　徐光宪,黎乐民.量子化学基本原理和从头计算法：上册[M].北京：科学出版社,1984.

[23]　彭桓武,徐锡申.理论物理基础[M].北京：北京大学出版社,1998.

[24]　赖文 I N.量子化学[M].宁世光,佘敬曾,刘尚长,译.北京：人民教育出版社,1982.

[25]　陈昌远,沈宏兰,孙国耀.物理学报,1997,46：1055.

[26]　陈昌远,周荣秋,孙国耀.原子与分子物理学报,1997,14：657.

[27]　陈昌远,周荣秋,孙国耀.原子与分子物理学报,1995,12：336.

[28]　王麓雅,文根旺.科学通报,1992(8)：708.

[29]　Slater J C. Phys. Rev., 1930, 36：57.

[30]　Pilar F L. Elementary Quantum Chemistry[M]. New York：McGraw-Hill Book Company, 1968.

[31]　波普尔 J A,贝弗里奇 D L.分子轨道近似方法理论[M].江元生,译.北京：科学出版社,1976.

[32]　徐光宪,赵学庄.化学学报,1956,22：441.

[33]　Foresman J B, Frisch A. Exploring Chemistry with Electronic Structure Methods[M]. 2nd ed. Pittsburgh：Gaussian Inc., 1996.

[34]　郑能武.大学化学,1992(7)：22.

第4章 理论的应用

4.1 电离能[1-10]

4.1.1 引言

文献[11-14]给出了基态电离能的定义.定义包含了如下信息：① 最弱受约束电子的概念；② 能级、电离极限的概念；③ 量子化学关于原子、分子体系电子能量的零点选择；④ 体系总电子能量等于逐级电离能之和.可见,原子能级和电离能是化学、物理学、天体物理学的重要而基本的物性之一.

鉴于不仅讨论基态电离能,而且讨论激发态电离能,为方便讨论,参照上述定义在此我们给出关于电离能的一个更一般性的定义：从自由粒子(原子、分子)的某个态能级,完全移走一个最弱受约束电子所需要的能量,即系列极限和态能级之间的能量差,称为电离能.

电离能数据可以实验测定(光谱法、电子碰撞法、光致电离法等),所得数据已汇集于手册、汇编、数据库之中.表 4.1.1 给出了原子的逐级电离能值.原子序数较低的元素的逐级电离能的实验数据比较多,而高 Z 原子和高离化态原子的实验数据较少,存在大片空白.这和实验制备困难、能级结构复杂有关.但这些数据恰恰是空间技术、核聚变、激光技术等领域感兴趣的,因此是目前实验和理论上研究的热门话题.

许多理论方法已用来计算原子能级和电离能(含基态和激发态电离能),包括相对论性组态相互作用方法(RCI)、相对论性多体微扰理论(RMBPT)、相对论性耦合簇方法(RCC)、多组态狄拉克-福克方法(MCDF)、R 矩阵方法、密度泛函理论(DFT)方法、最弱受约束电子势模型理论(WBEPM Theory)等等.[1-10,15-30]例如,B. S. Jursic[30]用从头计算

表 4.1.1　原子的逐级电离能 (eV)

Z	元素	中性原子到＋7价离子							
		I	II	III	IV	V	VI	VII	VIII
1	H	13.598 443							
2	He	24.587 387	54.417 760						
3	Li	5.391 719	75.640 0	122.454 29					
4	Be	9.322 70	18.211 14	153.896 61	217.718 65				
5	B	8.298 02	25.154 8	37.930 64	259.375 21	340.225 80			
6	C	11.260 30	24.383 3	47.887 8	64.493 9	392.087	489.993 34		
7	N	14.534 1	29.601 3	47.449 24	77.473 5	97.890 2	552.071 8	667.046	
8	O	13.618 05	35.121 1	54.935 5	77.413 53	113.899 0	138.119 7	739.29	871.410 1
9	F	17.422 8	34.970 8	62.708 4	87.139 8	114.242 8	157.165 1	185.186	953.911 2
10	Ne	21.564 54	40.962 96	63.45	97.12	126.21	157.93	207.275 9	239.098 9
11	Na	5.139 076	47.286 4	71.620 0	98.91	138.40	172.18	208.50	264.25
12	Mg	7.646 235	15.035 27	80.143 7	109.265 5	141.27	186.76	225.02	265.96
13	Al	5.985 768	18.828 55	28.447 65	119.992	153.825	190.49	241.76	284.66
14	Si	8.151 68	16.345 84	33.493 02	45.141 81	166.767	205.27	246.5	303.54
15	P	10.486 69	19.769 5	30.202 7	51.443 9	65.025 1	220.421	263.57	309.60
16	S	10.360 01	23.337 88	34.79	47.222	72.594 5	88.053 0	280.948	328.75

Z	元素	中性原子到+7价离子							
		I	II	III	IV	V	VI	VII	VIII
17	Cl	12.967 63	23.813 6	39.61	53.465 2	67.8	97.03	114.195 8	348.28
18	Ar	15.759 610	27.629 66	40.74	59.81	75.02	91.009	124.323	143.460
19	K	4.340 663 3	31.63	45.806	60.91	82.66	99.4	117.56	154.88
20	Ca	6.113 16	11.871 72	50.913 1	67.27	84.50	108.78	127.2	147.24
21	Sc	6.561 49	12.799 77	24.756 66	73.489 4	91.65	110.68	138.0	158.1
22	Ti	6.828 12	13.575 5	27.491 7	43.267 2	99.30	119.53	140.8	170.4
23	V	6.746 19	14.618	29.311	46.709	65.281 7	128.13	150.6	173.4
24	Cr	6.766 51	16.485 7	30.96	49.16	69.46	90.634 9	160.18	184.7
25	Mn	7.434 02	15.640 0	33.668	51.2	72.4	95.6	119.203	194.5
26	Fe	7.902 4	16.187 7	30.652	54.8	75.0	99.1	124.98	151.06
27	Co	7.881 01	17.084	33.50	51.3	79.5	102.0	128.9	157.8
28	Ni	7.639 8	18.168 84	35.19	54.9	76.06	108	133	162
29	Cu	7.726 38	20.292 4	36.841	57.38	79.8	103	139	166
30	Zn	9.394 199	17.964 39	39.723	59.4	82.6	108	134	174
31	Ga	5.999 301	20.515 14	30.71	64	93.5			
32	Ge	7.899 43	15.934 61	34.224 1	45.713 1				
33	As	9.788 6	18.589 2	28.351	50.13	62.63	127.6		

续　表

中性原子到 +7 价离子

Z	元素	I	II	III	IV	V	VI	VII	VIII
34	Se	9.752 39	21.19	30.820 4	42.945 0	68.3	81.7	155.4	
35	Br	11.813 8	21.591	36	47.3	59.7	88.6	103.0	192.8
36	Kr	13.999 61	24.359 84	36.950	52.5	64.7	78.5	111.0	125.802
37	Rb	4.177 128	27.289 5	40	52.6	71.0	84.4	99.2	136
38	Sr	5.694 85	11.030 1	42.89	57	71.6	90.8	106	122.3
39	Y	6.217 3	12.224	20.52	60.597	77.0	93.0	116	129
40	Zr	6.633 90	13.1	22.99	34.34	80.348			
41	Nb	6.758 85	14.0	25.04	38.3	50.55	102.057	125	

+8 价离子到 +15 价离子

Z	元素	IX	X	XI	XII	XIII	XIV	XV	XVI
9	F	1 103.117 6							
10	Ne	1 195.828 6	1 362.199 5						
11	Na	299.864	1 465.121	1 648.702					
12	Mg	328.06	367.50	1 761.805	1 962.665 0				
13	Al	330.13	398.75	442.00	2 085.98	2 304.141 0			
14	Si	351.12	401.37	476.36	523.42	2 437.63	2 673.182		

Z	元素	+8价离子到+15价离子							
		IX	X	XI	XII	XIII	XIV	XV	XVI
15	P	372.13	424.4	479.46	560.8	611.74	2 816.91	3 069.842	3 494.189 2
16	S	379.55	447.5	504.8	564.44	652.2	707.01	3 223.78	3 658.521
17	Cl	400.06	455.63	529.28	591.99	656.71	749.76	809.40	918.03
18	Ar	422.45	478.69	538.96	618.26	686.10	755.74	854.77	968
19	K	175.817 4	503.8	564.7	629.4	714.6	786.6	861.1	974
20	Ca	188.54	211.275	591.9	657.2	726.6	817.6	894.5	1 009
21	Sc	180.03	225.18	249.798	687.36	756.7	830.8	927.5	1 044
22	Ti	192.1	215.92	265.07	291.500	787.84	863.1	941.9	1 060
23	V	205.8	230.5	255.7	308.1	336.277	896.0	976	1 097
24	Cr	209.3	244.4	270.8	298.0	354.8	384.168	1 010.6	1 134.7
25	Mn	221.8	248.3	286.0	314.4	343.6	403.0	435.163	489.256
26	Fe	233.6	262.1	290.2	330.8	361.0	392.2	457	511.96
27	Co	186.13	275.4	305	336	379	411	444	499
28	Ni	193	224.6	321.0	352	384	430	464	520
29	Cu	199	232	265.3	369	401	435	484	542
30	Zn	203	238	274	310.8	419.7	454	490	541
36	Kr	230.85	268.2	308	350	391	447	492	

Z	元素	IX	X	XI	XII	XIII	XIV	XV	XVI
						+8 价离子到 +15 价离子			
37	Rb	150	277.1						
38	Sr	162	177	324.1					
39	Y	146.2	191	206	374.0				
42	Mo	164.12	186.4	209.3	230.28	279.1	302.60	544.0	570

Z	元素	XVII	XVIII	XIX	XX	XXI	XXII	XXIII	XXIV
					+16 价离子到 +23 价离子				
17	Cl	3 946.296 0							
18	Ar	4 120.885 7	4 426.229 6						
19	K	1 033.4	4 610.8	4 934.046					
20	Ca	1 087	1 157.8	5 128.8	5 469.864				
21	Sc	1 094	1 213	1 287.97	5 674.8	6 033.712			
22	Ti	1 131	1 221	1 346	1 425.4	6 249.0	6 625.82		
23	V	1 168	1 260	1 355	1 486	1 569.6	6 851.3	7 246.12	
24	Cr	1 185	1 299	1 396	1 496	1 634	1 721.4	7 481.7	7 894.81
25	Mn	1 224	1 317	1 437	1 539	1 644	1 788	1 879.9	8 140.6
26	Fe	1 266	1 358	1 456	1 582	1 689	1 799	1 950	2 023

续表

Z	元素	+16 价离子到 +23 价离子							
		XVII	XVIII	XIX	XX	XXI	XXII	XXIII	XXIV
27	Co	546.58	1 397.2	1 504.6	1 603	1 735	1 846	1 962	2 119
28	Ni	571.08	607.06	1 541	1 648	1 756	1 894	2 011	2 131
29	Cu	557	633	670.588	1 697	1 804	1 916	2 060	2 182
30	Zn	579	619	698	738	1 856			
36	Kr	592	641	786	833	884	937	998	1 051
42	Mo	636	702	767	833	902	968	1 020	1 082

Z	元素	+24 价离子到 +29 价离子					
		XXV	XXVI	XXVII	XXVIII	XXIX	XXX
25	Mn	8 571.94					
26	Fe	8 828	9 277.69				
27	Co	2 219.0	9 544.1	10 012.12			
28	Ni	2 295	2 399.2	10 288.8	10 775.40		
29	Cu	2 308	2 478	2 587.5	11 062.38	11 567.617	
36	Kr	1 151	1 205.3	2 928	3 070	3 227	3 381
42	Mo	1 263	1 323	1 387	1 449	1 535	1 601

资料来源: Lide D R. CRC Handbook of Chemistry and Physics [M]. 86th ed. New York: Taylor & Francis, 2005 – 2006.

（HF，MP2，MP3，MP4DQ，QCISD，G1，G2 和 G2MP2）和密度泛函理论
（DFT）（B3LYP，B3P86，B3PW91，XALPHA，HFS，HFB，BLYP，BP86，
BPW91，BVWN，XALYP，XAP86，XAPW91，XAVWN，SLYP，SP86，
SPW91 和 SVWN）方法，计算了第二周期元素碳、氮、氧、氟的第一至第
四电离能.计算中使用了大的高斯型 6 - 311＋＋G(3df,3pd)基组，文章
给出了计算值和实验值的比较，并且评价了这些方法的适用性.

从表 4.1.2 至表 4.1.5 大体上已经可以看出各种方法目前所达到的
准确程度.

不难发现，最弱受约束电子势模型理论用于原子电离能（基态和激
发态）的计算是相当准确的.

**表 4.1.2 MCHF 方法和 WBEPM 理论给出的类氧
系列 $1s^2 2s^2 2p^3 (^4S^0)3s^3S_1^0$ 的电离能计算
值和实验值的比较(eV)**

Z	$I_实$	$I_计^a$ (MCHF)	$I_实 - I_计^a$	$I_计^b$ (WBEPM 理论)	$I_实 - I_计^b$
8	4.097	3.964	＋0.133	4.095	＋0.002
9	12.299	12.160	＋0.139	12.318	−0.019
10	23.849	23.702	＋0.147	23.827	＋0.022
11	38.578	38.390	＋0.188	38.539	＋0.039
12	56.398	56.196	＋0.202	56.383	＋0.015
13	77.265	77.094	＋0.171	77.304	−0.039
14	101.113	101.071	＋0.042	101.259	−0.146
15	128.294	128.120	＋0.174	128.224	＋0.070
16	158.471	158.240	＋0.231	158.186	＋0.285
17	190.961	191.428	−0.467	191.148	−0.187
18	—	—	—	227.128	—
19	266.145	—	—	266.158	−0.013
20	308.274	—	—	308.283	−0.009
21	353.665	—	—	353.567	＋0.098
22	402.069	—	—	402.083	−0.014

数据来源：表中的 $I_实$，$I_计^a$ 和 $I_计^b$ 取自，Zheng N W, Wang T, Ma D X, et al. Int. J. Quantum Chem.，2004，98：281 - 290 的表Ⅳ.

表 4.1.3　用从头计算(ab inito)和密度泛函理论(DFT)方法计算
所得的氮的第一至第四电离能和实验值的比较(eV)

方　法	I_1	I_2	I_3	I_4
HF	13.91	29.19	47.32	75.03
MP2	14.59	29.60	47.49	76.37
MP3	14.56	29.57	47.41	76.89
MP4DQ	14.51	29.51	47.32	77.14
QCISD	14.45	29.45	47.24	77.36
QCISD(T)	14.47	29.46	47.27	77.36
G1	14.47	29.44	47.23	77.52
G2	14.48	29.46	47.27	77.49
G2MP2	14.43	29.44	47.25	77.53
B3LYP	14.67	29.99	48.34	76.60
B3P86	15.30	30.49	48.65	77.09
B3PW91	14.78	30.00	48.17	76.48
HFS	13.98	28.82	46.68	74.09
HFB	14.01	29.16	47.42	75.23
XALPHA	14.51	29.47	47.22	74.67
BLYP	14.51	29.83	48.24	76.46
BP86	14.77	29.91	48.08	76.57
BPW91	14.75	29.34	48.15	76.44
BVWN	15.51	30.86	49.31	77.86
XALYP	15.00	30.14	48.05	75.90
XAP86	15.26	30.21	47.89	76.01
XAPW91	15.24	30.24	47.95	75.88
XAVWN	16.01	31.16	49.11	77.30
SLYP	14.55	29.41	47.30	75.32
SP86	14.81	29.49	47.15	75.42
SPW91	14.78	29.52	47.21	75.29
SVWN	15.47	30.51	48.36	76.71
实验值	14.54	29.59	47.43	77.45

数据来源：Jursic B S. Int. J. Quantum Chem.，1997，64：255(Table Ⅲ).

表 4.1.4　V^{N-M} 近似给出的 KrⅧ到 KrⅠ的基态移去能 (remove energies)和实验值的比较(a.u.)[①]

物　种	态		实　验　值	计　算　值
KrⅧ	4s	$^2S_{1/2}$	$-4.623\ 17$	$-4.626\ 99$
KrⅦ	$4s^2$	$^1S_0$	$-8.702\ 47$	$-8.640\ 60$
KrⅥ	$4s^2 4p$	$^2P_{1/2}^0$	$-11.587\ 09$	$-11.524\ 81$
KrⅤ	$4s^2 4p^2$	$^3P_0$	$-13.964\ 59$	$-13.890\ 50$
KrⅣ	$4s^2 4p^3$	$^4S_{3/2}^0$	$-15.893\ 75$	$-15.747\ 36$
KrⅢ	$4s^2 4p^4$	$^3P_2$	$-17.251\ 63$	$-17.039\ 29$
KrⅡ	$4s^2 4p^5$	$^2P_{3/2}^0$	$-18.146\ 84$	$-17.883\ 92$
KrⅠ	$4s^2 4p^6$	$^1S_0$	$-18.661\ 32$	$-18.287\ 61$

　　数据来源：Dzuba V A. Phys. Rev. A，2005，71：032512 的表Ⅲ，该表给出从某个基态移去所有价电子的能量的计算值与实验值的对比.对于所有离子和中性原子计算的准确度相近，相对误差差不多都在 2% 以下.

　　注：① V^{N-M} 近似是组态相互作用计算的一个好的出发点.

表 4.1.5　各种近似下基态 Ba 的两电子能量(a.u.)

方　法	$E_{实}$[⑤]	$E_{计}$	$E_{实}-E_{计}$	$(E_{实}-E_{计})/E_{实}$
RHF[①]	$-0.559\ 15$	$-0.504\ 02$	$-0.055\ 13$	$+9.86\%$
MBPT[②]	$-0.559\ 15$	$-0.540\ 53$	$-0.018\ 62$	$+3.33\%$
CI[③]	$-0.559\ 15$	$-0.527\ 90$	$-0.031\ 25$	$+5.59\%$
CI+MBPT[④]	$-0.559\ 15$	$-0.560\ 65$	$+1.5\times 10^{-3}$	-0.26%

　　数据来源：Dzuba V A, Johnson W R. Phys. Rev. A，1998，57：2459(Table Ⅱ).

　　注：① 单组态近似,不包括相关.
　　　　② 单组态近似,包括价-实相关.
　　　　③ 标准的组态相互作用方法,仅包括价-价相关.
　　　　④ CI+MBPT 方法,价-实和价-价相关被包括在内.
　　　　⑤ 代表 Ba 和 Ba^+ 的电离能之和.

4.1.2　等光谱态能级系列及系列中电离能差分定律

　　以往人们总是在等电子系列的概念下探讨电离能随核电荷数变化的规律.所谓等电子系列(isoelectronic sequence)是由具有相同电子数目而

核电荷数依次增加的原子、离子组成的系列.例如,Ar I,K II,Ca III,Sc IV,…组成 Ar I 等电子系列.等电子系列概念只提供了电子组态这一级的信息.众所周知,组态之下还有谱项,谱项之下还有能级,例如 C 原子的基态电子构型是[He]$2s^2 2p^2$.组态之下分成三个谱项,即^3P,^1D和^1S.谱项进一步产生能级$^3P_2$,$^3P_1$,$^3P_0$,$^1D_2$ 和$^1S_0$,虽然一个谱项内能级间的能差不大,但一个组态之下,谱项和谱项之间的能差是可观的.C I 基组态下最高能级$^1S_0$和最低能级$^3P_0$之间能差达到 21 648.4 cm^{-1}.激发组态的情况大体如此.等电子系列的概念并没有给出有关谱项和能级的信息.然而为何能用等电子系列概念研究基态电离能的规律呢? 基态情况有些特别.所谓特别,在于已经约定俗成地在等电子系列概念之上加了"基态"的附加条件.这实际上意味着是在系列成员的最低能级的概念下来处理问题.所以,总的来说,等电子系列概念对于探讨电离能的规律性是有些粗糙的,需要寻求更精细的概念.为此,我们提出了等光谱态能级系列的概念和定义.

所谓等光谱态能级系列是指在一个等电子系列成员中,由给定组态下光谱能级符号相同的能级组成的能级系列.例如 C I [He]$2s^2 2p3s\ ^3P_2^0$,N II [He]$2s^2 2p3s\ ^3P_2^0$,O III [He]$2s^2 2p3s\ ^3P_2^0$,F IV [He]$2s^2 2p3s\ ^3P_2^0$,Ne V [He]$2s^2 2p3s\ ^3P_2^0$,…组成 C I [He]$2s^2 2p3s\ ^3P_2^0$ 等光谱态能级系列.C I [He]$2s^2 2p^2\ ^1S_0$,N II [He]$2s^2 2p^2\ ^1S_0$,O III [He]$2s^2 2p^2\ ^1S_0$,F IV [He]$2s^2 2p^2\ ^1S_0$,Ne V [He]$2s^2 2p^2\ ^1S_0$,…组成 C I [He]$2s^2 2p^2\ ^1S_0$ 等光谱态能级系列.Fe I [Ar]$3d^6 4s^2\ ^5D_4$,Co II [Ar]$3d^6 4s^2\ ^5D_4$,Ni III [Ar]$3d^6 4s^2\ ^5D_4$,Cu IV [Ar]$3d^6 4s^2\ ^5D_4$,Zn V [Ar]$3d^6 4s^2\ ^5D_4$,…组成 Fe I [Ar]$3d^6 4s^2\ ^5D_4$等光谱态能级系列.从上面的示例也可以看出,等光谱态能级系列的表示符号由三部分组成:最前面是等电子系列成员的元素符号和电离状态,如 C I,N II,O III,等等;中间部分是给定的组态,如 $2s^2 2p3s$;末尾是能级符号,如$^3P_2^0$.等光谱态能级系列概念使人们从组态层面,到达了能级的层面.在一个等光谱态能级系列中,各系列成员的电子构型、光谱项和光谱能级都相同,唯一变化的是核电荷数 Z.这样,电离能就成了核电荷数 Z 的单变量函数,更便于探讨电离能的变化规律.

重述前面给出的电离能的一般性定义:从自由粒子(原子、分子)的某个态能级,完全移走一个最弱受约束电子所需要的能量,即系列极限和态能级之间的能量差称为电离能.

根据这个定义,有

$$I_{\exp} = -\varepsilon_\mu = T_{\mathrm{limit}} - T(n) \tag{4.1.1}$$

T_{limit} 是系列极限,$T(n)$ 是系列中一个能级的能量值,T_{limit} 和 $T(n)$ 均相对于基能级取值.ε_μ 是态能级上的最弱受约束电子的真实能量.

现在来探讨一个等光谱态能级系列中电离能随核电荷 Z 变化的规律.

对于一个等光谱态系列,唯一变化的参量是核电荷数 Z.(4.1.1)式中各量都随 Z 变化,于是有

$$I_{\exp}(Z) = T_{\mathrm{limit}}(Z) - T(Z, n) \tag{4.1.2}$$

括号中的 Z 和 n 分别指明是何种元素和处在能级上的最弱受约束电子的主量子数.

取电离能的一阶差分:

$$\begin{aligned}
\Delta I_1(Z+1, Z) &= I_{\exp}(Z+1) - I_{\exp}(Z) \\
&= T_{\mathrm{limit}}(Z+1) - T(Z+1, n) \\
&\quad - [T_{\mathrm{limit}}(Z) - T(Z, n)]
\end{aligned} \tag{4.1.3}$$

和

$$\begin{aligned}
\Delta I_2(Z+2, Z+1) &= I_{\exp}(Z+2) - I_{\exp}(Z+1) \\
&= T_{\mathrm{limit}}(Z+2) - T(Z+2, n) \\
&\quad - [T_{\mathrm{limit}}(Z+1) - T(Z+1, n)]
\end{aligned}$$

$$\tag{4.1.4}$$

进一步取二阶差分:

$$\begin{aligned}
\Delta^2 I &= \Delta I_2(Z+2, Z+1) - \Delta I_1(Z+1, Z) \\
&= [T_{\mathrm{limit}}(Z+2) - 2T_{\mathrm{limit}}(Z+1) + T_{\mathrm{limit}}(Z)] \\
&\quad - [T(Z+2, n) - 2T(Z+1, n) + T(Z, n)]
\end{aligned} \tag{4.1.5}$$

我们发现:在一等光谱态能级系列中,电离能的一阶差分 ΔI 对 Z 呈良好的线性关系;二阶差分 $\Delta^2 I$ 接近于定值.称此为电离能差分定律.文献[1]中给出了大量基态电离能随 Z 变化的示例,感兴趣的读者可参阅该文献.此处,我们再给出若干激发态和基态示例以表明这一点.

示例：$B\,I\,[He]2s^2 2p\,^2P_{1/2}^0$（表 4.1.6）；$B\,I\,[He]2s^2 3s\,^2S_{1/2}$（表 4.1.7）；$B\,I\,[He]2s^2 3p\,^2P_{3/2}^0$（表 4.1.8）；$B\,I\,[He]2s^2 3d\,^2D_{5/2}$（表 4.1.9）；$B\,I\,[He]2s 2p^2\,^4P_{1/2}$（表 4.1.10）；$B\,I\,[He]2p^3\,^2D_{3/2}$（表 4.1.11）；以及图 4.1.1.

表 4.1.6　$B\,I\,[He]2s^2 2p\,^2P_{1/2}^0$ 等光谱态能级系列电离能的差分值(eV)

系列成员的 Z 值	系列极限[1] (cm^{-1})	I_{exp}	ΔI_{exp}	$\Delta^2 I_{exp}$
5	66 928.10	8.298		
6	196 664.7	24.384	16.086	
7	382 703.8	47.450	23.066	6.98
8	624 382.0	77.414	29.964	6.90
9	921 430.0	114.244	36.830	6.87
10	1 273 781[2]	157.930	43.686	6.856
11	1 681 700	208.506	50.576	6.890
12	2 145 100	265.961	57.457	6.881
13	2 662 650	330.129	64.168	6.711
14	3 237 300	401.377	71.248	7.080
15	3 867 100	479.463	78.086	6.838
16	4 552 500	564.443	84.980	6.894
17	5 293 800	656.353	91.911	6.931
18	6 091 100	755.206	98.853	6.942

注：[1] 数据引自：http://physics.nist.gov；1 eV＝8 065.479 cm^{-1}.
　　[2] 因 http://physics.nist.gov 中该数据可能有误，故取自：Weast R C. Handbook of Chemistry and Physics [M]. 62nd ed. Boca Raton, Florida：CRC Press, Inc., E－65(1981－1982).

表 4.1.7　$B\,I\,[He]2s^2 3s\,^2S_{1/2}$ 等光谱态能级系列电离能的差分值(eV)

系列成员的 Z 值	I_{exp}[1]	ΔI_{exp}	$\Delta^2 I_{exp}$
5	3.334		
6	9.934	6.6	
7	20.011	10.077	3.477

续　表

系列成员的 Z 值	$I_{\exp}$ [①]	$\Delta I_{\exp}$	$\Delta^2 I_{\exp}$
8	33.075	13.064	2.987
9	49.182	16.107	3.043
10	68.339	19.157	3.05
11	90.552	22.213	3.056
12	115.852	25.300	3.087
13	144.024	28.172	2.872

注：① 数据引自：Zheng N W，Wang T. Int. J. Quantum Chem.，2004，98：495 – 501 (Table Ⅱ).

**表 4.1.8　B Ⅰ [He]$2s^2 3p\ ^2P^0_{3/2}$等光谱态能级
系列电离能的差分值(eV)**

系列成员的 Z 值	$I_{\exp}$ [①]	$\Delta I_{\exp}$	$\Delta^2 I_{\exp}$
5	2.271		
6	8.050	5.779	
7	16.986	8.936	3.157
8	29.029	12.043	3.107
9	44.124	15.095	3.052
10	62.270	18.146	3.051
11	83.476	21.206	3.060

注：① 数据引自：Zheng N W，Wang T. Int. J. Quantum Chem.，2004，98：495 – 501 (Table Ⅱ).

**表 4.1.9　B Ⅰ [He]$2s^2 3d\ ^2D_{5/2}$等光谱态能级
系列电离能的差分值(eV)**

系列成员的 Z 值	$I_{\exp}$ [①]	$\Delta I_{\exp}$	$\Delta^2 I_{\exp}$
5	1.508		
6	6.337	4.829	
7	14.315	7.978	3.149
8	25.396	11.081	3.103
9	39.540	14.144	3.063

系列成员的 Z 值	I_{exp}[1]	ΔI_{exp}	$\Delta^2 I_{exp}$
10	56.710	17.170	3.026
11	76.994	20.284	3.114
12	100.312	23.318	3.034
13	126.497	26.185	2.867
14	155.919	29.422	3.237
15	188.331	32.412	2.99
16	223.717	35.386	2.974
17	262.078	38.361	2.975

注：① 数据引自：Zheng N W，Wang T. Int. J. Quantum Chem.，2004，98：495 – 501
（Table Ⅱ）.

**表 4.1.10　B I［He］2s 2p² ⁴P₁/₂ 等光谱态能级
系列电离能的差分值(eV)**

系列成员的 Z 值	系列极限[1] （cm^{-1}）	能级值[2] （cm^{-1}）	I_{exp}	ΔI_{exp}	$\Delta^2 I_{exp}$
5	66 928.10	28 805	4.727		
6	196 664.7	43 000	19.052	14.325	
7	382 703.8	57 187	40.359	21.307	6.982
8	624 382	71 177	68.589	28.230	6.923
9	921 430	86 035	103.577	34.988	6.758
10	1 273 781[3]	99 030	145.652	42.075	7.087
11	1 681 700	114 978	194.250	48.598	6.523
12	2 145 100	129 890	249.856	55.606	7.008
13	2 662 650	144 420	312.223	62.367	6.761
14	3 237 300	161 010	381.414	69.191	6.824
15	3 867 100	177 177	457.496	76.08	6.891
16	4 552 500	193 882	540.404	82.908	6.828

注：① 数据引自：http://physics.nist.gov.
　　② 数据引自：Safronova M S，Johnson W R，Safronova U I. Phys. Rev. A，1996，54：
　　　2850 – 2862(Table Ⅳ).
　　③ 数据引自：Weast R C. Handbook of Chemistry and Physics［M］. 62nd ed. Boca
　　　Raton，Florida：CRC Press，Inc.，E – 65(1981 – 1982).

表 4.1.11　B I ［He］$2\text{p}^{3\ 2}\text{D}_{3/2}$ 等光谱态能级
系列电离能的差分值(eV)

系列成员的 Z 值	系列极限 (cm^{-1})	能级值 (cm^{-1})	$I_{\exp}$	$\Delta I_{\exp}$	$\Delta^2 I_{\exp}$
6	196 664.7	150 468	5.728		
7	382 703.8	203 089	22.270	16.542	
8	624 382	255 186	45.775	23.505	6.923
9	921 430	307 273	76.146	30.371	6.866
10	1 273 781[①]	359 601	113.344	37.199	6.828
11	1 681 700	412 395	157.375	44.031	6.832
12	2 145 100	465 818	208.206	50.831	6.800
13	2 662 650	520 140	265.640	57.433	6.603
14	3 237 300	575 450	330.030	64.390	6.957
15	3 867 100	631 961	401.109	71.079	6.689
16	4 552 500	689 910	478.904	77.795	6.716

数据来源：Safronova M S, Johnson W R, Safronova U I. Phys. Rev. A, 1996, 54：2850 (Table Ⅳ).

注：① 数据引自：Weast R C. Handbook of Chemistry and Physics ［M］. 62nd ed. Boca Raton, Florida：CRC Press, Inc., E‐65(1981‐1982).

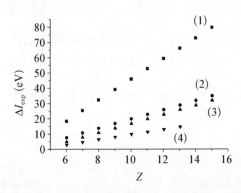

(1)为 C I ［He］$2\text{s}^2 2\text{p}^2\ ^3\text{P}_2$ 系列；(2)为 C I ［He］$2\text{s}^2 2\text{p}3\text{s}\ ^3\text{P}_2^0$ 系列；
(3)为 C I ［He］$2\text{s}^2 2\text{p}3\text{d}\ ^1\text{F}_3^0$ 系列；(4)为 C I ［He］$2\text{s}^2 2\text{p}4\text{d}\ ^3\text{D}_3^0$ 系列.

图 4.1.1　电离能的一阶差分 $\Delta I_{\exp}$ 对核电荷数 Z 作图

摘自：Zheng N W, Wang T. Chem. Phys. Letts., 2003, 376：557‐565(Fig.1).

第 2 章已经表明,原子、分子体系中电子的哈密顿算符可以写成最弱受约束电子的单电子哈密顿算符之和.而最弱受约束电子的单电子哈密顿算符又等于非相对论部分和相对论部分哈密顿量之和.在 Breit-Pauli 近似下最弱受约束电子的单电子哈密顿算符可以进一步简化成非相对论性部分和相对论性部分(即质-速效应项、最弱受约束电子 μ 自身的自旋和轨道耦合项、达尔文项)之和.因此,实验电离能 $I_{exp}(Z)$ 也可以近似地写为非相对论性部分 $I_{nr}(Z)$ 和相对论性校正部分 $I_r(Z)$ 之和.于是有

$$I_{exp}(Z) \approx I_{nr}(Z) + I_r(Z) \tag{4.1.6}$$

$I_{nr}(Z)$ 和 $I_r(Z)$ 有如下两个不同的特点：① $I_{nr}(Z)$ 对 I_{exp} 的贡献远比 $I_r(Z)$ 对 I_{exp} 的贡献大得多;② 众所周知,电子和电子之间的库仑排斥能是以 r^{-1} 为标度的,因而按 Z 的一次方变化.电子和原子核之间的库仑吸引能以 $-\dfrac{2Z}{r}$ 为标度,因而按 Z 的二次方变化.电子的动能以 r^{-2} 为标度,因而也是按 Z 的二次方变化.于是 $I_{nr}(Z)$ 是以 Z^2 为最高方次的 Z 的函数.而质-速效应项、旋-轨耦合项和达尔文项都是按 Z 的四次方增长.这样 I_r 就是 Z^4 的函数.[7-9,12,15,31-32]

由(4.1.6)式,可得

$$\Delta I_{exp}(Z+1, Z) = \Delta I_{nr}(Z+1, Z) + \Delta I_r(Z+1, Z) \tag{4.1.7}$$

在一等光谱态能级系列中,相邻成员之间的相对论性电离能之差,即 $\Delta I_r(Z+1, Z)$,非常小,因此,可暂时将其忽略,这样

$$\Delta I_{exp}(Z+1, Z) \approx \Delta I_{nr}(Z+1, Z) \tag{4.1.8}$$

进一步有

$$\Delta^2 I_{exp} \approx \Delta^2 I_{nr} \tag{4.1.9}$$

在一等光谱态能级系列中,因 $\Delta Z = 1$, $\Delta^2 I_{exp} \approx$ 定值,运用阶差法判定方程类型的判据,立即得出电离能 I_{exp} 和核电荷数 Z 之间近似呈抛物线关系的结论.

重写前面给出过的最弱受约束电子势模型理论中的几个重要表达式：

$$E_{电子} = -\sum_{\mu=1}^{N} I_\mu \tag{4.1.10}$$

$$E_{电子} = \sum_{\mu=1}^{N} \varepsilon_\mu \qquad (4.1.11)$$

$$\varepsilon = -\frac{RZ'^2}{n'^2} \approx \varepsilon_\mu^0 \qquad (4.1.12)$$

或

$$\varepsilon = -\frac{Z'^2}{2n'^2}(\mathrm{a.u.}) \approx \varepsilon_\mu^0 \qquad (4.1.13)$$

和

$$I_{\exp} = -\varepsilon_\mu \qquad (4.1.14)$$

显然有

$$\varepsilon_\mu = \varepsilon_\mu^0 + \Delta E_c + \Delta E_r \qquad (4.1.15)$$

式中，ε_μ^0 为中心场下最弱受约束电子的非相对论单电子能量. 必须加上相关能校正 ΔE_c 和相对论性校正才会等于态能级上的最弱受约束电子的真实能量 ε_μ.

结合(4.1.6)式、(4.1.14)式和(4.1.15)式，则

$$I_{\exp} = -\varepsilon_\mu = -[(\varepsilon_\mu^0 + \Delta E_c) + \Delta E_r] \approx I_{nr} + I_r \qquad (4.1.16)$$

忽略相对论效应的影响，上式变为

$$I_{\exp} \approx I_{nr} \approx -(\varepsilon_\mu^0 + \Delta E_c) \qquad (4.1.17)$$

若再忽略上式右边的 ΔE_c，并将(4.1.1)式和(4.1.13)式代入，可得

$$I_{\exp} = T_{\text{limit}} - T(n) \approx I_{nr} \approx \frac{RZ'^2}{n'^2} \qquad (4.1.18)$$

前面已指出，由差分定律可判定在一等光谱态系列中电离能和核电荷数 Z 之间近似呈抛物线关系，通过研究，我们给出了 I 和 Z 之间的抛物线关系的具体解析表达形式如下：

$$I_{\exp} = T_{\text{limit}} - T(n) \approx I_{nr} \approx \frac{RZ'^2}{n'^2}$$

$$= \frac{R}{n'^2}[(Z-\sigma)^2 + g(Z-Z_0)] \qquad (4.1.19)$$

式中，n' 是最弱受约束电子的有效主量子数，第 3 章已提及 $n' = n + d. d$

只是用来将最弱受约束电子的整数量子数 n 和 l 改变成非整数的 n' 和 l',因此和 Z 基本没有关系,所以,对于一个系列,n' 是一个常量;σ 称为系列的为首元素的屏蔽常数;Z_0 是为首元素的核电荷数;参数 g 称为相对增长因子,表示系列内由于核电荷数增长,对有效核电荷数做出的贡献,实质上是电子不能完全屏蔽核电荷的一种体现.值得指出的是,通常可指定系列的第一个成员作为为首元素.但这种指定是任意而不是绝对的.尤其是为了提高计算的准确度,将 Z 分段取值,即取 $Z[a,b]$,区间 ab 跨度不要太大,以保持电离能的一阶差分和 Z 呈良好的线性关系时更是如此.

文献[1,4,5]给出了确定 n',σ 和 g 的方法.其步骤如下:

(1) 由(4.1.5)式和(4.1.19)式可得

$$\Delta^2 I_{\text{exp}} \approx \frac{2R}{n'^2} \tag{4.1.20}$$

或

$$\Delta^2 I_{\text{exp}} = [T_{\text{limit}}(Z+2) - 2T_{\text{limit}}(Z+1) + T_{\text{limit}}(Z)]$$
$$- [T(Z+2, n) - 2T(Z+1, n) + T(Z, n)]$$
$$\approx \frac{2R}{n'^2} \tag{4.1.21}$$

也可利用 ΔI_{exp} 对 Z 作图,可得

$$\text{tg}\,\alpha \approx \frac{2R}{n'^2} \tag{4.1.22}$$

因 $\Delta^2 I_{\text{exp}}$ 近似为一定值,通过平均,可由(4.1.20)式求得 n',或利用 $\Delta I_{\text{exp}} \sim Z$ 直线斜率 $\text{tg}\,\alpha$ 求得 n'.

(2) 对于指定的为首元素,因 $Z = Z_0$,$g(Z-Z_0) = 0$. 于是

$$I_{\text{exp}} \approx \frac{R}{n'^2}(Z-\sigma)^2 \tag{4.1.23}$$

利用 I_{exp} 和 n' 可求得 σ.

(3) 利用若干成员的 I_{exp} 和 n',σ 值求得 g 的平均值.

在 n',σ,g 确定以后,便可代入(4.1.19)式计算 I_{nr} 值.

上面提到,先忽略 I_r 对 I_{exp} 的贡献.现在进一步考虑这个校正.对于

一个等光谱态能级系列,在 Breit-Pauli 近似下的相对论性校正,可以用
一个核电荷数 Z 的四阶多项式来表示,即

$$I_r = \sum_{i=0}^{4} a_i Z^i \qquad (4.1.24)$$

由(4.1.6)式可得

$$I_r \approx I_{exp} - I_{nr} \qquad (4.1.25)$$

I_{exp} 取实验数据,I_{nr} 由(4.1.19)式计算,通过 $I_{exp} - I_{nr}$ 拟合出 Z 的四阶
多项式,便可得到(4.1.24)式中的系数 a_i.

在最弱受约束电子势模型理论之下,适当地考虑了相关和相对论校
正后,原子体系的一个等光谱态能级系列的电离能(基态和激发态)计算
公式是

$$I_{cal}(Z) = \frac{R}{n'^2}[(Z-\sigma)^2 + g(Z-Z_0)] + \sum_{i=0}^{4} a_i Z^i \qquad (4.1.26)$$

4.1.3 电离能的计算

文献[6-9]已经用(4.1.26)式进行了元素基态和激发态电离能的计
算.在此,列出部分结果.

表 4.1.12 给出 $Z=2-18$ 的元素的基态逐级电离能的计算值,并和
实验值比较.在 171 对对比数据中,有 167 对相对误差在千分之一或千
分之一以下的数量级上.只有 4 对相对误差在百分之一数量级上.而绝对
误差,在 171 对对比数据中,有 68% 在 0.01 eV 数量级或小于 0.01 eV 数
量级上,32% 在 0.1 eV 数量级上,最大误差是 $-0.645\,22$ eV.表 4.1.13 至
表 4.1.15 分别给出 BeⅠ,BⅠ和 CⅠ若干等光谱态能级系列的计算值和
实验值的比较,以 BⅠ系列为例,在 81 个计算数据中,计算值和实验值
的最大绝对误差是 0.133 eV,多数绝对误差都在 0.01 eV 数量级或以下.
而相对误差均在千分之一数量级或以下.BeⅠ和 CⅠ各系列的情况也大
体如此.表 4.1.16 给出了 CⅠ若干等光谱态能级系列的 I_{nr} 和 I_{cal} 值.通
过和实验值的比较,人们可评估忽略相对论性较高级修正和包括相对论
性校正时计算的误差.表 4.1.17 和表 4.1.18 则给出了最弱受约束电子势
模型理论计算值,其他理论方法的计算值和实验值的对比.由表中的数
据可见 WBEPM 理论的结果比其他理论方法更准确.

表 4.1.12　$Z = 2 - 18$ 的元素基态电离能

Z	I_1		I_2		I_3	
	I_{cal}	$I_{exp} - I_{cal}$	I_{cal}	$I_{exp} - I_{cal}$	I_{cal}	$I_{exp} - I_{cal}$
2	24.654 80	$-0.067\,39$				
3	5.305 74	0.085 98	75.635 57	0.004 61		
4	9.232 22	0.090 48	18.235 22	$-0.024\,06$	153.857 60	0.039 01
5	8.229 85	$-0.068\,18$	25.172 54	$-0.017\,70$	37.980 61	$-0.049\,97$
6	11.160 62	$-0.099\,68$	24.435 12	0.051 80	47.938 82	$-0.051\,02$
7	14.280 80	0.253 34	29.632 92	0.031 62	47.504 63	0.055 39
8	13.406 87	0.211 19	35.182 43	$-0.065\,13$	54.983 41	0.047 91
9	17.281 10	0.141 72	35.065 90	$-0.095\,08$	62.874 92	$-0.166\,52$
10	21.487 92	0.076 68	41.070 45	$-0.107\,17$	63.616 66	$-0.166\,66$
11	5.062 59	0.076 49	47.314 55	$-0.028\,15$	71.768 81	$-0.148\,81$
12	7.486 06	0.160 18	15.133 41	$-0.098\,13$	80.177 13	$-0.033\,43$
13	5.911 45	0.074 32	18.955 37	$-0.126\,81$	28.507 28	$-0.059\,63$
14	8.011 60	0.140 09	16.466 32	$-0.120\,47$	33.642 24	$-0.149\,22$
15	10.380 18	0.106 51	19.953 10	$-0.183\,70$	30.266 26	$-0.063\,56$
16	10.322 96	0.037 05	23.433 45	$-0.095\,55$	35.038 28	$-0.248\,28$
17	12.976 89	$-0.009\,25$	23.871 96	$-0.057\,96$	39.869 05	$-0.259\,05$
18	15.777 27	$-0.017\,65$	27.661 81	$-0.031\,81$	40.762 08	$-0.022\,08$

计算值和实验值的比较(eV)[①]

I_4		I_5		I_6	
I_{cal}	$I_{exp} - I_{cal}$	I_{cal}	$I_{exp} - I_{cal}$	I_{cal}	$I_{exp} - I_{cal}$
259.325 02	0.050 19				
64.544 37	−0.050 47	392.046 91	0.040 09		
77.531 40	−0.057 90	97.930 58	−0.040 38	552.037 35	0.034 45
77.438 63	0.025 10	113.952 33	−0.053 33	138.144 95	−0.025 25
87.201 09	0.061 29	114.238 83	−0.003 97	157.205 43	−0.040 33
97.359 15	−0.239 15	126.277 86	0.067 86	157.908 46	−0.021 54
99.045 18	−0.135 18	138.638 21	−0.238 21	172.208 49	0.028 49
109.357 84	−0.092 34	141.340 76	−0.070 76	186.717 44	0.042 56
120.018 99	−0.026 99	153.823 12	0.001 88	190.495 93	−0.005 93
45.135 87	0.005 94	166.792 91	−0.025 91	205.154 15	0.115 85
51.528 41	−0.084 51	64.976 93	0.048 17	220.461 15	−0.040 15
47.289 87	−0.067 87	72.597 82	−0.003 32	87.994 23	0.058 77
53.290 66	0.174 64	67.518 57	0.281 43	96.836 64	0.193 36
59.606 11	0.203 89	74.727 63	0.292 37	90.936 55	0.072 45

Z	I_7		I_8		I_9	
	I_{cal}	$I_{exp}-I_{cal}$	I_{cal}	$I_{exp}-I_{cal}$	I_{cal}	$I_{exp}-I_{cal}$
8	739.315 43	−0.025 43				
9	185.194 82	−0.008 82	953.905 18	0.006 02		
10	207.296 21	−0.020 31	239.089 14	0.009 76	1195.835 6	−0.007 06
11	208.452 20	0.047 80	264.231 95	0.018 05	299.838 49	0.025 51
12	224.990 64	−0.029 36	265.876 26	0.083 74	328.021 65	0.038 35
13	241.604 38	−0.115 62	284.624 87	−0.035 13	330.188 30	−0.058 30
14	246.506 43	−0.006 43	303.308 82	−0.231 18	351.114 61	−0.005 39
15	263.344 38	0.225 62	309.371 28	0.228 72	371.842 74	−0.287 26
16	280.995 42	−0.047 42	328.391 15	0.358 85	379.092 70	0.457 30
17	114.157 63	0.038 17	348.376 92	−0.096 92	400.295 76	−0.235 76
18	124.233 27	0.089 73	143.443 04	0.016 96	422.596 28	−0.146 28

Z	I_{13}		I_{14}		I_{15}	
	I_{cal}	$I_{exp}-I_{cal}$	I_{cal}	$I_{exp}-I_{cal}$	I_{cal}	$I_{exp}-I_{cal}$
14	2 437.719 9	−0.089 99				
15	611.654 56	0.085 44	2 816.964 1	−0.054 12		
16	651.960 62	0.239 38	706.894 56	0.115 44	3 223.827 8	−0.047 88
17	656.521 83	0.188 17	750.215 75	−0.455 75	809.087 16	0.312 84
18	685.798 49	−0.301 51	755.440 97	0.299 03	855.415 22	−0.645 22

数据来源：Zheng N W, Zhou T, Wang T, et al. Phys. Rev. A, 2002, 65：052510(Table II).
注：① I_{cal} 为 WBEPM 理论的计算值.
　　　I_{exp} 为实验值.取自：Lide D R. CRC Handbook of Chemistry and Physics[M]. 81st ed.

续　表

I_{10}		I_{11}		I_{12}	
I_{cal}	$I_{exp}-I_{cal}$	I_{cal}	$I_{exp}-I_{cal}$	I_{cal}	$I_{exp}-I_{cal}$
1 465.140 8	−0.019 87				
367.455 06	0.044 94	1 761.859 8	−0.054 84		
398.676 03	0.073 97	441.952 70	0.047 30	2 086.036 5	−0.056 55
401.397 48	−0.027 48	476.207 56	0.152 44	523.346 84	0.073 16
424.466 19	0.066 19	479.514 46	−0.054 46	560.630 45	0.169 55
447.220 89	−0.279 61	504.688 82	−0.111 18	564.551 37	−0.111 37
455.676 18	−0.046 18	529.458 20	0.178 20	591.794 59	−0.195 41
479.063 41	−0.373 41	539.130 42	−0.170 42	618.574 86	0.314 86

I_{16}		I_{17}		I_{18}	
I_{cal}	$I_{exp}-I_{cal}$	I_{cal}	$I_{exp}-I_{cal}$	I_{cal}	$I_{exp}-I_{cal}$
3 658.375 2	0.145 78				
918.254 31	−0.224 31	4 120.675 0	0.210 65		

Florida：CRC Press，Inc.，2001.

表 4.1.13　Be I 的若干激发态等光谱态能级系列的电离能计算值和实验值的比较（eV）①

Z	[He]2s3s $^1S_0$		[He]2s3p $^1P_1^0$		[He]2s3d $^1D_2$		[He]2s4d $^1D_2$	
	I_{cal}	I_{exp}	I_{cal}	I_{exp}	I_{cal}	I_{exp}	I_{cal}	I_{exp}
4	2.513	2.544	1.843	1.860	1.339	1.335	0.796	0.795
5	8.372	8.343	7.309	7.288	5.968	5.976	3.391	3.390
6	17.288	17.243	15.799	15.784	13.609	13.608	7.683	7.691
7	29.258	29.262	27.319	27.319	24.267	24.265	13.675	13.665
8	44.282	44.310	41.871	41.886	37.944	37.944	21.373	21.373
9	62.357	62.391	59.458	59.483	54.643	54.648	30.778	30.778
10	83.479	83.509	80.084	80.106	74.365	74.377	41.894	41.891
11	107.647	107.683	103.748	103.784	97.113	97.149	54.720	54.718
12	134.858	134.724	130.451	130.320	122.887	122.759	69.257	69.036
13	165.108	165.107	160.191	160.219	151.691	151.727	85.501	85.368
14	198.396	198.411	192.968	193.051	183.524	183.597	103.452	103.444
15	234.717	234.764	228.778	228.776	218.387	218.398	123.104	122.968
16	274.069		267.618	267.620	256.280	256.238	144.452	144.442
17	316.448	316.433	309.482	308.737	297.204	296.353	167.491	
18	361.850		354.366		341.159		192.211	
19	410.273		402.262	402.465	388.143	388.195	218.606	

续　表

Z	[He]2s3s $^1S_0$		[He]2s3p $^1P_1^0$		[He]2s3d $^1D_2$		[He]2s4d $^1D_2$	
	I_{cal}	I_{exp}	I_{cal}	I_{exp}	I_{cal}	I_{exp}	I_{cal}	I_{exp}
20	461.711		453.164	453.410	438.155	438.160	246.664	
21	516.162		507.061	506.848	491.196		276.375	
22	573.621		563.946		547.262	547.279	307.726	
23	634.083		623.806	623.145	606.353		340.705	341.316

数据来源: Zheng N W, Wang T. Int. J. Quantum Chem., 2003, 93: 344–350(Table Ⅲ).

注: ① I_{cal} 为 WBEPM 理论的计算值.

　　　I_{exp} 为实验值.取自: Fuhr J R, Martin W C, Musgrove A, et al. NIST Atomic Spectroscopic Database, Version 2.0, 1996; http: //physics.nist.gov.

表 4.1.14　B I 的若干激发态等光谱态能级系列的电离能计算值和实验值的比较 (eV)①

Z		$1s^2 2s^2 2p \ ^2P_{3/2}^0$	$1s^2 2s^2 3s \ ^2S_{1/2}$	$1s^2 2s^2 3p \ ^2P_{3/2}^0$	$1s^2 2s^2 3d \ ^2D_{5/2}$	$1s^2 2s^2 4d \ ^2D_{5/2}$	$1s^2 2s^2 5d \ ^2D_{5/2}$	$1s^2 2s^2 6d \ ^2D_{5/2}$
5	I_{exp}	8.296	3.334	2.271	1.508	0.860	0.551	0.382
	I_{cal}	8.276	3.306	2.271	1.486	0.855	0.552	0.386
	$I_{exp} - I_{cal}$	0.020	0.028	0.000	0.022	0.005	−0.001	−0.004
6	I_{exp}	24.375	9.934	8.050	6.337	3.539	2.253	1.561
	I_{cal}	24.404	10.017	8.049	6.363	3.562	2.249	1.553
	$I_{exp} - I_{cal}$	−0.029	−0.083	0.001	−0.026	−0.023	0.004	0.008

续　表

Z		$1s^2 2s^2 2p\ ^2P^0_{3/2}$	$1s^2 2s^2 3s\ ^2S_{1/2}$	$1s^2 2s^2 3p\ ^2P^0_{3/2}$	$1s^2 2s^2 3d\ ^2D_{5/2}$	$1s^2 2s^2 4d\ ^2D_{5/2}$	$1s^2 2s^2 5d\ ^2D_{5/2}$	$1s^2 2s^2 6d\ ^2D_{5/2}$
7	I_{exp}	47.428	20.011	16.986	14.315	8.050	5.053	3.493
	I_{cal}	47.440	19.957	16.988	14.334	7.995	5.057	3.495
	$I_{exp}-I_{cal}$	−0.012	0.054	−0.002	−0.019	0.055	−0.004	−0.002
8	I_{exp}	77.366	33.075	29.029	25.396	14.110	8.970	6.201
	I_{cal}	77.358	33.037	29.027	25.389	14.145	8.969	6.204
	$I_{exp}-I_{cal}$	0.008	0.038	0.002	0.007	−0.035	0.001	−0.003
9	I_{exp}	114.151	49.182	44.124	39.540	21.994	13.980	9.662
	I_{cal}	114.139	49.191	44.125	39.519	22.007	13.982	9.676
	$I_{exp}-I_{cal}$	0.012	−0.009	−0.001	0.021	−0.013	−0.002	−0.014
10	I_{exp}	157.769	68.339	62.270	56.710	31.585	20.094	13.914
	I_{cal}	157.765	68.376	62.270	56.713	31.578	20.091	13.907
	$I_{exp}-I_{cal}$	0.004	−0.037	0.000	−0.003	0.007	0.003	0.007
11	I_{exp}	208.239	90.552	83.476	76.994	42.882	27.290	18.875
	I_{cal}	208.223	90.574	83.470	76.961	42.859	27.292	18.895
	$I_{exp}-I_{cal}$	0.016	−0.022	0.006	0.033	0.023	−0.002	−0.020
12	I_{exp}	265.549	115.852	107.758	100.312	55.950	35.544	24.678
	I_{cal}	265.505	115.786		100.254	55.853	35.581	24.636
	$I_{exp}-I_{cal}$	0.044	0.066		0.058	0.097	−0.037	0.042

续　表

Z	$1s^2 2s^2 2p\ ^2P^0_{3/2}$	$1s^2 2s^2 3s\ ^2S_{1/2}$	$1s^2 2s^2 3p\ ^2P^0_{3/2}$	$1s^2 2s^2 3d\ ^2D_{5/2}$	$1s^2 2s^2 4d\ ^2D_{5/2}$	$1s^2 2s^2 5d\ ^2D_{5/2}$	$1s^2 2s^2 6d\ ^2D_{5/2}$
13 I_{exp}	329.520	144.024		126.497	70.443	44.820	31.073
I_{cal}	329.603	144.042	135.192	126.582	70.567	44.953	31.129
$I_{exp}-I_{cal}$	−0.083	−0.018		−0.085	−0.124	−0.133	−0.056
14 I_{exp}	400.508	175.389		155.919	87.036	55.456	38.383
I_{cal}	400.516		165.852	155.935	87.009	55.406	38.374
$I_{exp}-I_{cal}$	−0.008			−0.016	0.027	0.050	0.009
15 I_{exp}	478.257	209.910		188.331	105.263	67.038	46.372
I_{cal}	478.245	209.902	199.843	188.304	105.191	66.935	
$I_{exp}-I_{cal}$	0.012	0.008		0.027	0.072	0.103	
16 I_{exp}	562.810	247.678		223.717	125.125	79.536	55.111
I_{cal}	562.796		237.295	223.681	125.128	79.536	55.124
$I_{exp}-I_{cal}$	0.014			0.036	−0.003	0.000	−0.013
17 I_{exp}	654.189	288.834		262.078	146.838	93.207	64.633
I_{cal}	654.176		278.360	262.055			
$I_{exp}-I_{cal}$	0.013			0.023			
18 I_{exp}	752.391	333.515		303.419	170.341	107.944	74.902
I_{cal}	752.400		323.213				
$I_{exp}-I_{cal}$	−0.009						

续 表

Z		$1s^2 2s^2 2p\ ^2P^0_{3/2}$	$1s^2 2s^2 3s\ ^2S_{1/2}$	$1s^2 2s^2 3p\ ^2P^0_{3/2}$	$1s^2 2s^2 3d\ ^2D_{5/2}$	$1s^2 2s^2 4d\ ^2D_{5/2}$	$1s^2 2s^2 5d\ ^2D_{5/2}$	$1s^2 2s^2 6d\ ^2D_{5/2}$
19	I_{exp}	857.476			347.776			
	I_{cal}	857.481	381.886	372.057	347.763	195.660	123.743	85.935
	$I_{exp} - I_{cal}$	−0.005			0.013			

数据来源：Zheng N W, Wang T. Int. J. Quantum Chem., 2004, 98: 495 − 501(Table II).

注：① I_{cal} 为 WBEPM 理论的计算值。
I_{exp} 为实验值,取自 Fuhr J R, Martin W C, Musgrove A, et al. NIST Atomic Spectroscopic Database, Version 2.0, 1996;http: //physics.nist.gov.

表 4.1.15　C I 的若干激发态等光谱态能级系列的电离能计算值和实验值的比较 (eV)[①]

Z	$1s^2 2s^2 2p^2\ ^3P_2$		$1s^2 2s^2 2p3s\ ^3P^0_2$		$1s^2 2s^2 2p3d\ ^3D^0_3$		$1s^2 2s^2 2p3d\ ^1F^0_3$		$1s^2 2s^2 2p4d\ ^3D^0_3$	
	I_{cal}	I_{exp}	I_{cal}	I_{exp}	I_{cal}	I_{exp}	I_{cal}	I_{exp}	I_{cal}	I_{exp}
6	11.243	11.26	3.740	3.773	1.529	1.550	1.537	1.524	0.870	0.864
7	29.615	29.59	11.180	11.118	6.375	6.355	6.125	6.127	3.514	3.527
8	54.896	54.898	21.748	21.753	14.354	14.349	13.773	13.795	7.906	7.901
9	87.060	87.06	35.411	35.421	25.436	25.429	24.470	24.476	14.036	14.063
10	126.084	126.08	52.139	52.133	39.596	39.584	38.205	38.193	21.889	21.819
11	171.944	172.0	71.908	71.905	56.809	56.815	54.968	54.962	31.450	31.492

续　表

Z	$1s^2 2s^2 2p^2\ ^3P_2$		$1s^2 2s^2 2p3s\ ^3P_2^0$		$1s^2 2s^2 2p3d\ ^3D_3^0$		$1s^2 2s^2 2p3d\ ^1F_3^0$		$1s^2 2s^2 2p4d\ ^3D_3^0$	
	I_{cal}	I_{exp}	I_{cal}	I_{exp}	I_{cal}	I_{exp}	I_{cal}	I_{exp}	I_{cal}	I_{exp}
12	224.623	224.7	94.694	94.725	77.051	77.100	74.745	74.774	42.696	42.711
13	284.103	284.1	120.482	120.493	100.300	100.329	97.523	97.533	55.603	55.598
14	350.372	350.3	149.256	149.215	126.534	126.535	123.288	123.268	70.141	70.132
15	423.416	423.3	181.009	180.955	155.735	155.687	152.024	151.918	86.280	
16	503.228	503.241	215.733	215.728	187.883	187.944	183.714	183.740	103.981	103.986
17	589.801		253.427		222.961		218.341		123.207	
18	683.131	683.17	294.093	294.091	260.953	260.987	255.886	256.028	143.912	
19	783.217	783.18	337.737		301.846	301.691	296.330	296.248	166.050	
20	890.060	890.09	384.369		345.625	345.743	339.653	339.717	189.570	
21	1 003.665	1 003.6	434.004		392.279	392.410	385.833	385.839	214.416	
22	1 124.037	1 123.8	486.658	486.886	441.797	441.756	434.848	434.689	240.530	
23	1 251.185	1 251.2	542.354	542.307	494.169	494.201	486.674	486.762	267.850	

数据来源：Zheng N W, Wang T. Chem. Phys. Letts., 2003, 376: 557－565(Table 2).

注：① I_{cal} 为 WBEPM 理论的计算值。

I_{exp} 为实验值，取自 Fuhr J R, Martin W C, Musgrove A, et al. NIST Atomis Spectrosopic Database, Version 2.0. 1996; http://physics.nist.gov.

表 4.1.16　C I 的若干激发态等光谱态能级系列
I_{nr}，I_{cal} 和 I_{exp} 值的比较(eV)[①]

Z	$1s^2 2s^2 2p^2 \, ^3P_2$				
	I_{exp}	I_{nr}	$I_{exp}-I_{nr}$	I_{cal}	$I_{exp}-I_{cal}$
6	11.26	11.260	0	11.243	0.017
7	29.59	29.709	−0.119	29.615	−0.025
8	54.898	54.990	−0.092	54.896	0.002
9	87.06	87.099	−0.039	87.060	0
10	126.08	126.035	0.045	126.084	−0.004
11	172.0	171.799	0.201	171.944	0.056
12	224.7	224.390	0.310	224.623	0.077
13	284.1	283.809	0.291	284.103	−0.003
14	350.3	350.054	0.246	350.372	−0.072
15	423.3	423.128	0.172	423.416	−0.116
16	503.241	503.028	0.213	503.228	0.013
17	—	589.757	—	589.801	—
18	683.17	683.312	−0.142	683.131	0.039
19	783.18	783.695	−0.515	783.217	−0.037
20	890.09	890.905	−0.815	890.060	0.03
21	1 003.6	1 004.493	−1.343	1 003.665	−0.065
22	1 123.8	1 125.808	−2.008	1 124.037	−0.237
23	1 251.2	1 253.501	−2.301	1 251.185	0.015

Z	$1s^2 2s^2 2p3s \, ^3P_2^0$				
	I_{exp}	I_{nr}	$I_{exp}-I_{nr}$	I_{cal}	$I_{exp}-I_{cal}$
6	3.773	3.773	0	3.740	0.033
7	11.118	11.300	−0.182	11.180	−0.062
8	21.753	21.859	−0.106	21.748	0.005
9	35.421	35.448	−0.027	35.411	0.01
10	52.133	52.068	0.065	52.139	−0.006
11	71.905	71.718	0.187	71.908	−0.003
12	94.725	94.399	0.326	94.694	0.031

Z	$1s^2 2s^2 2p3s\ ^3P_2^0$				
	I_{exp}	I_{nr}	$I_{exp}-I_{nr}$	I_{cal}	$I_{exp}-I_{cal}$
13	120.493	120.111	0.382	120.482	0.011
14	149.215	148.854	0.361	149.256	−0.041
15	180.955	180.627	0.328	181.009	−0.054
16	215.728	215.431	0.297	215.733	−0.005
17	—	253.266	—	253.427	
18	294.091	294.132	−0.041	294.093	−0.002
19	—	338.028	—	337.737	
20	—	384.954	—	384.369	—
21	—	434.912	—	434.004	—
22	486.886	487.900	−1.014	486.658	0.028
23	542.307	543.919	−1.612	542.354	−0.047

Z	$1s^2 2s^2 2p3d\ ^1F_3^0$				
	I_{exp}	I_{nr}	$I_{exp}-I_{nr}$	I_{cal}	$I_{exp}-I_{cal}$
6	1.524	1.524	0	1.537	−0.013
7	6.127	6.175	−0.048	6.125	0.002
8	13.795	13.839	−0.044	13.773	0.022
9	24.476	24.517	−0.041	24.470	0.006
10	38.193	38.209	−0.016	38.205	−0.012
11	54.962	54.915	0.047	54.968	−0.006
12	74.774	74.635	0.139	74.745	0.029
13	97.533	97.369	0.164	97.523	0.01
14	123.268	123.177	0.151	123.288	−0.02
15	151.918	151.878	0.04	152.024	−0.106
16	183.740	183.653	0.087	183.714	0.026
17	—	218.442	—	218.341	—
18	256.028	256.245	−0.217	255.886	0.142
19	296.248	297.062	−0.814	296.330	−0.082
20	339.717	340.892	−1.175	339.653	0.064

Z	$1s^2 2s^2 2p3d \ ^1F_3^0$				
	I_{exp}	I_{nr}	$I_{exp}-I_{nr}$	I_{cal}	$I_{exp}-I_{cal}$
21	385.839	387.737	-1.898	385.833	0.006
22	434.089	437.595	-2.906	434.848	-0.159
23	486.762	490.467	-3.705	486.674	0.088

数据来源：Zheng N W，Wang T. Chem, Phys. Letts.，2003，376：557(Table 2 and Table 3).
注：① I_{nr}为非相对论性电离能计算值.
　　I_{cal}为包含相对论性校正的电离能的计算值.
　　I_{exp}为实验值.取自：Fuhr J R，Martin W C，Musgrove A，et al. NIST Atomic Spectroscopic Database，Version 2.0. 1996；http://physics.nist.gov.

表 4.1.17　C,N,O 和 F 原子基态电离能的 WBEPM 理论和其他理论方法的计算值及实验值的对比(eV)

元素	方　法	计　算　值			
		I_1	I_2	I_3	I_4
C	HF[1]	10.81	24.16	45.80	64.29
	G2[1]	11.18	24.22	47.93	64.29
	B3LYP[1]	11.54	25.04	47.25	65.06
	BLYP[1]	11.41	24.93	47.12	65.04
	SLYP[1]	11.20	24.23	46.21	64.02
	SPW91[1]	11.28	24.20	46.15	63.75
	WBEPM 理论[2]	11.161	24.435	47.939	64.544
	实验值[1]	11.24	24.39	47.86	64.49[3]
N	HF[1]	13.91	29.19	47.32	75.03
	G2[1]	14.48	29.46	47.27	77.49
	B3LYP[1]	14.67	29.99	48.34	76.60
	BLYP[1]	14.51	29.83	48.24	76.48
	SLYP[1]	14.55	29.41	47.30	75.32
	SPW91[1]	14.78	29.52	47.21	75.29
	WBEPM 理论[2]	14.281	29.633	47.505	77.531
	实验值[1]	14.54	29.59	47.43	77.45

续　表

元素	方　法	计　算　值			
		I_1	I_2	I_3	I_4
O	HF[①]	12.05	34.55	54.61	77.47
	G2[①]	13.53	35.01	54.77	77.30
	B3LYP[①]	14.16	35.29	55.47	78.60
	BLYP[①]	14.17	35.06	55.29	78.52
	SLYP[①]	13.47	35.03	54.72	77.34
	SPW91[①]	13.37	35.28	54.77	77.19
	WBEPM 理论[②]	13.407	35.182	54.983	77.439
	实验值[①]	13.618[③]	35.11	54.90	77.414[③]
F	HF[①]	15.70	33.37	62.23	87.00
	G2[①]	17.39	34.77	62.59	87.06
	B3LYP[①]	17.76	35.56	62.93	87.90
	BLYP[①]	17.73	35.53	62.69	87.71
	SLYP[①]	17.29	34.58	62.56	86.99
	SPW91[①]	17.40	34.49	62.80	87.02
	WBEPM 理论[②]	17.281	35.066	62.875	87.201
	实验值[①]	17.45	34.98	62.65	87.16

注：① 数据摘自：Jursic B S. Int. J. Quantum Chem., 1997，64：255(Tables Ⅱ-Ⅴ).
② 数据摘自：Zheng N W, Zhou T, Wang T, et al. Phys. Rev. A, 2002, 65：052510 (Table Ⅱ).
③ B. S. Jursic 一文中的实验数据可能有误.这三个数据取自：http://physics.nist.gov (CⅣ为 520 178.4 cm⁻¹；OⅠ为 109 837.02 cm⁻¹；OⅣ为 624 382.0 cm⁻¹).

表 4.1.18　Be Ⅰ [He]2s2p $^3P_1^0$ 等光谱态能级系列的 WBEPM 理论和 其他理论方法的电离能计算值与实验值的比较(eV)[①]

Z	实验值	WBEPM 理论	RCI 方法 (CIV3)	MCDF 方法	MBPT 方法
4	6.598	6.571			6.767
5	20.525	20.558	20.519		20.613
6	41.392	41.415	41.374		41.448
7	69.133	69.134	69.096	69.129	69.171
8	103.723	103.707	103.681	103.719	103.750

Z	实验值	WBEPM 理论	RCI 方法 (CIV3)	MCDF 方法	MBPT 方法
9	145.155	145.129	145.104	145.149	145.173
10	193.426	193.399	193.366	193.423	193.441
11	248.550	248.515	248.478	248.546	248.561
12	310.341	310.480	310.268	310.337	310.349
13	379.305	379.298	379.228	379.301	379.311
14	455.017	454.975	454.941	455.013	455.022
15	537.510	537.519		537.506	537.513
16	626.930	626.940	626.860	626.927	626.934
17	722.498	723.251		722.528	722.545
18	826.508	826.465	826.456	826.505	826.512
19	937.008	936.600		937.003	937.011
20	1 053.933	1 053.675	1 053.915	1 053.918	1 053.928
21	1 177.000	1 177.710		1 176.990	1 177.002
22	1 308.703	1 308.728		1 308.695	1 308.710
23	1 446.574	1 446.753		1 446.553	1 446.571

数据来源：Zheng N W, Wang T. Int. J. Quantum Chem., 2003, 93：344－350(Table Ⅱ).

注：① 实验值取自：Fuhr J R, Martin W C, Musgrove A, et al. NIST Atomic Spectroscopic Database, Version 2.0. 1996；http://physics.nist.gov.
RCI、MCDF、MBPT 方法值是用基态实验电离能减去这些方法的相应的激发态能级的能量得到的.RCI 方法值取自：Kingston A E, Hibbert A J. Phys. B, 2000, 33：693；MCDF 方法值取自：Jönsson P, Fischer C F, Träbert E. J. Phys. B, 1998, 31：3497；MBPT 方法值取自：Safronova M S, Johnson W R, Safronova U I. Phys. Rev. A, 1996, 53：4036.

有以下三点特别值得一提：

（1）用(4.1.19)式计算的 I_{nr} 值并不是纯的非相对论性的电离能,因 (4.1.12)式的结果来自体系的非相对论和中心场近似.但由于在确定参数 n', σ 和 g 时用了实验值,所以,比较准确地说,它包含了电子相关效应和最高方次为 Z^2 的部分相对论效应的影响.通过 $I_{exp}-I_{nr}$ 拟合并最终得到的 I_{cal} 的表达式,即(4.1.26)式,将最高方次为 Z^4 的相对论性校正也包括了进来.因此(4.1.26)式的计算结果比较准确是显然的.如果这种拟合能在较小的 Z 值区间内进行,则效果更佳.

（2）利用(4.1.26)式可以预言等光谱态能级系列成员的未知的电离

能值.

（3）结合(4.1.1)式、(4.1.2)式和(4.1.26)式,得到

$$I_{\text{cal}}(Z) = \frac{R}{n'^2}\left[(Z-\sigma)^2 + g(Z-Z_0)\right] + \sum_{i=0}^{4} a_i Z^i$$

$$= T_{\text{limit}}(Z) - T(Z, n) \qquad (4.1.27)$$

指定 Z 后,由此式可从电离能进一步计算原子能级值(详见 4.2 节).

4.1.4　镧系离子的 $4f^n$ 电子的逐级电离能[33]

Faktor 和 Hanks 用玻恩-哈伯(Born-Haber)循环和热力学数据计算了镧系元素的第三电离能.[34] Sugar 和 Reader 导出了第三、四电离能.[35] Suger 进一步得到第五电离能.[36] Sinha 提出"斜 W"理论并给出两个简单的关系式,即

$$IP\left(\sum IP\right) = W_1 L + k_1 \qquad (4.1.28)$$

和

$$IP = mL + C \qquad (4.1.29)$$

前者称为系列关系式,后者称为逐级关系式,他由此得到了镧系元素第六至第十七电离能的全部预言值.[37-39] 我们则用文献[35,36]的数据,根据电离能差分定律和(4.1.19)式计算了镧系离子的 $4f^n$ 电子的逐级电离能.计算结果列于表 4.1.19.用所得计算值 I 对镧系离子($4f^n$)的总轨道角动量 L 作图,也呈现 Sinha 的"斜 W"分布(参见图 4.1.2).

表 4.1.19　镧系元素 $4f^n$ 电子的逐级电离能计算值(eV)

Z	元素	I_3	I_4	I_5	I_6	I_7	I_8	I_9
57	La							
58	Ce	—	36.69					
59	Pr	21.60	38.91	57.54				
60	Nd	22.13	40.39	60.00	80.92			
61	Pm	22.34	41.11	61.73	83.63	106.85		
62	Sm	23.42	41.44	62.64	85.62	109.80	135.33	
63	Eu	24.75	42.73	63.08	86.71	112.04	138.52	166.35

续　表

Z	元素	I_3	I_4	I_5	I_6	I_7	I_8	I_9
64	Gd	—	44.18	64.59	87.27	113.33	141.02	169.78
65	Tb	21.91	39.76	66.15	89.00	114.01	142.50	172.54
66	Dy	22.77	41.56	62.08	90.67	115.95	143.28	174.21
67	Ho	22.88	42.57	63.75	86.94	117.74	145.44	175.11
68	Er	22.77	42.76	64.91	88.49	114.35	147.35	177.48
69	Tm	23.64	42.80	65.20	89.80	115.77	144.30	179.50
70	Yb	25.08	43.84	65.37	90.17	117.23	145.59	176.80
71	Lu	—	45.19	66.59	90.47	117.70	147.21	177.97

Z	元素	I_{10}	I_{11}	I_{12}	I_{13}	I_{14}	I_{15}	I_{16}	I_{17}
64	Gd	199.92							
65	Tb	203.59	236.03						
66	Dy	206.60	239.94	274.69					
67	Ho	208.46	243.21	278.84	315.89				
68	Er	209.48	245.26	282.36	320.29	359.64			
69	Tm	212.07	246.39	284.60	324.06	364.27	405.93		
70	Yb	214.20	249.20	285.85	326.49	368.30	410.81	454.76	
71	Lu	211.84	251.44	288.87	327.85	370.93	415.09	459.88	506.14

数据来源：Zheng N W, Xin H W. J. Phys. B: At. Mol. Opt. Phys., 1991, 24: 1187.

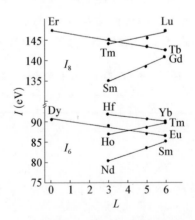

图 4.1.2　电离能的计算值 I 对镧系离子总轨道
角动量 L 作图，呈现"斜 W"分布

取自：Zheng N W, Xin H W. J. Phys. B: At. Mol. Opt.
Phys., 1991, 24: 1187.

4.2　能级[40-51]

4.2.1　引言

众所周知,金属和合金是由原子有序地堆积而成的,金属离子和无机、有机配体键合生成零维、一维、二维、三维结构的配位化合物或配位聚合物.金属阳离子和无机阴离子在三维空间周期性点阵式排列产生无机晶体,原子通过键合形成分子等等,所有物种都包含了原子(或原子离子).它们的化学、物理、谱学性质等都和原子的结构密切相关,原子能级结构和能级间的跃迁是原子结构的主要内容.可见原子能级的研究对化学、天体物理学、物理学、材料科学等有重要意义.再者,高新技术、空间技术和军事技术,如激光、等离子、核聚变、同位素分离等也对各种原子、分子数据(包括能级、寿命、截面等)提出大量的要求,因此,原子能级结构的研究和计算对技术领域也是十分必要的.

原子的能级结构,一般来说是复杂的,一个原子有基态电子构型(即基态组态),当一个或多个电子受激,处在不同的激发态能级时,又会形成不同的激发态电子构型(即激发态组态),一个组态可能分成若干谱项,一个谱项又可能再分裂成若干能级,在外磁场作用下,能级还会进一步分裂.原子结构的多重态理论对如此纷繁复杂的现象已经做出了比较好的解释.但要真正从理论上准确地计算出原子的光谱能级,特别是复杂的原子能级、高里德堡态能级、高离化态原子能级,还是有困难的.目前用于原子能级计算的理论方法,主要有密度泛函理论(DFT)、多体微扰理论(MBPT)、组态相互作用(CI)方法、多通道量子亏损理论(MQDT)、多组态哈特利-福克(MCHF)方法等.[52-72]已发表的工作很多,但由于计算的复杂性,在复杂原子能级、高里德堡态能级、高离化态原子能级计算领域仍有困难,留下许多空白.

在原子能级计算方面,我们提出了最弱受约束电子势模型理论的能级计算公式,并做了许多计算.本节的后两部分将分别描述能级公式和公式的应用.

4.2.2　能级计算公式

在介绍我们的能级公式之前,先阐述一下以下四点考虑.

首先,第 2 章的论述已经表明,对于 N 电子体系,最弱受约束电子理论只是将体系中的每一个电子用最弱受约束电子的名称重新命名.因此,体系所处的状态不会改变,体系的任何可观测物理量,特别是哈密顿量也是不会改变的.

具体到本小节要讨论的原子能级问题,则原子的电子组态、耦合方式、能级符号等都不变.比如组态为 C[He]$2s^2 2p5d$ 的受激碳原子,按通常的说法体系包含两个 1s 电子、两个 2s 电子、一个 2p 电子和一个受激的 5d 电子.而从最弱受约束电子理论观点,5d 电子和其他电子相比,它和体系的联系最弱,所以是当前体系中的最弱受约束电子.于是该体系包含两个 1s 电子、两个 2s 电子、一个 2p 电子和一个最弱受约束的 5d 电子.两种说法只是在讨论涉及 5d 电子行为时取了不同的名称,进行了重新命名而已.

其次,根据最弱受约束电子理论,不管单价电子或多价电子原子、单电子激发或双、多电子激发的原子体系,当前体系中都只有一个最弱受约束电子.就基态而言,比如基态碳原子的电子构型是[He]$2s^2 2p^2$.虽然两个能量较高的 2p 电子被认为是等价的,但在单电子激发时,首先被激发的那个 p 电子就是当前体系的最弱受约束电子.激发态也如此,比如单激发态 C[He]$2s^2 2p3s$ 原子中,3s 电子就是当前体系的最弱受约束电子;而双电子激发的 C[He]$2s^2 3s5d$ 中,3s 和 5d 电子都是受激电子,但 5d 电子能量高,和系统联结最松弛,5d 电子是当前体系的最弱受约束电子.这样,最弱受约束电子理论,就在理念上突破了其他理论中的等价电子的束缚及单电子、双电子、多电子激发的界线,把单价、多价电子,单电子激发、双(多)电子激发问题统统作为最弱受约束电子的单电子问题统一处理.

第三,由于组态相互作用导致能级扰动的现象,在复杂原子的能级结构中是很普遍的.组态相互作用包括:① 某一组态的一个谱项,受到另一组态的某谱项的扰动;② 一个谱项系内主量子数不同的组态所形成的各个原子态可能重叠而相互作用;③ 某一分立能级系列中的能级和另一系列的连续态能级之间的相互作用,这些相互作用都会使能级发生移动,即使能级受到扰动.[73-74]因此,能级扰动应该在给出的能级公式中有所体现.

第四,氢光谱和碱金属光谱比较简单而且相似.而复杂原子的能级结构很复杂,为了研究能级的规律和进行准确的能级计算,需要有一个合适的、明确的能级分类方法.文献[75]中提出了里德堡(Rydberg)组态系列和里德堡能级系列的定义.里德堡组态系列的定义是明确的,但里德堡能级系列的定义不够明确.因此,在这里我们定义了一个能级分类方法(也可能我们定义的分类方法和里德堡能级系列是同一回事,但在本书中将使用我们下面定义的分类方法).

在以上四点考虑之下,让我们先引入"类光谱态能级系列"的概念.所谓类光谱态能级系列,是指在一个原子的给定的一个组态系列中,由那些有着相同能级符号的能级组成的一个系列.例如,对于属于 LS 耦合类型的碳原子,$\text{C[He]}2s^2 2pnd\ ^3D_1^0$ 就是一个类光谱态能级系列.符号的第一部分"C",代表给定原子碳,第二部分"$[\text{He}]2s^2 2pnd$"代表给定原子碳的一个组态系列,第三部分"$^3D_1^0$"是能级符号.

用以上三个部分的记号来标记一个类光谱态能级系列.照此,对于属于 jj 耦合类型的氖原子,$\text{Ne[He]}2s^2 2p^5 ns\,[3/2]_1^0$ 也是一个类光谱态能级系列.值得注意,一个类光谱态能级系列总是对一个给定的电子组态系列而言的,因为不同的电子组态可以有相同的光谱能级符号.同时,从上面的标记可以看出,在一个类光谱态能级系列中,不同能级的区别仅在于主量子数 n 值不同,用类光谱态能级系列的定义便可对纷繁复杂的原子能级进行分类.

重述电离能的一般性定义:"从自由粒子(原子、分子)的某个态能级,完全移走一个最弱受约束电子所需要的能量,即系列极限和态能级之间的能量差,称为电离能."根据这一定义,对于一个类光谱态能级系列有

$$I_{\exp} = T_{\text{limit}} - T(n) \tag{4.2.1}$$

T_{limit} 代表一个类光谱态能级系列的系列极限,$T(n)$ 为该系列中的一个能级的能量,T_{limit} 和 $T(n)$ 的取值均相对于基能级而言.$I_{\exp}$ 代表态能级上的最弱受约束电子的电离能.于是有

$$I_{\exp} = -\varepsilon_\mu \tag{4.2.2}$$

ε_μ 为处在态能级上的最弱受约束电子的能量.

$$\varepsilon_\mu = \varepsilon_\mu^0 + \Delta E_c + \Delta E_r \tag{4.2.3}$$

式中的 ε_μ^0 代表中心场下最弱受约束电子的非相对论的单电子能量[参考(2.4.9)式].由于对相关效应考虑不充分和未包含相对论效应,所以必须加上 ΔE_c 和 ΔE_r 才和最弱受约束电子的真实能量 ε_μ 相等.ΔE_r 和

ΔE_r 自然分别代表电子相关效应和相对论性能量的修正. 于是

$$T(n) = T_{\text{limit}} - I_{\text{exp}} = T_{\text{limit}} + \varepsilon_\mu^0 + \Delta E_c + \Delta E_r \qquad (4.2.4)$$

在给定的解析势下(参见第 3 章)

$$\varepsilon = -\frac{RZ'^2}{n'^2} \approx \varepsilon_\mu^0 \qquad (4.2.5)$$

或者

$$\varepsilon = -\frac{Z'^2}{2n'^2} \approx \varepsilon_\mu^0 (\text{a.u.})$$

代入式(4.2.4), 则得

$$T(n) = T_{\text{limit}} - \frac{RZ'^2}{n'^2} + \Delta E_c + \Delta E_r \qquad (4.2.6)$$

(4.2.6)式称为 WBEPM 理论下的原子能级计算公式. 利用(4.2.6)式便可计算原子能级的能量 $T(n)$.

(4.2.4)式及(4.2.6)式和里兹(Ritz)组合原则[75-77]以及文献[78]的表述是一致的.

4.2.3 确定参数的方法

利用(4.2.6)式计算原子能级的能量需要确定有关的参数. 为了不失去简便性和准确性, 我们提出两种不同的确定参数的方法.

4.2.3.1 通过电离能表达式计算能级

由(4.2.6)式, 可得

$$\frac{RZ'^2}{n'^2} - \Delta E_c - \Delta E_r = T_{\text{limit}} - T(n) \qquad (4.2.7)$$

4.1 节中已经阐明, 在考虑了电子相关和相对论性修正后, 对于原子体系的一个等光谱态能级系列, 其态能级上的最弱受约束电子的电离能可以用公式

$$I_{\text{cal}}(Z) = \frac{R}{n'^2}\left[(Z-\sigma)^2 + g(Z-Z_0)\right] + \sum_{i=0}^{4} a_i Z^i \qquad (4.2.8)$$

表示.

对于一个等光谱态能级系列,结合(4.2.7)式和(4.2.8)式可得

$$\frac{R}{n'^2}[(Z-\sigma)^2+g(Z-Z_0)]+\sum_{i=0}^{4}a_iZ^i=T_{\text{limit}}(Z)-T(Z,n)$$

$$(4.2.9)$$

在指定 Z 值(即指定等光谱态能级系列的一个成员)后,利用(4.2.8)式可计算出最弱受约束电子的电离能,再取 T_{limit} 的实验值,代入(4.2.9)式便可求得 $T(n)$ 值.作为例子,表 4.2.1 给出了类铍原子和离子某些等光谱态能级系列的计算结果.更多的实例,读者可参看 4.1 节.

表 4.2.1　类铍原子和离子的某些等光谱态能级系列从电离能计算原子能级(cm^{-1})

Z	$I_{\text{cal}}(\text{eV})$[①]	T_{limit}[②]	$T_{\text{cal}}(n)$[①]	$T_{\text{exp}}(n)$[②]
	Be I $2s3s\,{}^1S_0$ 系列			
4	2.513	75 192.64	54 924.1	54 677.26
5	8.372	202 887.4	135 363.2	137 622.25[③]
6	17.288	386 241.0	246 805	247 170.26
7	29.258	624 866	388 886.2	388 854.6
8	44.282	918 657.0	561 501.5	561 276.4
9	62.357	1 267 606	764 666.9	764 392
10	83.479	1 671 750	998 451.9	998 183.1
11	107.647	2 131 300	1 263 075.3	1 262 780
12	134.858	2 644 700	1 557 005.6	1 558 080
13	165.108	3 216 100	1 884 424.8	1 884 420
14	198.396	3 842 100	2 241 941.2	2 241 810
15	234.717	4 523 000	2 629 894.9	2 629 500
16	274.069	5 260 000	3 049 502.2	
17	316.448	6 053 000	3 500 695.3	
	Be I $2s3p\,{}^1P_1^0$ 系列			
4	1.843	75 192.64	60 327.96	60 187.34
5	7.309	202 887.4	143 936.8	144 102.94
6	15.799	386 241.0	258 814.5	258 931.29

Z	$I_{cal}(eV)$①	T_{limit}②	$T_{cal}(n)$①	$T_{exp}(n)$②
7	27.319	624 866	404 525.2	404 522.4
8	41.871	918 657.0	580 947.3	580 824.9
9	59.458	1 267 606	788 048.7	787 844
10	80.084	1 671 750	1 025 834.2	1 025 620.6
11	103.748	2 131 300	1 294 522.7	1 294 230
12	130.451	2 644 700	1 592 550.2	1 593 600
13	160.191	3 216 100	1 924 082.9	1 923 850
14	192.968	3 842 100	2 285 720.6	2 285 040
15	228.778	4 523 000	2 677 795.8	2 677 800
16	267.618	5 260 000	3 101 532.6	3 101 500
17	309.482	6 053 000	3 556 879.4	3 557 100

Be I 2s3d $^1D_2$ 系列

Z	$I_{cal}(eV)$①	T_{limit}②	$T_{cal}(n)$①	$T_{exp}(n)$②
4	1.339	75 192.64	64 392.96	64 428.31
5	5.968	202 887.4	154 752.6	154 686.12
6	13.609	386 241.0	276 477.9	276 482.86
7	24.267	624 866	429 141.0	429 159.6
8	37.944	918 657.0	612 620.5	612 615.6
9	54.643	1 267 606	826 884.0	826 843
10	74.365	1 671 750	1 071 960.7	1 071 914
11	97.113	2 131 300	1 348 037.1	1 347 740
12	122.887	2 644 700	1 653 557.5	1 654 580
13	151.691	3 216 100	1 992 639.4	1 992 340
14	183.524	3 842 100	2 361 891	2 361 290
15	218.387	4 523 000	2 761 604	2 761 500
16	256.280	5 260 000	3 192 979	3 193 300
17	297.204	6 053 000	3 655 907	3 656 700

Be I 2s4d $^1D_2$ 系列

Z	$I_{cal}(eV)$①	T_{limit}②	$T_{cal}(n)$①	$T_{exp}(n)$②
4	0.796	75 192.64	68 772.5	68 780.86
5	3.391	202 887.4	175 537.4	175 547.01
6	7.683	386 241.0	324 273.9	324 212.49
7	13.675	624 866	514 570.6	514 647.7

Z	$I_{cal}(eV)$①	T_{limit}②	$T_{cal}(n)$①	$T_{exp}(n)$②
8	21.373	918 657.0	746 273.5	746 274.9
9	30.778	1 267 606	1 019 366.7	1 019 364
10	41.894	1 671 750	1 333 854.8	1 333 900
11	54.720	2 131 300	1 689 956.99	1 689 970
12	69.257	2 644 700	2 086 109	2 087 890
13	85.501	3 216 100	2 526 493	2 527 560
14	103.452	3 842 100	3 007 710	3 007 770
15	123.104	4 523 000	3 530 107	3 531 200
16	144.452	5 260 000	4 094 925	4 095 000
17	167.491	6 053 000	4 702 104.9	

注：① $I_{cal}(eV)$数据取自：Zheng N W, Wang T. Int. J. Quantum Chem., 2003, 93: 344,
是根据公式 $I_{cal}(Z)=\dfrac{R}{n'^2}[(Z-\sigma)^2+g(Z-Z_0)]+\sum_{i=0}^{4}a_iZ^i$ 计算得到的；$T_{cal}(n)$
利用 1 eV=8 065.479 cm⁻¹，由 $I_{cal}(eV)$转换而来.
② 取自：http://physics. nist. gov(Select "Physical Reference Data"), Version 3.0.2007.
③ 由 Fuhr J R, Martin W C, Musgrove A, et al. NIST Atomic Spectroscopic Database,
Version 2.0. 1996; http://physics. nist. gov(Select "Physical Reference Data")算
出的 $T_{exp}(n)$值为 135 597.1 cm⁻¹. 由③给出的137 622.25 cm⁻¹值中只包含了81%
的 ¹S₀ 组分.

4.2.3.2　引入量子亏损概念计算能级

在叙述这一方法之前，先介绍一下有关 Martin 的工作.

1980 年 W. C. Martin 给出了钠原子(Na I)光谱的 Ritz 型 ns 到 ni 系列的未受扰动的能级系列公式[79]：

$$E(nl)=\text{limit}-R_{Na}(n^*)^{-2} \qquad (4.2.10)$$

式中，$E(nl)$代表相对于基态能级的 nl 能级的能量，系列极限 limit 也是相对于基能级确定的，R_{Na}是 Na 原子的里德堡常数，和 R_{Na}相乘的因子应该还有原子实电荷 $Z_c(Z_c=1)$，n^* 为有效主量子数.

$$n^*=n-\delta \qquad (4.2.11)$$

式中，量子亏损

$$\delta = a + bm^{-2} + cm^{-4} + dm^{-6} \qquad (4.2.12)$$

并且

$$m = n - \delta_0 \qquad (4.2.13)$$

对于每一系列,δ_0 为系列的最低能级的量子亏损.

Martin 用该系列公式对 Na I 光谱做了全面的计算,误差在百分之几个波数以内,达到了非常高的准确度.

由于理念上的限制,该公式只用于单价电子体系.人们认为多价电子体系不能像单价电子体系一样处理,因为在多价电子体系中存在若干个等价(或等效)的价电子.单价和多价电子体系之间有一个界线的理念妨碍了人们去寻找一个可以统一处理单价、多价电子的原子能级的简单而准确的理论公式.

在仔细评估了 Martin 表达式之后,我们把未考虑能级扰动的 Martin 表达式和考虑扰动能级的 Langer 表达式结合在一起,提出了引入量子亏损概念计算能级的三步法.

该法的具体步骤如下:

在 WBEPM 理论下对于一个类光谱态能级系列,我们有

$$T(n) = T_{\text{limit}} - \frac{RZ'^2}{n'^2} + \Delta E_c + \Delta E_r \qquad (4.2.14)$$

先忽略 ΔE_c 和 ΔE_r,则

$$T(n) = T_{\text{limit}} - \frac{RZ'^2}{n'^2} \qquad (4.2.15)$$

第一步,进行变换[80],

$$\frac{Z'}{n'} = \frac{Z_{\text{net}}}{n - \delta_n} \qquad (4.2.16)$$

于是,(4.2.15)式变成

$$T(n) = T_{\text{limit}} - \frac{RZ_{\text{net}}^2}{(n - \delta_n)^2} \qquad (4.2.17)$$

对于中性原子,$Z_{\text{net}} = 1$,n 是主量子数,δ_n 是量子亏损.

第二步,把对于未扰能级计算相当准确的 Martin 表达式和考虑扰动能级的 Langer 表达式[77-80]结合在一起,我们提出取

$$\delta_n = \sum_{i=1}^{4} a_i m^{-2(i-1)} + \sum_{j}^{N} \frac{b_j}{m^{-2} - \varepsilon_j} \tag{4.2.18}$$

式中,

$$m = n - \delta_0 \tag{4.2.19}$$

δ_0 是该能级系列中最低能级的量子亏损.

$$\varepsilon_j = \frac{T'_{\text{limit}} - T_{j,\text{perturb}}}{RZ_{\text{net}}^2} \tag{4.2.20}$$

$T_{j,\text{perturb}}$ 代表第 j 个扰动能级的能量,T'_{limit} 是扰动能级系列的系列极限.

第三步,用最小二乘法拟合,确定 a_i 和 b_j.

在实际的处理中,用能级系列中低态的 6 个能级外加 N 个扰动能级,即 $6+N$ 个实验数据,进行拟合可确定 $a_i(i=1-4)$ 和 $b_j(j=1-N)$ 之值.

已经用能级公式和确定参数的三步法,开展了氮的分立的奇宇称光谱的分析[40],碳族元素(C,Si,Ge,Sn,Pb)的能级计算[41],ⅠB 族元素原子能级的简洁计算[42],氖原子的能级研究[43],Zn 原子的高里德伯能级的计算[44],镓原子的能级研究[45],氧原子的高激发态能级的计算[46],AlⅡ的能级和跃迁概率理论研究[47],Ca 原子的自电离能级的理论分析[48],SrⅠ双激发能级的理论计算[49].大量的计算结果和实验值相比,相当一部分误差在千分之几或百分之几个波数(cm^{-1}),最大误差在波数(cm^{-1})量级上,准确度相当高,除此之外,还预言了许多未知的能级值.

前面虽然说过,忽略 ΔE_c 和 ΔE_r,但由于 δ_n 中的参数是通过实验数据直接得到或拟合得到的,因此,可以认为其中已包含了相当多的电子相关和相对论效应.换言之,这种方法并没有忽略 ΔE_c 和 ΔE_r,而是在很大程度上包括了 ΔE_c 和 ΔE_r 的校正.运用这种方法计算出的能级的能量值有非常高的准确度也就不难理解了.

如果能级系列未受到扰动,则(4.2.18)式右边的第二个求和项不存在.(4.2.17)式和(4.2.18)式就还原成和 Martin 提出的关于 Na 原子的系列公式一样的形式[参见(4.2.10)式和(4.2.11)式].虽然,在此情况下形式一样,但我们的公式在理念上和 Martin 公式不同,它已经突破了单价电子体系的限制,扩展到多价电子体系上.张国营等已经在最弱受约束电子势模型理论下用未受扰能级系列的公式进行了 EuⅠ,AuⅠ,PbⅠ,B,Ru,PbⅡ 和 CaⅡ 的能级计算[81-87].在他们所计算的系列中,其中多数

系列(或体系)原本属于未受扰动的能级系列.计算结果最大误差在波数
（cm^{-1}）量级上.也有一些系列(或体系)原来属于受扰动的能级系列,但
仍用未受扰动的能级系列公式去计算,这样,最大误差就上升了两个量
级,即达到几百个波数的量级.如果能用(4.2.18)式进行扰动的修正,则
误差应该会在波数量级及以下.

第二种方法虽引入量子亏损概念,但是读者完全明白,这并不等同
于量子亏损理论方法,它属于最弱受约束电子势模型理论范畴之内.

上面介绍了在 WBEPM 理论下用于能级计算的两种方法,即通过
电离能表达式计算能级的方法和引入量子亏损概念计算能级的三步法.
这两种方法用于原子能级的计算均行之有效,但计算误差在数量级上有
所不同.前一种方法的绝对误差可能在电子伏特的数量级,或者说一般
在几十个波数（cm^{-1}）到几百个波数,少数可能在几百个波数以上.误差
的量级和目前其他理论方法,如 MBPT,RCI,MCDF 等相当,而比后一
种方法的误差要大得多.后一种方法的绝对误差在波数（cm^{-1}）量级,我
们进行过数以千计的能级计算,绝大多数的误差都在 1 cm^{-1} 以下.总体
上误差的量级和多通道量子亏损理论（MQDT）相当.但后者目前不能或
难以处理的一些体系,我们可以处理,且计算简单、结果好.

前一种方法的计算误差为什么会比后一种方法大一些? 究其原因
有二:① 前者对相对论效应估计不足.在一个等光谱态能级系列中,相
对论效应对能量的贡献随核电荷数的 $Z^k(k \geqslant 4)$ 变化,计算中只取到
$k=4$.后者的 δ_n 和 m^{-6} 相关.若能取 $k>4$,则前者的计算结果可能会有
改善.② 两者对能级扰动的影响的估计有差别.

已经开展过的计算表明,最弱受约束电子势模型理论的能级计算公
式,即(4.2.6)式,和确定参数的两种方法,广泛适用于单价和多价电子
原子体系,单电子激发和双电子激发体系,高 Z 原子离子体系,低激发态
和高激发态能级,未受扰动和受扰动能级,以及各种耦合类型的能级计
算,具有普适性、简便性和准确性的特点.

4.2.4 示例

在此仅列举几个我们已经研究过的、具有代表性的示例.

4.2.4.1 碳族元素原子能级的计算[41]

对于一个 N 电子原子,如果忽略粒子间的某些相互作用,它的近似

的哈密顿算符可以写成[73-74]

$$\hat{H} = \sum_i \left[\left(-\frac{1}{2} \nabla_i^2 - \frac{Z}{r_i} \right) + \sum_{i<j} \frac{1}{r_{ij}} \right] + \sum_i \xi(r_i) l_i s_i$$

$$= \sum_i \left[-\frac{1}{2} \nabla_i^2 + V(r_i) \right] + \sum_i \left[\sum_{i<j} \frac{1}{r_{ij}} - V(r_i) - \frac{Z}{r_i} \right]$$

$$+ \sum_i \xi(r_i) l_i s_i \tag{4.2.21}$$

上式中第二个求和项代表电子间静电排斥作用中非中心力部分;第三个求和项表示旋-轨耦合磁相互作用.在原子能级结构的研究中,如果静电非有心力部分远大于旋-轨耦合磁相互作用,则 LS 耦合类型适用.较轻的原子通常属于这种类型.反之,如果旋-轨耦合磁相互作用远大于静电非有心力部分,则 jj 耦合类型适用.较重的和较高激发态的原子通常属此类.此外还有 $J'l$ 耦合类型.$J'l$ 耦合类型在惰性气体原子中会碰到.[74,88]

在此选择碳族元素原子能级的计算作为示例有三个原因:第一,碳族包含较轻原子,也包含重原子,受激的碳族原子既包含 LS 耦合类型,也包含 jj 耦合类型;第二,碳族原子的基态电子构型中包含了两个等价(或等效)的 p 电子,所以可以作为多价电子体系的代表;第三,能级系列受到扰动,因此,其可以作为受扰能级计算的一个代表.

表 4.2.2 至表 4.2.5 分别列出 C I 的 $[\mathrm{He}]2s^2 2pnd(n\geq3)\ {}^3\mathrm{D}_1^0$ 类光谱能级系列的能级计算值与实验值的比较;Ge I 的 $[\mathrm{Ar}]4s^2 3d^{10}4pnd$ $(n\geq6)(3/2,5/2)_3^0$ 类光谱态能级系列能级计算值与实验值的比较;Pb I 的 $[\mathrm{Xe}]6s^2 4f^{14}5d^{10}6pns(n\geq7)\ {}^3\mathrm{P}_1^0$ 类光谱态能级系列的能级计算值与实验值的比较,Si I 的 $[\mathrm{Ne}]3s^2 3pnd(n\geq3).\ {}^3\mathrm{P}_0^0$ 类光谱态能级系列考虑扰动和直接用 Martin 表达式(未考虑扰动)计算的结果与实验值的比较.

表 4.2.2 C I 的 $[\mathrm{He}]2s^2 2pnd(n\geq3)\ {}^3\mathrm{D}_1^0$ 系列的能级计算值和实验值比较(cm^{-1})(系列极限: $90\,878.3\ \mathrm{cm}^{-1}$)①

n	$T_计$	$T_实$②	$T_计 - T_实$
3	78 318.248 4	78 318.25	−0.001 6
4	83 848.830 3	83 848.83	0.000 3
5	86 397.818 8	86 397.80	0.018 8

n	$T_计$	$T_实^{②}$	$T_计-T_实$
6	87 777.190 0	87 777.17	0.020 0
7	88 606.647 7	88 606.8	−0.152 3
8	89 143.574 4	89 143.4	0.174 4
9	89 510.840 1	89 510.9	−0.059 9
10	89 773.029 8	89 773.2	−0.170 2
11	89 966.701 2	89 966.8	−0.098 8
12	90 113.798 7		
13	90 228.138 9		
14	90 318.771 4		
15	90 391.823 9		
16	90 451.565 5		
17	90 501.043 8		
18	90 542.481 7		
19	90 577.531 5		
20	90 607.441 8		
21	90 633.170 3		
22	90 655.461 8		
23	90 674.902 3		
24	90 691.958 0		
25	90 707.003 6		
26	90 720.342 9		
27	90 732.224 6		
28	90 742.853 5		
29	90 752.399 8		
30	90 761.005 7		
31	90 768.790 7		
32	90 775.855 9		
33	90 782.287 6		
34	90 788.159 2		
35	90 793.533 9		
36	90 798.466 2		

续　表

n	$T_\text{计}$	$T_\text{实}$[②]	$T_\text{计}-T_\text{实}$
37	90 803.003 5		
38	90 807.186 7		
39	90 811.051 8		
40	90 814.630 2		
41	90 817.949 6		
42	90 821.034 5		
43	90 823.906 3		
44	90 826.584 3		
45	90 829.085 5		
46	90 831.425 2		
47	90 833.617 0		
48	90 835.673 0		
49	90 837.604 3		
50	90 839.420 7		

注：① 数据取自：Zheng N W，Ma D X，Yang R Y，et al. J. Chem. Phys.，2000，113：
1681.

② $T_\text{实}$ 取自：Fuhr J R，Martin W C，Musgrove A，et al. NIST Atomic Spectroscopic
Database，Version 2. 0. 1996；http：//physics. gov（Select "Physical Reference
Data"）.

表 4.2.3　Ge I 的 $[\text{Ar}]4s^2 3d^{10} 4pn\text{d}(n\geqslant6)\left(\dfrac{3}{2},\dfrac{5}{2}\right)^0_3$ 系列的能级计算值和
实验值的比较（cm^{-1}）（系列极限：$65\ 480.60\ \text{cm}^{-1}$）[①]

n	$T_\text{计}$	$T_\text{实}$[②]	$T_\text{计}-T_\text{实}$
6	61 268.390 0	61 268.39	−0.000 0
7	62 522.980 0	62 522.98	−0.000 0
8	63 271.309 7	63 271.31	−0.000 3
9	63 789.997 0	63 790	−0.003 0
10	64 144.081 5	64 144	0.081 5
11	64 395.707 4	64 396	−0.292 6
12	64 581.961 5	64 581.6	0.361 5

n	$T_计$	$T_实^{②}$	$T_计 - T_实$
13	64 724.308 0	64 724.4	−0.092 0
14	64 835.584 7	64 835.7	−0.115 3
15	64 924.160 6	64 924.1	0.060 6
16	64 995.763 0	64 995.6	0.163 0
17	65 054.432 5	65 054.1	0.332 5
18	65 103.086 2	65 102.7	0.386 2
19	65 143.869 3	65 143.2	0.669 3
20	65 178.386 3	65 177.72	0.666 3
21	65 207.854 8	65 207.2	0.654 8
22	65 233.212 0	65 232.5	0.712 0
23	65 255.187 8	65 254.5	0.687 8
24	65 274.357 5	65 273.93	0.427 5
25	65 291.179 4	65 290.5	0.679 4
26	65 306.021 7	65 305.43	0.591 7
27	65 319.183 6	65 318.6	0.583 6
28	65 330.909 6	65 330.3	0.609 6
29	65 341.401 3	65 341.1	0.301 3
30	65 350.826 3	65 350.5	0.326 3
31	65 359.324 4	65 358.8	0.524 4
32	65 367.013 5	65 366.7	0.313 5
33	65 373.993 2	65 373.8	0.193 2
34	65 380.348 2	65 380.1	0.248 2
35	65 386.150 9	65 386.1	0.050 9
36	65 391.463 6	65 391.2	0.263 6
37	65 396.340 0	65 396	0.340 0
38	65 400.826 6	65 400.6	0.226 6
39	65 404.964 0	65 404.8	0.184 0
40	65 408.787 4	65 408.6	0.187 4
41	65 412.327 8	65 412.2	0.127 8
42	65 415.612 6	65 415.5	0.112 6
43	65 418.665 8	65 418.5	0.165 8

续　表

n	$T_{计}$	$T_{实}$[②]	$T_{计} - T_{实}$
44	65 421.508 7	65 421.4	0.108 7
45	65 424.160 1	65 424.2	−0.039 9
46	65 426.636 9	65 426.5	0.136 9
47	65 428.954 1	65 428.9	0.054 1
48	65 431.125 1	65 431.1	0.025 1
49	65 433.162 0	65 433.1	0.062 0
50	65 435.075 6	65 435.1	−0.024 4
51	65 436.875 7	65 436.9	−0.024 3
52	65 438.571 0	65 438.6	−0.029 0
53	65 440.169 6	65 440.24	−0.070 4
54	65 441.678 6	65 441.79	−0.111 4
55	65 443.104 7		
56	65 444.453 8		
57	65 445.731 4	65 445.85	−0.118 6
58	65 446.942 4	65 446.99	−0.047 6
59	65 448.091 3	65 448.19	−0.098 7
60	65 449.182 4	65 449.16	0.022 4
61	65 450.219 5	65 450.29	−0.070 5
62	65 451.206 0	65 451.28	−0.074 0
63	65 452.145 3	65 452.28	−0.134 7

注：① 数据取自：Zheng N W, Ma D X, Yang R Y, et al. J. Chem. Phys., 2000, 113: 1681.

② $T_{实}$ 取自：Sugar J, Musgrove A. J. Phys. Chem. Ref. Data, 1993, 22: 1213.

表 4.2.4　Pb I 的 $[Xe]6s^2 4f^{14} 5d^{10} 6pns(n \geqslant 7)$ $^3P_1^0$ 系列的能级计算值和实验值比较(cm^{-1})（系列极限：**59 821.0 cm^{-1}**）[①]

n	$T_{计}$	$T_{实}$[②]	$T_{计} - T_{实}$
7	35 287.227 4	35 287.24	−0.012 6
8	48 686.885 7	48 686.87	0.015 7
9	53 511.611 3	53 511.34	0.271 3

n	$T_计$	$T_{实}^{②}$	$T_计 - T_实$
10	55 719.971 6	55 720.52	−0.548 4
11	56 942.254 0	56 942.26	−0.006 0
12	57 689.254 2	57 688.73	0.524 2
13	58 179.050 6	58 179.3	−0.249 4
14	58 517.525 4	58 517.67	−0.144 6
15	58 761.169 8	58 761	0.169 8
16	58 942.370 2	58 941.8	0.570 2
17	59 080.778 4	59 080.4	0.378 4
18	59 188.881 3		
19	59 274.921 8		
20	59 344.519 7		
21	59 401.612 5		
22	59 449.026 3		
23	59 488.831 3		
24	59 522.572 8		
25	59 551.422 5		
26	59 576.282 2		
27	59 597.855 3		
28	59 616.696 5		
29	59 633.248 4		
30	59 647.867 4		
31	59 660.843 1		
32	59 672.413 0		
33	59 682.772 9		
34	59 692.085 9		
35	59 700.488 5		
36	59 708.095 6		
37	59 715.004 5		
38	59 721.298 1		
39	59 727.047 3		
40	59 732.313 3		

n	$T_{计}$	$T_{实}$[②]	$T_{计}-T_{实}$
41	59 737.148 6		
42	59 741.598 9		
43	59 745.704 2		
44	59 749.499 1		
45	59 753.014 2		
46	59 756.276 3		
47	59 759.309 1		
48	59 762.133 7		
49	59 764.768 6		
50	59 767.230 5		
51	59 769.534 2		
52	59 771.692 9		
53	59 773.718 6		
54	59 775.622 0		
55	59 777.412 7		
56	59 779.099 5		
57	59 780.690 2		
58	59 782.192 1		
59	59 783.611 5		
60	59 784.954 5		

注：① 数据取自：Zheng N W，Ma D X，Yang R Y，et al. J. Chem. Phys.，2000，113：1681.

　　② $T_{实}$ 取自：Moore C E. Atomic Energy Levels[M]. Washington D. C.：U. S. GPO，1971：208.

表 4.2.5　**Si I** 的[Ne]$3s^2 3pnd(n \geqslant 3)$ $^3P_0^0$ 系列，考虑扰动的计算结果 $T_{计}^a$ 和用未考虑扰动的 **Martin** 表达式的计算结果 $T_{计}^b$ 同实验值 $T_{实}$ 的比较(cm^{-1})(系列极限 **66 035.00 cm^{-1}**)[①]

n	$T_{实}$[②]	$T_{计}^a$	$T_{计}^a-T_{实}$	$T_{计}^b$	$T_{计}^b-T_{实}$
3	50 602.435	50 602.435 0	$-0.000 0$	50 602.435	0.000
4	56 733.369 9	56 733.369 9	$-0.000 0$	56 733.369 9	0.000

n	$T_{实}$[②]	$T_{计}^{a}$	$T_{计}^{a}-T_{实}$	$T_{计}^{b}$	$T_{计}^{b}-T_{实}$
5	61 960.270	61 960.269 1	−0.000 9	61 960.27	0.000
6	63 123.35	63 123.360 9	0.010 9	63 123.35	0.000
7	63 863.78	63 863.756 5	−0.023 5	63 711.815 8	−151.964
8	64 358.44	64 358.429 0	−0.011 0	64 131.293 9	−227.146
9	64 703.23	64 703.293 1	0.063 1	64 460.650 2	−242.580
10	64 952.57	64 952.538 3	−0.031 7	64 723.908 6	−228.661
11	65 138.24	65 138.217 5	−0.022 5	64 934.713 9	−203.526
12	65 280.10	65 280.115 7	0.015 7	65 103.811 5	−176.289
13	65 390.91	65 390.927 6	0.017 6	65 240.040 9	−150.869
14	65 479.16	65 479.080 7	−0.079 3	65 350.502 8	−128.657
15	65 550.29	65 550.339 4	0.049 4	65 440.767 2	−109.523
16	65 608.6	65 608.750 4	0.150 4	65 515.143 7	−93.456
17	65 657.2	65 657.220 3	0.020 3	65 576.948 5	−80.251
18	65 697.6	65 697.879 9	0.279 9	65 628.733 4	−68.867
19	65 732.3	65 732.319 0	0.019 0	65 672.469 1	−59.831

注：① $T_{计}^{a}$ 和 $T_{计}^{b}$ 取自：Zheng N W, Ma D X, Yang R Y, et al. J. Chem. Phys., 2000, 113: 1681.

② $T_{实}$ 取自：Fuhr J R, Martin W C, Musgrove A, et al. NIST Atomic Spectroscopic Database, Version 2.0.1996; http://physics. nist. gov (Select "Physical Reference Data").

　　从这一示例可以看出：① 量子亏损理论通过价实分离,考虑碱金属的单个价电子运动在原子实的球形势场中.但对于多价电子体系,在价实分离的理念上是不可能把它和碱金属原子一样对待的.因为等价(或等效)电子是不可区分的,于是 Martin 表达式只能用于单价电子碱金属,而不能用于多价电子的碳族,但在最弱受约束电子势模型理论下,多电子体系(包括单价电子和多价电子体系)中的每一个电子通过重新命名,都作为最弱受约束电子处理.而且,通过最弱受约束电子和非最弱受约束电子的分离,考虑最弱受约束电子运动在非最弱受约束电子和核组成的原子实的势场中.因此,在最弱受约束电子势模型理论下,把 Martin 表达式扩展到多价电子体系去,自然是合理的.这样,单价、多价电子的能级可以统一处理.② Martin 表达式适用于未受扰动能级的计算,而对于较普遍存在的扰动能级系列,考虑扰动是必要的.所以(4.2.18)式的第二个求和项的加入是必要的.表 4.2.4 显示对于存在扰动的系列,考虑扰动和直接用 Martin 表达式(即未考虑扰动)计算结果的差别.

4.2.4.2 氖和氩原子能级的计算[40,43]

氖和氩都是惰性气体.选择它们作为示例是因为它们的耦合类型较不常见.惰性气体的 np^5ml 激发电子组态形成的能级结构偏离 LS 耦合类型较大,所以用 $J'l$ 耦合来表示比较合理.这种耦合方式是先把除受激电子(也即最弱受约束电子)的自旋角动量 s 以外的所有电子的角动量(包括轨道和自旋)耦合成角动量 K,然后 K 再和 s 耦合成总角动量 J,能级可记为 $[K]_j^p$.[53,74]

在此基础上再按类光谱态能级系列,对能级进行分类和计算.

表 4.2.6 至表 4.2.10 列出了我们的部分计算结果.

表 4.2.6 Ne I 的 $[\mathrm{He}]2s^2 2p^5\,(^2\mathrm{P}^0_{3/2})\,n\mathrm{d}(n\geqslant3)\,[7/2]^0_4$ 系列的能级计算值与实验值的比较(cm^{-1})(系列极限:173 929.6 cm^{-1})①

n	$T_计$	$T_实$②	$T_计-T_实$
3	161 590.342 0	161 590.346 2	−0.004 2
4	167 000.059 7	167 000.034	0.025 7
5	169 501.593 7	169 501.636	−0.042 3
6	170 858.478 5	170 858.465	0.013 5
7	171 675.483 6	171 675.467	0.016 6
8	172 205.120 5	172 205.130	−0.009 5
9	172 567.883 9	172 567.86	0.023 9
10	172 827.159 1	172 827.14	0.019 1
11	173 018.866 4	173 018.89	−0.023 6
12	173 164.594 7	173 164.48	0.114 7
13	173 277.952 2	173 278.08	−0.127 8
14	173 367.861 7		
15	173 440.370 7		
16	173 499.695 8		
17	173 548.849 9		

n	$T_计$	$T_{实}^{②}$	$T_计-T_实$
18	173 590.031 5		
19	173 624.876 2		
20	173 654.620 2		
21	173 680.212 8		
22	173 702.391 9		
23	173 721.738 6		
24	173 738.715 6		
25	173 753.694 5		
26	173 766.977 1		
27	173 778.810 1		
28	173 789.397 1		
29	173 798.907 1		
30	173 807.481 2		
31	173 815.238 5		
32	173 822.279 4		
33	173 828.689 6		
34	173 834.542 2		
35	173 839.899 9		
36	173 844.817 2		
37	173 849.340 9		
38	173 853.512 0		
39	173 857.366 2		
40	173 860.934 8		
41	173 864.245 3		
42	173 867.322 1		
43	173 870.186 6		
44	173 872.857 9		
45	173 875.353 0		
46	173 877.687 1		
47	173 879.873 7		
48	173 881.925 1		

续　表

n	$T_{计}$	$T_{实}$ [②]	$T_{计}-T_{实}$
49	173 883.852 0		
50	173 885.664 5		
55	173 893.292 7		
60	173 899.094 0		
65	173 903.608 2		
70	173 907.189 9		
75	173 910.079 2		
80	173 912.443 7		
85	173 914.403 2		
90	173 916.045 3		
95	173 917.434 9		
100	173 918.621 2		

注：① 数据取自：Ma D X, Zheng N W, Lin X. Spectrochimica Acta：Part B, 2003, 58：
1625.
② $T_{实}$ 取自：Fuhr J R, Martin W C, Musgrove A, et al. NIST Atomic Spectroscopic
Database, Version 2.0.1996；http：//physics. nist. gov (Select "Physical Reference
Data").

表 4.2.7　Ne I 的[He]$2s^2 2p^5 (^2P^0_{3/2})n$p$(n \geqslant 3)$ [3/2]$_2$ 系列的能级计算值
和实验值的比较(cm^{-1})(系列极限：173 929.6 cm^{-1})[①]

n	$T_{计}$	$T_{实}$ [②]	$T_{计}-T_{实}$
3	150 315.861 2	150 315.861 2	0.000 0
4	163 038.351 4	163 038.351 1	0.000 3
5	167 648.645 6	167 648.64	0.005 6
6	169 843.918 7	169 843.82	0.098 7
7	171 059.701 6	171 060.22	$-0.518\ 4$
8	171 803.637 1	171 803.1	0.537 1
9	172 291.824 9	172 291.4	0.424 9
10	172 629.299 6	172 630.2	$-0.900\ 4$
11	172 872.254 5	172 871.9	0.354 5
12	173 052.952 6		

n	$T_{计}$	$T_{实}^{②}$	$T_{计}-T_{实}$
13	173 190.983 3		
14	173 298.796 5		
15	173 384.611 4		
16	173 454.031 0		
17	173 510.981 6		
18	173 558.280 6		
19	173 597.992 2		
20	173 631.656 8		
21	173 660.442 8		
22	173 685.249 5		
23	173 706.777 9		
24	173 725.581 3		
25	173 742.101 0		
26	173 756.692 5		
27	173 769.644 4		
28	173 781.193 7		
29	173 791.535 8		
30	173 800.833 2		
31	173 809.222 1		
32	173 816.817 1		
33	173 823.715 4		
34	173 829.999 5		
35	173 835.740 3		
36	173 840.998 8		
37	173 845.827 3		
38	173 850.271 7		
39	173 854.371 5		
40	173 858.161 5		
41	173 861.672 1		
42	173 864.930 2		
43	173 867.959 3		
44	173 870.780 5		

n	$T_{计}$	$T_{实}$[2]	$T_{计}-T_{实}$
45	173 873.412 4		
46	173 875.871 5		
47	173 878.172 6		
48	173 880.329 0		
49	173 882.352 5		
50	173 884.253 9		
55	173 892.235 5		
60	173 898.281 2		
65	173 902.970 0		
70	173 906.679 6		
75	173 909.664 8		
80	173 912.102 6		
85	173 914.119 2		
90	173 915.806 2		
95	173 917.231 7		
100	173 917.490 2		

注：① 数据取自：Ma D X, Zheng N W, Lin X. Spectrochimica Acta：Part B，2003，58：
1625.
② $T_{实}$ 取自：Fuhr J R, Martin W C, Musgrove A, et al. NIST Atomic Spectroscopic
Database，Version 2.0.1996；http：//physics. nist. gov (Select "Physical Reference
Data").

表 4.2.8 Ne I 的[He]$2s^2 2p^5$($^2P^0_{3/2}$)$ns(n \geqslant 3)$ [3/2]$^0_1$ 系列的能级计算值
和实验值的比较(cm^{-1})(系列极限：173 929.6 cm^{-1})[1]

n	$T_{计}$	$T_{实}$[2]	$T_{计}-T_{实}$
3	134 459.224 3	134 459.287 1	−0.062 8
4	158 796.568 1	158 795.992 4	0.575 7
5	165 911.658 4	165 912.782	−1.123 6
6	168 967.757 5	168 967.353	0.404 5
7	170 557.509 4	170 557.050	0.459 4
8	171 489.215 1	171 489.485	−0.269 9

n	$T_{计}$	$T_{实}$[②]	$T_{计}-T_{实}$
9	172 081.863 4	172 080.916	0.947 4
10	172 482.107 3	172 481.86	0.247 3
11	172 765.069 6	172 764.57	0.499 6
12	172 972.480 0	172 972.36	0.120 0
13	173 129.028 9	173 128.78	0.248 9
14	173 250.085 0		
15	173 345.621 0		
16	173 422.337 7		
17	173 484.872 2		
18	173 536.516 8		
19	173 579.660 8		
20	173 616.072 4		
21	173 647.083 0		
22	173 673.710 2		
23	173 696.742 9		
24	173 716.800 2		
25	173 734.373 2		
26	173 749.856 1		
27	173 763.567 5		
28	173 775.767 8		
29	173 786.671 2		
30	173 796.455 1		
31	173 805.267 7		
32	173 813.233 4		
33	173 820.457 5		
34	173 827.029 1		
35	173 833.024 6		
36	173 838.509 4		
37	173 843.539 9		
38	173 848.164 8		
39	173 852.426 7		
40	173 856.362 6		

续　表

n	$T_{计}$	$T_{实}$②	$T_{计}-T_{实}$
41	173 860.004 9		
42	173 863.382 1		
43	173 866.519 3		
44	173 869.438 7		
45	173 872.160 1		
46	173 874.700 9		
47	173 877.076 7		
48	173 879.301 6		
49	173 881.388 1		
50	173 883.347 4		
55	173 891.558 3		
60	173 897.762 1		
65	173 902.563 4		
70	173 906.355 2		
75	173 909.401 8		
80	173 911.886 5		
85	173 913.939 4		
90	173 915.655 0		
95	173 917.103 4		
100	173 918.337 4		

注：① 数据取自：Ma D X, Zheng N W, Lin X. Spectrochimica Acta：Part B, 2003, 58：1625.

② $T_{实}$ 取自：Fuhr J R, Martin W C, Musgrove A, et al. NIST Atomic Spectroscopic Database, Version 2.0.1996；http://physics. nist.gov (Select "Physical Reference Data").

表 4.2.9 **Kr I 的 $[Ar]4s^2 3d^{10} 4p^5 (^2P^0_{3/2})nd(n\geqslant4)$ $^2[3/2]^0_1$ 系列的能级计算值和实验值的比较(cm^{-1})(系列极限：112 912.40 cm^{-1})①**

n	$T_{实}$②	$T_{计}$	$T_{计}-T_{实}$
4	99 646.208 6	99 646.208 6	−0.000 0
5	105 648.428 7	105 648.428 7	0.000 0

n	$T_实^{②}$	$T_计$	$T_计-T_实$
6	108 258.750 7	108 258.750 4	−0.000 3
7	109 688.751 1	109 688.752 6	0.001 5
8	110 514.090 1	110 514.089 5	−0.000 6
9	111 154.3	111 154.302 1	0.0
10	111 520.2	111 520.172 3	−0.0
11	111 786.1	111 786.148 0	0.0
12	111 983.3	111 983.286 6	−0.0
13	112 133.2	112 133.179 0	−0.0
14	112 249.7	112 249.711 5	0.0
15	112 342.0	112 342.055 9	0.1
16	112 416.4	112 416.450 2	0.1
17	112 477.2	112 477.250 9	0.1
18	112 527.5	112 527.572 6	0.1
19	112 569.7	112 569.688 2	−0.0
20	112 605.2	112 605.287 6	0.1
21	112 635.6	112 635.647 4	0.0
22	112 661.8	112 661.746 7	−0.1
23	112 684.3	112 684.346 6	0.0
24	112 703.95	112 704.045 3	0.20
25	112 721.23	112 721.318 9	0.09
26	112 736.46	112 736.549 4	0.09
27	112 749.97	112 750.046 8	0.08
28	112 762.00	112 762.064 3	0.06
29	112 772.75	112 772.810 5	0.06
30	112 782.40	112 782. 458 5	0.06
31	112 791.10	112 791.153 1	0.05
32	112 798.97	112 799.015 9	0.05
33	112 806.12	112 806.149 6	0.03
34	112 812.59	112 812.641 6	0.05
35	112 818.53	112 818.566 7	0.04
36	112 823.96	112 823.989 1	0.03

续　表

n	$T_实$[②]	$T_计$	$T_计 - T_实$
37	112 828.93	112 828.963 9	0.03
38	112 833.50	112 833.539 1	0.04
39	112 837.74	112 837.756 5	0.02
40	112 841.62	112 841.652 3	0.03
50	112 868.6	112 868.393 0	−0.21
60	112 883.4	112 882.702 3	−0.70

注：① 数据取自：Zheng N W, Zhou T, Yang R Y, et al. Chem. Phys., 2000, 258: 37.
　　② $T_实$ 取自：Sugar J, Musgrove A. J. Phys. Chem. Ref. Data, 1991, 20: 859.

表 4.2.10　Kr I 的 $[Ar]4s^2 3d^{10} 4P^5 ({}^2P^0_{3/2})ns(n \geqslant 5)\ {}^2[3/2]^0_2$ 系列的能级计算值和实验值的比较 (cm^{-1})（系列极限：112 912.40 cm^{-1}）[①]

n	$T_实$[②]	$T_计$	$T_计 - T_实$
5	79 971.732 1	79 971.731 9	−0.000 2
6	99 626.875 3	99 626.875 6	0.000 3
7	105 647.448 2	105 647.447 6	−0.000 6
8	108 324.977 9	108 324.984 4	0.006 5
9	109 751.959 3	109 751.956 9	−0.002 4
10	110 608.353 7	110 608.360 2	0.006 5
11	111 154.390 0	111 154.356 8	−0.033 2
12	111 527.820 0	111 527.841 9	0.021 9
13		111 793.964 7	
14		111 990.222 0	
15		112 139.086 8	
16		112 254.675 8	
17		112 346.215 8	
18		112 419.943 9	
19		112 480.198 8	
20		112 530.074 3	
21		112 571.824 4	
22		112 607.123 0	

n	$T_{实}$[②]	$T_{计}$	$T_{计}-T_{实}$
23		112 637.234 0	
24		112 663.126 3	
25		112 685.552 7	
26	112 705.100 0	112 705.105 4	0.005 4
27	112 722.260 0	112 722.255 1	−0.004 9
28	112 737.370 0	112 737.380 2	0.010 2
29	112 750.740 0	112 750.787 1	0.047 1
30	112 762.740 0	112 762.726 6	−0.013 4
31	112 773.410 0	112 773.405 3	−0.004 7
32	112 783.010 0	112 782.994 7	−0.015 3
33	112 791.610 0	112 791.638 1	0.028 1
34	112 799.470 0	112 799.455 8	−0.014 2
35	112 806.560 0	112 806.549 9	−0.010 1
36	112 813.020 0	112 813.006 9	−0.013 1
37	112 818.920 0	112 818.901 0	−0.019 0
38	112 824.320 0	112 824.295 6	−0.024 4
39	112 829.250 0	112 829.245 7	−0.004 3
40	112 833.810 0	112 833.798 9	−0.011 1
50	112 864.520 0	112 864.507 2	−0.012 8
60	112 880.490 0	112 880.503 6	0.013 6

注：① 数据取自：Zheng N W, Zhou T, Yang R Y, et al. Chem. Phys., 2000, 258：37.
② $T_{实}$ 取自：Sugar J, Musgrove A. J. Phys. Chem. Ref. Data, 1991, 20：859.

备注：从 NIST Atomic Spectra Database, Version 3 又查到了 Kr I 的 [Ar]$4s^2 3d^{10} 4p^5$ ($^2P_{3/2}$)$ns^2[3/2]^0_2$ 系列的 $n=13-20$ 的能级实验值和系列极限值(cm^{-1})，它们分别是 $n=13$, 14, 15, 16, 17, 18, 19, 20, $T_{实}=$111 793.1, 111 990.0, 112 139.4, 112 254.7, 112 346.1, 112 420.0, 112 480.3, 112 530.1. 系列极限值是 112 914.433. Version 3 中原始数据源出自：Saloman E B. J. Phys. Chem. Ref. Data, 2007, 36：215.

4.2.4.3　钙原子双激发态自电离能级的计算[48]

这个示例有如下特点：① 双电子激发. Ca I 基态的电子构型是 [Ar]$4s^2$. 我们计算的 30 个系列的电子组态是[Ar]$3dnl$，两个 4s 电子分别被激发到 3d 和 nl 上，所以是双电子激发. ② 偶宇称态. 原子有对称中

心,在反演操作下,波函数要么符号不变,要么改变符号.前者称作偶宇
称态,后者称作奇宇称态.能级标记的右上角有"0"者为奇宇称态.如何
找出一个态的宇称? 可以把每个电子的轨道的宇称相乘(奇×奇＝偶×
偶＝偶,奇×偶＝奇),或者取各个电子的 l 值之和.宇称和能级扰动及
跃迁均有关系,所以在原子光谱中宇称算符是重要的.[74,89] ③ 自电离态.
在原子能级中如存在某一能级系列的分立能级 a 和另一个系列的连续
能级 b 的能量相近,它们之间有组态相互作用.这样,当原子被激发到分
立的 a 态时,就有一定概率自动转到 b 态,使原子电离.这种比较特殊的
分立能级就称为自电离能级.[73]

表 4.2.11 和表 4.2.12 列出了部分结果.

表 4.2.11　Ca I 的[Ar]$3d_{3/2}nd_{5/2}J=1$ 系列的能级计算值和实验值及 R/MQDT 值的比较(cm^{-1})(系列极限:62 956.15 cm^{-1})[①]

n	$T_{实}$[②]	$T_{\text{WBEPM理论,计}}$	R/MQDT 值[③]
6	58 807.9	58 807.9	58 801.5
7	60 062.6	60 062.6	60 059.2
8	60 820.4	60 820.4	60 819.0
9	61 328.2	61 328.2	61 328.0
10	61 661.5	61 661.5	61 661.4
11	61 910.7	61 910.7	61 910.7
12	62 088.6	62 088.6	62 088.6
13	62 224.3	62 224.2	62 224.4
14	62 329.9	62 330.0	62 330.2
15	62 414.3	62 414.3	62 414.7
16	62 483.1	62 482.5	62 483.6
17	62 535.8	62 538.7	62 535.9
18	62 583.5	62 585.4	62 584.2
19	62 623.5	62 624.7	62 623.8
20	62 656.6	62 658.1	62 657.4
21	62 685.4	62 686.7	62 686.4
22	62 710.3	62 711.4	62 710.8
23	62 731.8	62 732.9	62 732.4

n	$T_{实}$[2]	$T_{WBEPM理论,计}$	R/MQDT 值[3]
24	62 750.7	62 751.7	62 751.2
25	62 767.5	62 768.2	62 767.7
26	62 781.9	62 782.7	62 782.3
27	62 795.0	62 795.7	62 795.4
28	62 806.5	62 807.3	62 806.9
29	62 817.0	62 817.6	62 817.3
30	62 826.2	62 826.9	62 826.6
31	62 834.8	62 835.3	62 835. 1
32	62 842.2	62 843.0	62 842.6
33	62 849.5	62 849.9	62 849.7
34		62 856.2	
35	62 861.7	62 861.9	62 861.7
36	62 866.7	62 867.2	62 867.0
37		62 872.1	
38		62 876.5	
39		62 880.6	
40		62 884.5	
41		62 888.0	
42		62 891.3	
43		62 894.3	
44		62 897.1	
45		62 899.8	
46		62 902.2	
47		62 904.5	
48		62 906.7	
49		62 908.7	
50		62 910.7	
51		62 912.5	
52		62 914.1	
53		62 915.7	
54		62 917.2	

n	$T_{实}$[2]	$T_{\text{WBEPM理论,计}}$	R/MQDT 值[3]
55		62 918.7	
60		62 924.7	
65		62 929.4	
70		62 933.2	
75		62 936.2	
80		62 938.6	
85		62 940.6	
90		62 942.3	
100		62 945.0	

注：① 数据取自：Ma D X, Zheng N W, Fan J. J. Phys. Chem. Ref. Data, 2004, 33：1013.

② $T_{实}$ 取自：Assimopoulos S, Bolovinos A, Jimoyiannis A, et al. J. Phys. B：At. Mol. Opt. Phys., 1994, 27：2471.

③ R/MQDT 值取自：Assimopoulos S, Bolovinos A, Jimoyiannis A, et al. J. Phys. B：At. Mol. Opt. Phys., 1994, 27：2471.

表 4.2.12　CaⅠ的[Ar]$3d_{5/2}nd_{3/2}J=2$ 系列的能级计算值和实验值及 R/MQDT 值的比较(cm^{-1})(系列极限：63 016.84 cm^{-1})[1]

n	$T_{实}$[2]	$T_{\text{WBEPM理论,计}}$	R/MQDT 值[3]
5	57 578.9	57 578.9	57 678.2
6	59 363.5	59 363.7	59 396.7
7	60 378.0	60 376.7	60 399.8
8	61 023.7	61 025.6	61 035.8
9	61 457.0	61 456.3	61 464.0
10		61 687.5	
11	61 986.9	61 986.8	61 989.0
12		62 155.3	
13	62 286.6	62 286.3	62 287.2
14	62 389.8	62 390.0	62 390.0
15	62 472.1	62 473.4	62 471.8
16	62 544.5	62 541.3	62 545.4
17	62 600.5	62 597.4	62 601.3
18	62 645.5	62 644.3	62 646.2

n	$T_{实}$②	$T_{WBEPM理论,计}$	R/MQDT 值③
19	62 684.3	62 683.7	62 684.2
20		62 717.3	
21	62 746.5	62 746.1	62 747.2
22	62 771.0	62 770.9	62 771.4
23	62 793.0	62 792.5	62 793.3
24	62 812.1	62 811.4	62 812.5
25	62 828.0	62 828.0	62 828.4
26		62 842.6	62 843.1
27		62 855.7	62 856.1
28		62 867.3	62 867.7
29		62 877.7	
30		62 887.1	
31		62 895.6	
32		62 903.2	
33		62 910.2	
34		62 916.5	
35		62 922.3	
36		62 927.6	
37		62 932.5	
38		62 937.0	
39		62 941.1	
40		62 944.9	
41		62 948.5	
42		62 951.8	
43		62 954.8	
44		62 957.7	
45		62 960.3	
46		62 962.8	
47		62 965.1	
48		62 967.3	
49		62 969.3	
50		62 971.2	

续 表

n	$T_\text{实}$②	$T_\text{WBEPM理论,计}$	R/MQDT 值③
51		62 973.0	
52		62 974.7	
53		62 976.3	
54		62 977.8	
55		62 979.3	
60		62 985.4	
65		62 990.1	
70		62 993.8	
75		62 996.8	
80		62 999.3	
90		63 003.0	
100		63 005.7	

注：① 数据取自：Ma D X, Zheng N W, Fan J. J. Phys. Chem. Ref. Data, 2004, 33：1013.
② $T_\text{实}$取自：Assimopoulos S, Bolorinos A, Jimoyiannis A, et al. J. Phys. B：At. Mol. Opt. Phys., 1994, 27：2471.
③ R/MQDT 值取自：Assimopoulos S, Bolovinos A, Jimoyiannis A, et al. J. Phys. B：At. Mol. Opt. Phys., 1994, 27：2471.

4.2.4.4 锶原子能级的计算[49]

这个示例的特点是：① 原子序数比较高的 Sr I；② 双电子激发；③ 对于原本属于受扰的能级系列，采用考虑扰动和不考虑扰动两种方法计算，以评估扰动对计算误差在量级上的影响.

表 4.2.13 和表 4.2.14 列出了部分结果.

表 4.2.13 Sr[Kr]$4d_{3/2}nd_{3/2}J=1$ 系列能级的计算值和实验值的
比较(cm^{-1})(系列极限：60 488.09 cm^{-1})①

n	$T_\text{实}$②	$T_\text{WBEPM理论,计}$	$T_\text{实}-T_\text{WBEPM理论,计}$
6	54 139.2	54 139.2	0.0
7	56 366.9	56 366.9	0.0
8	57 683.8	57 683.8	0.0
9	58 378.1	58 378.0	0.1

n	$T_{实}$②	$T_{\text{WBEPM理论,计}}$	$T_{实}-T_{\text{WBEPM理论,计}}$
10	58 859.0	58 859.4	−0.4
11	59 193.6	59 193.1	0.5
12	59 433.7	59 433.9	−0.2
13	59 613.2	59 613.3	−0.1
14	59 750.6	59 750.6	0.0
15	59 859.5	59 857.9	1.6
16	59 944.9	59 943.4	1.5
17	60 013.9	60 012.7	1.2
18	60 070.6	60 069.5	1.1
19	60 117.6	60 116.7	0.9
20	60 157.4	60 156.4	1.0
25	60 284.4	60 284.0	0.4
30	60 350.1	60 350.0	0.1
35	60 388.6	60 388.4	0.2
40	60 412.9	60 412.8	0.1
45	60 429.3	60 429.2	0.1
50	60 440.9	60 440.8	0.1
55	60 449.3	60 449.3	0.0
60	60 455.7	60 455.7	0.0
65	60 460.6	60 460.6	0.0
70	60 464.5	60 464.5	0.0
80	60 470.2	60 470.1	0.1

注：① 数据取自：Zhang T Y, Zheng N W, Ma D X. Phys. Scr., 2007, 75：763.
② $T_{实}$取自：Goutis S, Aymar M, Kompitsas M. Camus P. J. Phys B： At. Mol. Opt. Phys, 1992, 25：3433. 且扰动能级为 5p6p $^1P_1$ (57 305.9 cm^{-1}) 和 5p6p $^3D_1$ (58 009.8 cm^{-1}).

表 4.2.14　Sr[Kr]$4d_{5/2}nd_{5/2}J=1$ 系列能级的受扰和未受扰计算值和实验值的比较 (cm^{-1}) (系列极限 **60 768.43 cm^{-1}**)①

n	$T_{实}$②	$T_{受扰,计}$③	$T_{未扰,计}$④
6	54 469.5	54 469.5	54 473.6
7	56 676.0	56 675.9	56 654.7
8	57 836.4	57 836.4	57 869.4

续　表

n	$T_{实}$[②]	$T_{受扰,计}$[③]	$T_{未受扰,计}$[④]
9	58 642.0	58 641.8	58 630.1
10	59 137.4	59 137.2	59 130.0
11	59 469.8	59 470.6	59 473.5
13	59 899.8	59 900.3	59 900.2
14	60 035.3	60 034.6	60 038.0
15	60 141.6	60 141.3	60 145.2
25	60 565.1	60 565.2	60 566.8
35	60 669.2	60 669.1	60 669.7
45	60 709.9	60 709.8	60 710.0
55	60 729.8	60 729.7	60 729.9
65	60 741.0	60 741.0	60 741.1
75	60 748.0	60 748.0	60 748.0
85	60 752.6	60 752.6	60 752.6

注：① 数据取自：Zhang T Y, Zheng N W, Ma D X. Phys. Scr., 2007, 75：763.

② $T_{实}$取自：Goutis S, Aymar M, Kompitsas M, et al. J. Phys B: At. Mol. Opt. Phys., 1992, 25：3433.且扰动能级是 5p6p $^1P_1$(57 305.9 cm^{-1})，5p6p $^3D_1$(58 009.8 cm^{-1})，5p6p $^3P_1$(59 011.3 cm^{-1})和 5p6p $^3S_1$(59 796.3 cm^{-1}).

③ $T_{受扰,计}$是指考虑能级扰动，用 WBEPM 理论计算的结果.

④ $T_{未受扰,计}$是指不考虑能级扰动，用 Martin 表达式计算的结果.

4.3　振子强度、跃迁概率和辐射寿命的计算[90-106]

4.3.1　引言

束缚态理论主要关注体系的分立的能量本征值和本征态以及它们之间的量子跃迁.[107]可见量子跃迁(跃迁概率、振子强度、辐射寿命等)的理论研究是十分重要的.它不但能提供有关结构的基本信息，而且通过理论和实验数据的对比，还为各种近似理论方法的可靠性、准确性提供了有力的判断.再者，跃迁概率、振子强度和辐射寿命的研究在化学、天体物理学、物理学和激光、核聚变、等离子体等高新技术领域中有重要的应用价值.比如，化学中的光谱分析是必不可少的结构检测手段，新的激光工作物质的发现离不开量子跃迁性质的研究,等等.因此,跃迁概率、振子强度和辐射寿命的研究向来受到实验和理论两方面的高度重视.用于这方面研究的理论方法主要有多组态哈特利-福克(MCHF)方法,多组态狄拉克-福克(MCDF)方法,组态相互作用(CI)方法,相对论性哈特利-福克方法(relativistic HF),多体微扰理论(MBPT),量子亏损理论(QDT),R 矩阵方法,模型势(MP)方法,库仑近似(CA)等.[108-134] 虽然研究工作取得许多进展,但总体而言还存在以下三方面的问题:① 研究工作集中在低激发态、低离化态,而高激发态、高离化态的研究难度大,以致缺失;低 Z 元素,特别是价电子数少的元素的结果较多,而高 Z 元素和价电子数较多的元素的结果少或缺失.② 谱项间的跃迁研究多,能级间的跃迁研究少,而在实际应用中能级间的跃迁远比谱项间的跃迁重要得多.③ 计算复杂.

在过去的若干年中,我们已经用最弱受约束电子势模型理论对多电子原子和离子体系的跃迁概率、振子强度和辐射寿命做了广泛的系统的研究.涉及 CⅠ-CⅣ能级间的跃迁概率[90],钛(TiⅢ和TiⅣ)离子的能级间的跃迁概率[91],氮(NⅠ-NⅤ)能级间的跃迁概率[92],氧(OⅠ-OⅥ)能级间的跃迁概率[93],氟原子能级间的跃迁概率[94],碱金属原子低态组态间的跃迁概率[95],锂原子和类锂离子组态间的跃迁概率[96],硼(BⅠ)原子能级间的跃迁概率[97],CuⅠ,AgⅠ和AuⅠ能级间的跃迁概率[98],BeⅠ,BeⅡ,MgⅠ和MgⅡ的谱项间的跃迁概率[99],氮原子谱项间的共振跃迁概率和辐射寿命[100],碳原子和氧原子能级间的跃迁概率和辐射寿命[101],NeⅡ能级间的跃迁概率[102],AlⅡ能级和能级间的跃迁概率[103],类镁离子的振子强度和能级间的跃迁概率[104],SiⅢ的 3s - 3p 以上能级间的自旋允许跃迁[105].

和各种理论方法对比,WBEPM 理论显示出四个特点.第一,尽管研究的体系多,而且在诸多体系中,电子构型、谱项和能级各异,但组态间、谱项间、能级间的跃迁概率、振子强度和辐射寿命的计算结果,和可接受值或实验结果以及各种理论方法的结果普遍吻合,表明 WBEPM 理论在量子跃迁研究中有效、可靠.第二,虽然处理的元素众多,涉及的态-态跃迁各异(含组态间、谱项间、能级间的跃迁),但是计算原理、方法和计算编制的程序都没有变化,说明理论的一致性,这和从头计算类方法有所不同.在从头计算类的方法中,基组的选择、构型函数的选择,和结果的准确度、计算的复杂程度关系很大,采用不同的基组和构型函数是常见的,这就导致了结果的不一致.第三,已发表的工作中,包含低激发态,也包含高激发态,包含低离化态,也包含了较高离化态的研究.第四,WBEPM理论的计算过程极为简单.

在用 WBEPM 理论研究跃迁问题时,有三点要注意:① 节点数的调整有时是必要的.② 在用联立方程决定参数时,径向期望值的准确度和计算结果的准确性有密切关系.选取接近于真实$\langle r \rangle$值的方法是很重要的.③ 高离化态下相对论效应应当予以校正.关于上述问题将在下文中处理具体对象时加以讨论.

4.3.2 计算原理和方法

计算态 f 和态 i 之间的组态跃迁概率A'_{fi}、谱项跃迁概率 A''_{fi} 以及能级跃迁概率A'''_{fi}的公式如下:[106,135]

$$A'_{fi}=\frac{4}{3}\alpha^3(E_f-E_i)^3\mid\langle n_fl_f\mid r\mid n_il_i\rangle\mid^2\frac{l_>}{2l_i+1} \tag{4.3.1}$$

$$A''_{fi}=\frac{4}{3}\alpha^3(E_f-E_i)^3\mid\langle n_fl_f\mid r\mid n_il_i\rangle\mid^2$$
$$\times(2L_i+1)l_>W^2(l_iL_il_fL_f;L_c1) \tag{4.3.2}$$

$$A'''_{fi}=\frac{4}{3}\alpha^3(E_f-E_i)^3\mid\langle n_fl_f\mid r\mid n_il_i\rangle\mid^2$$
$$\times(2L_f+1)(2L_i+1)(2J_i+1)l_>$$
$$\times W^2(l_iL_il_fL_f;L_c1)\times W^2(L_iJ_iL_fJ_f;S1) \tag{4.3.3}$$

上述三式中,α 为精细结构常数,$l_>=\max(l_f,l_i)$,L_c是原子实的总的轨道角动量,$W(abcd;ef)$ 是 Racah 系数.[136]对于激发态之间的跃迁,上述三式可直接使用.而对于共振跃迁,上述三式的右边还需乘上轨道 l 上的电子数和一个比例系数.[99]

振子强度 f_{if}、辐射寿命 τ_f 和跃迁概率之间的关系如下:

$$f_{if}=1.499\times10^{-8}\lambda^2\frac{g_f}{g_i}A_{fi} \tag{4.3.4}$$

式中,g 是朗德因子.

$$\tau_f = \frac{1}{\sum_i A_{fi}} \qquad (4.3.5)$$

τ_f 为态 f 的辐射寿命，$\sum_i$ 表示对低于态 f 并能和态 f 发生跃迁的所有态 i 求和.

从上述表达式看，计算跃迁概率、振子强度和辐射寿命，需要 E_f 和 E_i 值以及计算跃迁矩阵元.其中，后者是问题的关键所在.

如何得到 E_f 和 E_i 值呢？

态 f 和态 i，要么都是激发态；要么一个是激发态，一个是基态.态 f 和态 i 上的最弱受约束电子的能量的负值等于系列极限和态能级值之差.质速效应引起的相对论修正很小，如果自旋-轨道耦合相对论效应也很小，就可以忽略相对论效应.重写(4.1.13)式为

$$\varepsilon = -\frac{Z'^2}{2n'^2} \approx \varepsilon_\mu^0 \qquad (4.3.6)$$

则

$$E_{\text{spec}} = -\varepsilon_\mu^0 \approx \frac{Z'^2}{2n'^2} \text{（忽略电子相关和相对论效应）} \qquad (4.3.7)$$

$$E_{\text{spec}} \approx -\varepsilon_\mu^0 \approx \frac{Z'^2}{2n'^2} \text{（不忽略电子相关和相对论效应）} \qquad (4.3.8)$$

实验上，

$$E_{\text{spec}} = I_{\text{exp}} = T_{\text{limit}} - T(n) \qquad (4.3.9)$$

目前，原子、离子的实验能级数据很多、很准确，并且收集在相关的数据库、手册、汇编中.美国国家标准技术研究所公布的数据（NIST 数据）就很全[137].在我们以往的研究中，出于方便考虑，态 f 和态 i 的 E_{spec} 值都取自 NIST 数据.如果数据缺乏，人们也可以用 4.2 节叙述的 WBEPM 理论计算能级的方法，去计算 E_f 和 E_i 值.计算方法非常简单而且非常准确，从可比的实验值来看，我们的方法得到的计算值和实验值之间的绝对偏差很小.

关于跃迁矩阵元的计算.第 3 章已经给出最弱受约束电子的径向波函数的解析表达式和矩阵元的计算式.据此，从原理上便可以计算跃迁矩阵元.然而，在实际计算过程中，需要确定其中包含的参数 Z'，n' 和 l'

（因 $n'=n+d$，$l'=l+d$，所以真正需要确定的参数只有两个，即 Z' 和 d）.为避免其他理论方法,尤其是从头计算类方法所遭遇到的复杂计算,我们已经提出了一个极其简便的确定参数的方法,称之为联立方程法.

将最弱受约束电子的能量表达式,即（4.3.7）式（注意：“$\approx$”已写成“$=$”）和径向坐标算符的期望值 $\langle r \rangle$ 的表达式,即（3.3.3）式,组成联立方程

$$\begin{cases} E_{\text{spec}} = \dfrac{Z'^2}{2n'^2} \\ \langle r \rangle = \dfrac{3n'^2 - l'(l'+1)}{2Z'} \end{cases} \tag{4.3.10}$$

式中的 E_{spec} 由 NIST 值可得,$\langle r \rangle$ 值目前已经有很多理论方法可以计算,比如数值库仑近似（numerical Coulomb approximation or NCA）,Roothann-Hartree-Fock（RHF）方法,multiconfiguration Hartree-Fock（MCHF）方法,Hartree-Slater（HS）方法,Hartree-Kohn-Sham（HKS）方法,time-dependent Hartree-Fock（TDHF）方法,self-interaction-corrected local-spin-density（SIC-LSD）方法等.[90,96,105]

出于计算简单和方便的考虑,在以往的工作中我们通常采用 NCA 方法求出激发态的 $\langle r \rangle$ 值.[138-139] NCA 方法简单易行,且对于激发态,结果很好.但对于基态,用 NCA 得到的 $\langle r \rangle$ 和真实的 $\langle r \rangle$ 之间偏差较大[140-141],导致跃迁计算误差较大,于是在共振跃迁概率计算中用 RHF 方法代替 NCA 方法计算基态的 $\langle r \rangle$ 值[99,142-143].

将态 f 和态 i 的 E_{spec} 和 $\langle r \rangle$ 值代入联立方程（4.3.10）可求出参数 n'_f,l'_f,Z'_f 以及 n'_i,l'_i 和 Z'_i,将这些参数代入矩阵元计算表达式,便可求得（4.3.1）式至（4.3.3）式中的矩阵元 $\langle n_f l_f | r | n_i l_i \rangle$ 的值.这样,跃迁概率、振子强度和辐射寿命都可一一计算.

从上面的叙述不难看出,用联立方程确定参数,使跃迁概率、振子强度和辐射寿命的计算变得既简单方便,一般来说结果又好.

误差来源主要有两个方面：① E_{spec} 取自实验值,自然包含相对论效应,而 $\langle r \rangle$ 表达式来自非相对论性理论方法,两者在相对论效应较大时,不能完全匹配,可能招致误差,但此种误差一般不是主要的.② $\langle r \rangle$ 值的选取和跃迁计算结果的准确性关系很大.选取的 $\langle r \rangle$ 越接近真实的 $\langle r \rangle$,则结果越好.

表 4.3.1 和表 4.3.2 列出用 HKS 方法和用 C. E. Theodosiou 的模型势方法决定的 $\langle r \rangle$ 值和计算得出的钠的 3s-3p 和 3p-3d 跃迁概率的值.[95,140]

表 4.3.1　用 HKS 方法和模型势方法所得 3s,3p,3d 轨道的$\langle r \rangle$

轨　道	$\langle r \rangle$值	
	HKS 方法	模型势方法
3s	4.277	3.971
3p	5.972	5.720
3d	10.425	10.408

数据来源：① Theodosiou C E. Phys. Rev. A，1984，30：2881.
　　　　　② Zheng N W，Tao Wang，et al. J. Phys. Soc. JPN，1999，68：3859.

**表 4.3.2　用两种不同的方法确定$\langle r \rangle$值所得钠原子的
某些跃迁概率($\times 10^8$ Hz)的比较①**

跃　迁	HKS 方法②		WBEPM 理论		可接受值
	(1)	(2)	(1)	(2)	
3s-3p	0.677 466	0.710 326	0.592 464	0.620 348	0.629
3p-3d	0.530 198	0.551 147	0.474 019	0.496 063	0.495

数据来源：Zheng N W，Wang T，et al. J. Phys. Soc. JPN，1999，68：3859.
注：① 表中(1)代表未经过节点数校正的计算值.
　　　 (2)代表经过节点数校正的计算值.
　　② 数据引自：Theodosiou C E. Phys. Rev. A，1984，30：2881.

从表 4.3.1 和表 4.3.2 可以看出两种方法得到的$\langle r \rangle$值不完全相同，而且低态(3s)的差别更大一些；利用不同理论方法得到的$\langle r \rangle$值，去计算跃迁概率，所得结果也不相同.表 4.3.2 的数据显示，WBEPM 理论方法的结果优于 HKS 方法.这说明$\langle r \rangle$值的选取对于量子跃迁的计算是多么重要！选取的$\langle r \rangle$值越接近真实的$\langle r \rangle$值，跃迁计算的结果越好.

G. Celik 等[144]也在 WBEPM 理论下，用 NCA 和 NRHF(numerical nonrelativistic Hartree-Fock)两种不同的方法，通过联立方程确定参数，并对受激氮原子的某些 p-d 和 d-p 跃迁的跃迁概率计算值做了比较.

在以往的研究中,低激发态间的跃迁计算值(含跃迁概率、振子强度和辐射寿命)与可接受值或测量值及其他理论值相比较,偏差大一些,而高激发态间的跃迁计算值明显优于其他理论值,与可接受值或测量值吻合得很好.究其原因,仍和径向期望值$\langle r \rangle$直接有关.

还有一点需要提及,即从(4.3.5)式可知,辐射寿命τ_f的计算涉及低于态f,并能和态f发生跃迁的所有态i的跃迁概率求和.只有所有求和的跃迁概率都准确,τ_f才能准确.要做到这一点很不容易,因为虽然某些跃迁概率的结果比较准确,但仍可能有一些跃迁概率的结果不够准确,这样τ_f的准确性就受到影响.这是目前所有理论方法都面临的一个难题.所以沿自不同理论方法的辐射寿命的文献值相差较大.

4.3.3　示例

已经用 WBEPM 理论系统地研究了诸多有代表性的原子和离子的跃迁性质,不但给出了许多和已有的实验、理论值相对比的结果,而且预言了大量高激发态间的跃迁数据以及较高离化态离子的跃迁数据.这些结果显示,WBEPM 理论用于跃迁研究具有四性,即准确性、一致性、广泛性和简便性.表 4.3.3 至表 4.3.10 列出其中部分结果.感兴趣的读者还可以进一步详细查看有关文献.

表 4.3.3　类镁离子(Al Ⅱ,Si Ⅲ,P Ⅳ,S Ⅴ,
Cl Ⅵ,Ar Ⅶ)能级间的跃迁概率

离子	跃　迁	跃迁概率(10^8 s^{-1})		
		WBEPM 理论	NIST*	其　他
Al Ⅱ [①]				
	$4s\ ^3S_1 - 4p\ ^3P_0^0$	0.586 701	0.58	0.570 47[a]
	$4s\ ^3S_1 - 4p\ ^3P_1^0$	0.588 285	0.58	0.572 38[a]
	$4s\ ^3S_1 - 4p\ ^3P_2^0$	0.591 624	0.59	0.576 24[a]
	$5s\ ^3S_1 - 4p\ ^3P_0^0$	0.104 924	0.11	
	$5s\ ^3S_1 - 4p\ ^3P_1^0$	0.314 672	0.34	
	$5s\ ^3S_1 - 4p\ ^3P_2^0$	0.524 094	0.57	
	$6s\ ^3S_1 - 4p\ ^3P_0^0$	0.050 694	0.043	
	$6s\ ^3S_1 - 4p\ ^3P_1^0$	0.151 999	0.13	

离子	跃　迁	跃迁概率(10^8 s^{-1})		
		WBEPM 理论	NIST[*]	其　他
	$6s\,^3S_1 - 4p\,^3P_2^0$	0.253 032	0.21	
	$8s\,^3S_1 - 5p\,^3P_0^0$	0.009 988	0.008 5	
	$8s\,^3S_1 - 5p\,^3P_1^0$	0.029 936	0.025	
	$8s\,^3S_1 - 5p\,^3P_2^0$	0.049 789	0.042	
	$4p\,^3P_1^0 - 4d\,^3D_1$	0.453 653	0.47	
	$4p\,^3P_1^0 - 4d\,^3D_2$	0.816 559	0.84	
	$4p\,^3P_1^0 - 5d\,^3D_1$	0.128 465	0.12	
	$4p\,^3P_1^0 - 5d\,^3D_2$	0.231 216	0.21	
	$4p\,^3P_1^0 - 6d\,^3D_1$	0.058 039	0.046	
	$4p\,^3P_1^0 - 6d\,^3D_2$	0.104 469	0.085	
	$4d\,^3D_1 - 5f\,^3F_2^0$	0.369 943	0.42	
	$4d\,^3D_1 - 6f\,^3F_2^0$	0.172 432	0.20	
	$4d\,^3D_2 - 5f\,^3F_2^0$	0.068 506	0.078	
	$4d\,^3D_2 - 5f\,^3F_3^0$	0.390 927	0.44	
	$4d\,^3D_2 - 6f\,^3F_2^0$	0.031 934	0.036	
	$4d\,^3D_2 - 6f\,^3F_3^0$	0.184 05	0.22	
	$4d\,^3D_3 - 5f\,^3F_2^0$	0.001 957	0.002 2	
	$4d\,^3D_3 - 5f\,^3F_3^0$	0.048 864	0.055	
	$4d\,^3D_3 - 5f\,^3F_4^0$	0.438 987	0.50	
	$4d\,^3D_3 - 6f\,^3F_2^0$	0.000 912	0.001 0	
	$4d\,^3D_3 - 6f\,^3F_3^0$	0.023 008	0.026	
	$4d\,^3D_3 - 6f\,^3F_4^0$	0.209 339	0.24	
Si Ⅲ[②]				
	$3s4p\,^3P_2^0 - 3s4d\,^3D_1$	0.090 753	0.095	0.088 795[a]
	$3s4p\,^3P_2^0 - 3s4d\,^3D_2$	0.816 816	0.88	0.799 89[a]
	$3s4p\,^3P_2^0 - 3s4d\,^3D_3$	3.267 6	3.4	3.202 1[a]
	$3s5p\,^3P_0^0 - 3s4d\,^3D_1$	0.666 34	0.63	
	$3s5p\,^3P_0^0 - 3s5d\,^3D_1$	0.491 45	0.51	
	$3s5p\,^3P_1^0 - 3s4d\,^3D_1$	0.166 57	0.16	
	$3s5p\,^3P_1^0 - 3s4d\,^3D_2$	0.499 68	0.49	
	$3s5p\,^3P_2^0 - 3s4d\,^3D_1$	0.006 658	0.006 5	

离子	跃　迁	跃迁概率(10^8 s^{-1})		
		WBEPM 理论	NIST[*]	其　他
	$3s4p\ ^3P_2^0 - 3s4d\ ^3D_3$	6.098		
S V[③]				
	$3s4s\ ^3S_1 - 3s4p\ ^3P_0^0$	3.376		3.4[d]
	$3s4s\ ^3S_1 - 3s4p\ ^3P_1^0$	3.387		2.8[d]
	$3s4s\ ^3S_1 - 3s4p\ ^3P_2^0$	3.473		3.6[d]
	$3s3p\ ^3P_0^0 - 3s3d\ ^3D_1$	36.27	36.2	38.3[c]
	$3s3p\ ^3P_1^0 - 3s3d\ ^3D_1$	27.04	27.0	28.5[c]
	$3s3p\ ^3P_1^0 - 3s3d\ ^3D_2$	48.68	48.7	
	$3s3p\ ^3P_2^0 - 3s3d\ ^3D_1$	1.781	1.8	1.88[c]
	$3s3p\ ^3P_2^0 - 3s3d\ ^3D_2$	16.03	16.0	16.9[c]
	$3s3p\ ^3P_2^0 - 3s3d\ ^3D_3$	64.12	63.9	67.8[c]
	$3s3d\ ^3D_1 - 3s4p\ ^3P_0^0$	16.55		12.627[b],12[d]
	$3s3d\ ^3D_1 - 3s4p\ ^3P_1^0$	4.136		2.608[b],2.5[d]
	$3s3d\ ^3D_1 - 3s4p\ ^3P_2^0$	0.165 2		0.093[b],0.11[d]
	$3s3d\ ^3D_2 - 3s4p\ ^3P_1^0$	12.41		7.545[b],7.4[d]
	$3s3d\ ^3D_2 - 3s4p\ ^3P_2^0$	2.478		1.633[b],1.8[d]
	$3s3d\ ^3D_3 - 3s4p\ ^3P_2^0$	13.88		11.260[b],11[d]
	$3s4p\ ^3P_0^0 - 3s4d\ ^3D_1$	5.187		
	$3s4p\ ^3P_1^0 - 3s4d\ ^3D_1$	3.882		
	$3s4p\ ^3P_1^0 - 3s4d\ ^3D_2$	6.994		
	$3s4p\ ^3P_2^0 - 3s4d\ ^3D_1$	0.254 4		
	$3s4p\ ^3P_2^0 - 3s4d\ ^3D_2$	2.292		
	$3s4p\ ^3P_2^0 - 3s4d\ ^3D_3$	9.179		
Cl Ⅵ[③]				
	$3s4s\ ^3S_1 - 3s4p\ ^3P_0^0$	4.706		4.132[b],4.7[d]
	$3s4s\ ^3S_1 - 3s4p\ ^3P_1^0$	4.758		4.179[b],4.7[d]
	$3s4s\ ^3S_1 - 3s4p\ ^3P_2^0$	4.887		4.292[b],4.9[d]
	$3s3p\ ^3P_0^0 - 3s3d\ ^3D_1$	47.25	46.2	
	$3s3p\ ^3P_1^0 - 3s3d\ ^3D_1$	35.15	34.4	
	$3s3p\ ^3P_1^0 - 3s3d\ ^3D_2$	63.30	61.9	

续　表

离子	跃迁	跃迁概率(10^8 s^{-1})		
		WBEPM 理论	NIST*	其　他
	$3s3p\ ^3P_2^0 - 3s3d\ ^3D_1$	2.305	2.3	
	$3s3p\ ^3P_2^0 - 3s3d\ ^3D_2$	20.75	20.3	
	$3s3p\ ^3P_2^0 - 3s3d\ ^3D_3$	83.03	81.2	
	$3s3d\ ^3D_1 - 3s4p\ ^3P_0^0$	32.55		$30.84^b, 32^d$
	$3s3d\ ^3D_1 - 3s4p\ ^3P_1^0$	8.127		$7.670^b, 7.9^d$
	$3s3d\ ^3D_1 - 3s4p\ ^3P_2^0$	0.324 1		$0.306\ 7^b, 0.31^d$
	$3s3d\ ^3D_2 - 3s4p\ ^3P_1^0$	24.38		$23.15^b, 24^d$
	$3s3d\ ^3D_2 - 3s4p\ ^3P_2^0$	4.861		$4.611^b, 4.8^d$
	$3s3d\ ^3D_3 - 3s4p\ ^3P_2^0$	27.22		$26.44^b, 27^d$
	$3s4p\ ^3P_0^0 - 3s4d\ ^3D_1$	6.785		
	$3s4p\ ^3P_1^0 - 3s4d\ ^3D_1$	5.049		
	$3s4p\ ^3P_1^0 - 3s4d\ ^3D_2$	9.102		
	$3s4p\ ^3P_2^0 - 3s4d\ ^3D_1$	0.330 2		
	$3s4p\ ^3P_2^0 - 3s4d\ ^3D_2$	2.976		
	$3s4p\ ^3P_2^0 - 3s4d\ ^3D_3$	11.94		
Ar Ⅷ[③]				
	$3s3p\ ^3P_0^0 - 3s3d\ ^3D_1$	58.63	56.4	59.2^c
	$3s3p\ ^3P_1^0 - 3s3d\ ^3D_1$	43.53	41.8	44.0^c
	$3s3p\ ^3P_1^0 - 3s3d\ ^3D_2$	78.40	75.3	79.2^c
	$3s3p\ ^3P_2^0 - 3s3d\ ^3D_1$	2.840	2.7	2.88^c
	$3s3p\ ^3P_2^0 - 3s3d\ ^3D_2$	25.57	24.5	26.0^c
	$3s3p\ ^3P_2^0 - 3s3d\ ^3D_3$	102.4	98.0	104^c

注：① 数据摘自：Zheng N W, Fan J, Ma D X, et al. J. Phys. Soc. JPN, 2003, 72：3091 -
3096.

② 数据摘自：Fan J, Zhang T Y, Zheng N W, et al. Chin. J. Chem. Phys., 2007, 20：
265 - 272.

③ 数据摘自：Fan J, Zheng N W. Chem. Phys. Lefts, 2004, 400：273 - 278.

［其中，＊取自：Fuhr J R, Marfin W C, Musgrove A, et al. NIST Atomic Spectroscopic
Database, Version 2.0.1996；http：//physics. nist. gov (Select "Physical Reference Data").

a. 取自：Tachiev G, Fischer C F. http://www. vuse. vanderbilt. edu/~cff/mchf. collection.

b. 取自：Brage T, Hibbert A. J. Phys. B, 1989, 22：713.

c. 取自：Christensen R B, Norcross D W, Pradhan A K. Phys. Rev. A, 1986, 34：4704.

d. 取自：Reistad N, Brage T, Ekberg J O, et al. Phys. Scri., 1984, 30：249.］

表 4.3.4　类锂离子组态间跃迁概率

离子	跃迁	跃迁概率($\times 10^8$ Hz)		
		WBEPM 理论	可接受值[1]	其　他[2]
Li I				
	2p - 2s	0.366 66	0.372	0.366
	3p - 2s	0.005 98	0.011 7	0.008 984
	4p - 2s	0.008 48	0.014 2	0.011 68
	2p - 3s	0.337 34	0.349	0.329 8
	3p - 3s	0.037 22	0.037 7	0.037 23
	4p - 3s	6.854 7E - 6	3.69E - 5	6.728E - 6
	2p - 4s	0.102 28	0.101	0.102 2
	3p - 4s	0.074 63	0.074 6	0.074 31
	4p - 4s	0.007 73	0.007 72	0.007 737
	2p - 5s	0.046 3	0.046	0.046 53
	3p - 5s	0.027 87	0.027 6	0.028 12
	4p - 5s	0.022 5	0.022 5	0.022 45
	5p - 5s	0.002 34		0.002 34
	3d - 2p	0.691 39	0.716	0.682 2
	4d - 2p	0.235 89	0.230	0.231 6
	5d - 2p	0.110 52	0.106	0.108 3
	6d - 2p	0.061 09		0.059 91
	3d - 3p	3.814 28E - 5	3.81E - 5	3.789E - 5
	4d - 3p	0.067 63	0.068 5	0.067 68
	3d - 4p	0.005 5	0.005 2	0.005 419
	4d - 4p	1.286 96E - 5	1.28E - 5	1.278E - 5
	5d - 4p	0.013 46	0.013 6	0.013 51
	3d - 5p	0.002 29	0.002 31	0.002 316
	4d - 5p	0.002 83	0.002 86	0.002 808
	5d - 5p	4.818 63E - 6	4.78E - 6	4.78E - 6
	4d - 6p	0.001 38	0.001 39	0.001 378
	5d - 6p	0.001 4	0.001 42	0.001 372
Be II				
	2p - 2s	1.134 53	1.146	1.119
	2p - 3s	4.068 97	2.9	3.982

离子	跃 迁	跃迁概率($\times 10^8$ Hz)		
		WBEPM 理论	可接受值[①]	其 他[②]
	4p - 3s	0.133 81	0.19	0.140 4
	5p - 3s	0.099 2	0.142	0.105 6
	2p - 4s	1.390 74	0.94	1.387
	3p - 4s	0.964 67	0.66	0.963 8
	5p - 4s	0.024 84	0.030	0.025 53
	6p - 4s	0.021 53	0.025 6	0.022 36
	3p - 5s	0.407 17	0.28	0.411 4
	4p - 6s	0.144 96	0.102	0.145 8
	3d - 2p	11.149 8	11	10.98
	4d - 3p	1.077 17	1.1	1.079
	5d - 3p	0.559 61	0.54	0.555
	6d - 4p	0.133 2	0.132	0.132 6
BⅢ				
	2p - 2s	1.902 63		1.876
	3p - 2s	11.715 5		12.36
	4p - 2s	5.920 6		6.359
	3p - 4s	3.942 93		3.948
	4p - 4s	0.049 1		0.049 01
CⅣ				
	2p - 2s	2.648 41	2.64	2.620
	3p - 2s	43.511 62	44.9	45.19
	3p - 3s	0.314 53	0.316	0.315 2
	3d - 2p	176.042 28	180	173.9
NⅤ				
	2p - 2s	3.380 75	3.38	3.365
	3p - 2s	115.199 33	118	118.6
	3p - 3s	0.409 18	0.408	0.412 0
	3d - 2p	427.081 7	430	422.4
OⅥ				
	2p - 2s	4.105 89	4.08	4.122
	3p - 2s	250.693 62	254	256.4
	3p - 3s	0.503 35	0.506	0.511 1

续　表

离子	跃　迁	跃迁概率（$\times 10^8$ Hz）		
		WBEPM 理论	可接受值[①]	其　他[②]
F Ⅶ				
	2p - 2s	4.827 81		4.900
	3p - 2s	479.291 99		487.7
	4p - 2s	220.484 18		227.3
	5p - 2s	115.398 71		119.3
	3d - 4p	11.065 52		10.98
	4d - 4p	0.005 5		0.005 616
	5d - 4p	33.896 85		33.95
	6d - 4p	20.478 7		20.40

数据来源：Zheng N W, Sun Y J, Wang T, et al. Int. J. Quantum Chem., 2000, 76：51.

注：① 数据取自：Weast R C. CRC Handbook of Chemistry and Physics：A Ready-Reference Book of Chemical and Physical Data[M]. 70th ed. Boca Raton, Florida：CRC Press, Inc., 1989 - 1990.

　　② 数据取自：Lindgard A, Nielsen S E. At. Data Nucl. Data Tab., 1977, 19：533.

表 4.3.5　氮原子多重态的共振跃迁的跃迁概率和振子强度

跃　迁	WBEPM 理论的跃迁概率（10^8 s^{-1}）	振　子　强　度		
		WBEPM 理论	其他理论	实　验　值
$2p^{34}S^0 - 2p^2 3s\,^4P$	3.302	0.213 9	$0.283\,9^a, 0.241^b$ $0.241^c, 0.288^d$ $0.231^e, 0.262^f$	$0.266^h, 0.275^i$
$2p^{34}S^0 - 2p^2 4s\,^4P$	0.800 5	0.033 49	$0.025\,3^a, 0.034^b$ $0.033^c, 0.025\,8^f$	$0.030^h, 0.027^j$
$2p^{34}S^0 - 2p^2 5s\,^4P$	0.330 2	0.012 30	$0.010\,9^f$	
$2p^{34}S^0 - 2p^2 6s\,^4P$	0.170 2	0.006 034	$0.005\,35^f$	
$2p^{34}S^0 - 2p^2 3d\,^4P$	2.031	0.083 10	$0.076\,1^a, 0.065^b$ $0.062^c, 0.12^d$ $0.078^e, 0.078\,1^f$	$0.067^h, 0.075^j$

跃　　迁	WBEPM 理论的跃迁概率 $(10^8\ s^{-1})$	振　子　强　度		
		WBEPM 理论	其他理论	实　验　值
$2p^3\ {}^4S^0 - 2p^2 4d\ {}^4P$	1.135	0.041 95	0.036 9[f]	
$2p^3\ {}^4S^0 - 2p^2 5d\ {}^4P$	0.664 8	0.023 49	0.019 7[f]	
$2p^3\ {}^4S^0 - 2p^2 6d\ {}^4P$	0.427 6	0.014 75	0.011 7[f]	
$2p^3\ {}^2D^0 - 2p^2 3s\ {}^2P$	3.270	0.065 60	0.102[d],0.112[g]	0.071[i]
$2p^3\ {}^2D^0 - 2p^2 4s\ {}^2P$	0.941 0	0.011 73	0.032 2[d],0.013 8[g]	0.013[g]
$2p^3\ {}^2D^0 - 2p^2 3d\ {}^2P$	0.038 10	0.000 47	0.000 45[d]	
$2p^3\ {}^2D^0 - 2p^2 3d\ {}^2F$	1.235	0.035 37	0.047[d],0.035[g]	0.032[j]
$2p^3\ {}^2D^0 - 2p^2 3d\ {}^2D$	0.268 5	0.005 455	0.008 1[d],0.009 5[g]	
$2p^3\ {}^2P^0 - 2p^2 3s\ {}^2P$	1.358	0.061 92	0.09[d],0.092[g]	0.061[i]
$2p^3\ {}^2P^0 - 2p^2 4s\ {}^2P$	0.404 1	0.010 67	0.013[d],0.005[g]	

数据来源：Zheng N W，Wang T. Chem. Phys.，2002，282：31－36.

注：a. 取自：Tong M，Fischer C F，Sturesson L. J. Phys.，B，1994，27：4819.(MCHF 方法)

　　b. 和 c. 取自：Robinson D J R，Hibbert A. J. Phys.，B，1997，30：4813.(CI 方法)

　　d. 取自：Aashamar K，Luke T M，Talman J. D. Phys. Scr.，1983，27：267.(MCOPM 方法)

　　e. 取自：Beck D R，Nicolaides C A. J. Quant. Spectrosc. Radiat. Transfer.，1976，16：297.(MCHF 方法)

　　f. 取自：Bell K L，Berrington K A. J. Phys. B，1991，24：933.(R-matrix 方法)

　　g. 取自：Wiess W L，Smith M W，Glennon B M. Atomic Transition Probabilities：Natl. Bur. Stand. (US) Pub. NSRDSNBS 4. Washington，1996.

　　h. 取自：Lugger P M，York D G，Blanchard T，et al. Astrophys. J.，1978，224：1059.(实验值)

　　i. 取自：Goldbach C，Martin M，Nollez G，et al. Astron. Astrophys.，1986，161：47.(实验值)

　　j. 取自：Goldbach C，Ludtke T，Martin M，et al. Astron. Astrophys.，1992，266：605.(实验值)

表 4.3.6　碳原子某些激发态的辐射寿命(ns)

激发态	WBEPM 理论	其他方法[①]	实验值[②]
$2p3s\ {}^3P^0_0$	2.676	2.910	
$2p3s\ {}^3P^0_1$	2.682	2.908	

续　表

激发态	WBEPM 理论	其他方法[1]	实验值[2]
$2p3s\ ^3P_2^0$	2.694	2.904	
$2p3s\ ^1P_1^0$	2.704	2.657	2.7 ± 0.2
$2p3p\ ^3D_1$	55.42	53.33	
$2p3p\ ^3D_2$	55.33	53.28	
$2p3p\ ^3D_3$	55.18	53.25	
$2p3p\ ^3P_0$	35.28	32.40	
$2p3p\ ^3P_1$	35.25	32.40	
$2p3p\ ^3P_2$	35.22	32.38	
$2p3p\ ^3S_1$	42.57	41.13	
$2p3p\ ^1D_2$	36.24	33.60	
$2p3p\ ^1P_1$	127.3	114.3	
$2p3p\ ^1S_0$	28.39	27.71	
$2p4s\ ^3P_0^0$	9.066	9.505	
$2p4s\ ^3P_1^0$	9.099	9.260	
$2p4s\ ^3P_2^0$	9.354	8.726	
$2p4p\ ^3P_0$	152.2	133.1	
$2p4p\ ^3P_1$	150.2	133.6	
$2p4p\ ^3P_2$	148.0	133.0	
$2p4p\ ^3S_1$	236.4	201.5	
$2p4p\ ^1D_2$	116.9	114.5	121 ± 6
$2p4p\ ^1P_1$	274.2	226.2	
$2p4p\ ^1S_0$	77.22	72.82	81 ± 4
$2p3d\ ^3F_4^0$	37.77	36.44	
$2p3d\ ^3D_3^0$	4.524	4.240	
$2p3d\ ^3D_1^0$	4.476	4.328	
$2p3d\ ^1F_3^0$	5.097	5.283	

数据来源：Zheng N W, Wang T. Astrophys. J. Suppl. Ser., 2002, 143: 231.

注：① 数据取自：Hibbert A, Biement E, Godefroid M, et al. Astron. Astrophys. Suppl. Ser., 1993, 99: 179.（CI 方法）

② 数据取自：O'Brain T R, Lawler J E. Quant J. Spectrosc. Radiat. Transfer., 1997, 57: 309.

表 4.3.7 铜、银、金原子的能级间跃迁概率(10^8 s^{-1})①

原子	跃迁	WBEPM理论	跃迁	WBEPM理论
Cu I				
	$4s\,^2S_{1/2} - 4p\,^2P^0_{3/2}$	1.542e+00	$4s\,^2S_{1/2} - 5p\,^2P^0_{3/2}$	6.061e-02
	$4s\,^2S_{1/2} - 6p\,^2P^0_{3/2}$	7.401e-04	$4s\,^2S_{1/2} - 7p\,^2P^0_{3/2}$	2.724e-02
	$4s\,^2S_{1/2} - 8p\,^2P^0_{3/2}$	1.547e-02	$4s\,^2S_{1/2} - 9p\,^2P^0_{3/2}$	8.953e-03
	$4s\,^2S_{1/2} - 10p\,^2P^0_{3/2}$	5.948e-03	$4s\,^2S_{1/2} - 11p\,^2P^0_{3/2}$	4.215e-03
	$4s\,^2S_{1/2} - 12p\,^2P^0_{3/2}$	3.119e-03	$4s\,^2S_{1/2} - 13p\,^2P^0_{3/2}$	2.389e-03
	$4s\,^2S_{1/2} - 14p\,^2P^0_{3/2}$	1.892e-03	$4s\,^2S_{1/2} - 15p\,^2P^0_{3/2}$	1.504e-03
	$5s\,^2S_{1/2} - 5p\,^2P^0_{3/2}$	1.147e-01	$5s\,^2S_{1/2} - 6p\,^2P^0_{3/2}$	2.438e-05
	$5s\,^2S_{1/2} - 7p\,^2P^0_{3/2}$	6.191e-03	$5s\,^2S_{1/2} - 8p\,^2P^0_{3/2}$	3.143e-03
	$5s\,^2S_{1/2} - 9p\,^2P^0_{3/2}$	1.656e-03	$5s\,^2S_{1/2} - 10p\,^2P^0_{3/2}$	1.061e-03
	$5s\,^2S_{1/2} - 11p\,^2P^0_{3/2}$	7.406e-04	$5s\,^2S_{1/2} - 12p\,^2P^0_{3/2}$	5.450e-04
	$5s\,^2S_{1/2} - 13p\,^2P^0_{3/2}$	4.179e-04	$5s\,^2S_{1/2} - 14p\,^2P^0_{3/2}$	3.339e-04
	$5s\,^2S_{1/2} - 15p\,^2P^0_{3/2}$	2.656e-04	$6s\,^2S_{1/2} - 6p\,^2P^0_{3/2}$	1.417e-02
	$6s\,^2S_{1/2} - 7p\,^2P^0_{3/2}$	4.351e-03	$6s\,^2S_{1/2} - 8p\,^2P^0_{3/2}$	1.759e-03
	$6s\,^2S_{1/2} - 9p\,^2P^0_{3/2}$	8.437e-04	$6s\,^2S_{1/2} - 10p\,^2P^0_{3/2}$	5.118e-04
	$6s\,^2S_{1/2} - 11p\,^2P^0_{3/2}$	3.456e-04	$6s\,^2S_{1/2} - 12p\,^2P^0_{3/2}$	2.490e-04
	$6s\,^2S_{1/2} - 13p\,^2P^0_{3/2}$	1.882e-04	$6s\,^2S_{1/2} - 14p\,^2P^0_{3/2}$	1.489e-04
	$6s\,^2S_{1/2} - 15p\,^2P^0_{3/2}$	1.176e-04	$7s\,^2S_{1/2} - 7p\,^2P^0_{3/2}$	7.827e-03
	$7s\,^2S_{1/2} - 8p\,^2P^0_{3/2}$	1.532e-03	$7s\,^2S_{1/2} - 9p\,^2P^0_{3/2}$	6.134e-04
	$7s\,^2S_{1/2} - 10p\,^2P^0_{3/2}$	3.413e-04	$7s\,^2S_{1/2} - 11p\,^2P^0_{3/2}$	2.198e-04
	$7s\,^2S_{1/2} - 12p\,^2P^0_{3/2}$	1.538e-04	$7s\,^2S_{1/2} - 13p\,^2P^0_{3/2}$	1.140e-04
	$7s\,^2S_{1/2} - 14p\,^2P^0_{3/2}$	8.892e-05	$7s\,^2S_{1/2} - 15p\,^2P^0_{3/2}$	6.955e-05
	$8s\,^2S_{1/2} - 8p\,^2P^0_{3/2}$	2.845e-03	$8s\,^2S_{1/2} - 9p\,^2P^0_{3/2}$	5.977e-04
	$8s\,^2S_{1/2} - 10p\,^2P^0_{3/2}$	2.775e-04	$8s\,^2S_{1/2} - 11p\,^2P^0_{3/2}$	1.650e-04
	$8s\,^2S_{1/2} - 12p\,^2P^0_{3/2}$	1.106e-04	$8s\,^2S_{1/2} - 13p\,^2P^0_{3/2}$	7.986e-05
	$8s\,^2S_{1/2} - 14p\,^2P^0_{3/2}$	6.119e-05	$8s\,^2S_{1/2} - 15p\,^2P^0_{3/2}$	4.729e-05
	$9s\,^2S_{1/2} - 9p\,^2P^0_{3/2}$	1.191e-03	$9s\,^2S_{1/2} - 10p\,^2P^0_{3/2}$	2.856e-04
	$9s\,^2S_{1/2} - 11p\,^2P^0_{3/2}$	1.432e-04	$9s\,^2S_{1/2} - 12p\,^2P^0_{3/2}$	8.915e-05
	$9s\,^2S_{1/2} - 13p\,^2P^0_{3/2}$	6.184e-05	$9s\,^2S_{1/2} - 14p\,^2P^0_{3/2}$	4.621e-05
	$9s\,^2S_{1/2} - 15p\,^2P^0_{3/2}$	3.516e-05	$4p\,^2P^0_{3/2} - 4d\,^2D_{5/2}$	3.480e-01
	$4p\,^2P^0_{3/2} - 5d\,^2D_{5/2}$	8.236e-02	$4p\,^2P^0_{3/2} - 6d\,^2D_{5/2}$	3.338e-02

原子	跃　迁	WBEPM 理论	跃　迁	WBEPM 理论
	$4p\,^2P^0_{3/2}-7d\,^2D_{5/2}$	1.683e－02	$4p\,^2P^0_{3/2}-8d\,^2D_{5/2}$	9.631e－03
	$4p\,^2P^0_{3/2}-9d\,^2D_{5/2}$	5.998e－03	$4p\,^2P^0_{3/2}-10d\,^2D_{5/2}$	3.969e－03
	$4p\,^2P^0_{3/2}-11d\,^2D_{5/2}$	2.782e－03	$5p\,^2P^0_{3/2}-4d\,^2D_{5/2}$	1.574e－04
	$5p\,^2P^0_{3/2}-5d\,^2D_{5/2}$	5.112e－02	$5p\,^2P^0_{3/2}-6d\,^2D_{5/2}$	1.847e－02
	$5p\,^2P^0_{3/2}-7d\,^2D_{5/2}$	9.012e－03	$5p\,^2P^0_{3/2}-8d\,^2D_{5/2}$	5.113e－03
	$5p\,^2P^0_{3/2}-9d\,^2D_{5/2}$	3.183e－03	$5p\,^2P^0_{3/2}-10d\,^2D_{5/2}$	2.112e－03
	$5p\,^2P^0_{3/2}-11d\,^2D_{5/2}$	1.485e－03	$6p\,^2P^0_{3/2}-5d\,^2D_{5/2}$	7.826e－04
	$6p\,^2P^0_{3/2}-6d\,^2D_{5/2}$	7.421e－03	$6p\,^2P^0_{3/2}-7d\,^2D_{5/2}$	3.710e－03
	$6p\,^2P^0_{3/2}-8d\,^2D_{5/2}$	2.048e－03	$6p\,^2P^0_{3/2}-9d\,^2D_{5/2}$	1.236e－03
	$6p\,^2P^0_{3/2}-10d\,^2D_{5/2}$	7.954e－04	$6p\,^2P^0_{3/2}-11d\,^2D_{5/2}$	5.492e－04
	$7p\,^2P^0_{3/2}-6d\,^2D_{5/2}$	2.157e－06	$7p\,^2P^0_{3/2}-7d\,^2D_{5/2}$	4.675e－03
	$7p\,^2P^0_{3/2}-8d\,^2D_{5/2}$	2.345e－03	$7p\,^2P^0_{3/2}-9d\,^2D_{5/2}$	1.397e－03
	$7p\,^2P^0_{3/2}-10d\,^2D_{5/2}$	9.130e－04	$7p\,^2P^0_{3/2}-11d\,^2D_{5/2}$	6.363e－04
	$8p\,^2P^0_{3/2}-7d\,^2D_{5/2}$	4.424e－07	$8p\,^2P^0_{3/2}-8d\,^2D_{5/2}$	1.813e－03
	$8p\,^2P^0_{3/2}-9d\,^2D_{5/2}$	1.017e－03	$8p\,^2P^0_{3/2}-10d\,^2D_{5/2}$	6.452e－04
	$8p\,^2P^0_{3/2}-11d\,^2D_{5/2}$	4.425e－04	$9p\,^2P^0_{3/2}-8d\,^2D_{5/2}$	3.407e－09
	$9p\,^2P^0_{3/2}-9d\,^2D_{5/2}$	7.763e－04	$9p\,^2P^0_{3/2}-10d\,^2D_{5/2}$	4.779e－04
	$9p\,^2P^0_{3/2}-11d\,^2D_{5/2}$	3.219e－04	$10p\,^2P^0_{3/2}-9d\,^2D_{5/2}$	8.334e－16
	$10p\,^2P^0_{3/2}-10d\,^2D_{5/2}$	3.792e－04	$10p\,^2P^0_{3/2}-11d\,^2D_{5/2}$	2.513e－04
	$11p\,^2P^0_{3/2}-10d\,^2D_{5/2}$	1.129e－10	$11p\,^2P^0_{3/2}-11d\,^2D_{5/2}$	2.056e－04
	$12p\,^2P^0_{3/2}-11d\,^2D_{5/2}$	1.691e－11	$4d\,^2D_{5/2}-4f\,^2F^0_{7/2}$	1.408e－01
	$4d\,^2D_{5/2}-5f\,^2F^0_{7/2}$	5.502e－02	$5d\,^2D_{5/2}-4f\,^2F^0_{7/2}$	9.175e－08
	$5d\,^2D_{5/2}-5f\,^2F^0_{7/2}$	2.481e－02	$6d\,^2D_{5/2}-5f\,^2F^0_{7/2}$	1.938e－08
	$4s\,^2S_{1/2}-4p\,^2P^0_{1/2}$	1.512e＋00	$4s\,^2S_{1/2}-5p\,^2P^0_{1/2}$	6.064e－02
	$4s\,^2S_{1/2}-6p\,^2P^0_{1/2}$	1.100e－02	$4s\,^2S_{1/2}-7p\,^2P^0_{1/2}$	2.490e－03
	$4s\,^2S_{1/2}-8p\,^2P^0_{1/2}$	1.982e－02	$4s\,^2S_{1/2}-9p\,^2P^0_{1/2}$	1.031e－02
	$4s\,^2S_{1/2}-10p\,^2P^0_{1/2}$	6.510e－03	$4s\,^2S_{1/2}-11p\,^2P^0_{1/2}$	4.496e－03
	$4s\,^2S_{1/2}-12p\,^2P^0_{1/2}$	3.275e－03	$4s\,^2S_{1/2}-13p\,^2P^0_{1/2}$	2.457e－03
	$5s\,^2S_{1/2}-5p\,^2P^0_{1/2}$	1.148e－01	$5s\,^2S_{1/2}-6p\,^2P^0_{1/2}$	2.527e－03
	$5s\,^2S_{1/2}-7p\,^2P^0_{1/2}$	2.097e－03	$5s\,^2S_{1/2}-8p\,^2P^0_{1/2}$	4.504e－03
	$5s\,^2S_{1/2}-9p\,^2P^0_{1/2}$	2.043e－03	$5s\,^2S_{1/2}-10p\,^2P^0_{1/2}$	1.216e－03
	$5s\,^2S_{1/2}-11p\,^2P^0_{1/2}$	8.171e－04	$5s\,^2S_{1/2}-12p\,^2P^0_{1/2}$	5.873e－04

原子	跃　迁	WBEPM 理论	跃　迁	WBEPM 理论
	$5s\,^2S_{1/2} - 13p\,^2P^0_{1/2}$	4.363e − 04	$6s\,^2S_{1/2} - 6p\,^2P^0_{1/2}$	1.887e − 02
	$6s\,^2S_{1/2} - 7p\,^2P^0_{1/2}$	4.793e − 04	$6s\,^2S_{1/2} - 8p\,^2P^0_{1/2}$	2.455e − 03
	$6s\,^2S_{1/2} - 9p\,^2P^0_{1/2}$	1.034e − 03	$6s\,^2S_{1/2} - 10p\,^2P^0_{1/2}$	5.858e − 04
	$6s\,^2S_{1/2} - 11p\,^2P^0_{1/2}$	3.814e − 04	$6s\,^2S_{1/2} - 12p\,^2P^0_{1/2}$	2.685e − 04
	$6s\,^2S_{1/2} - 13p\,^2P^0_{1/2}$	1.966e − 04	$7s\,^2S_{1/2} - 7p\,^2P^0_{1/2}$	2.349e − 03
	$7s\,^2S_{1/2} - 8p\,^2P^0_{1/2}$	1.996e − 03	$7s\,^2S_{1/2} - 9p\,^2P^0_{1/2}$	7.352e − 04
	$7s\,^2S_{1/2} - 10p\,^2P^0_{1/2}$	3.868e − 04	$7s\,^2S_{1/2} - 11p\,^2P^0_{1/2}$	2.412e − 04
	$7s\,^2S_{1/2} - 12p\,^2P^0_{1/2}$	1.653e − 04	$7s\,^2S_{1/2} - 13p\,^2P^0_{1/2}$	1.189e − 04
	$8s\,^2S_{1/2} - 8p\,^2P^0_{1/2}$	3.071e − 03	$8s\,^2S_{1/2} - 9p\,^2P^0_{1/2}$	6.912e − 04
	$8s\,^2S_{1/2} - 10p\,^2P^0_{1/2}$	3.105e − 04	$8s\,^2S_{1/2} - 11p\,^2P^0_{1/2}$	1.800e − 04
	$8s\,^2S_{1/2} - 12p\,^2P^0_{1/2}$	1.185e − 04	$8s\,^2S_{1/2} - 13p\,^2P^0_{1/2}$	8.315e − 05
	$9s\,^2S_{1/2} - 9p\,^2P^0_{1/2}$	1.248e − 03	$9s\,^2S_{1/2} - 10p\,^2P^0_{1/2}$	3.129e − 04
	$9s\,^2S_{1/2} - 11p\,^2P^0_{1/2}$	1.548e − 04	$9s\,^2S_{1/2} - 12p\,^2P^0_{1/2}$	9.502e − 05
	$9s\,^2S_{1/2} - 13p\,^2P^0_{1/2}$	6.425e − 05		
Ag I				
	$5s\,^2S_{1/2} - 5p\,^2P^0_{3/2}$	1.701e + 00	$5s\,^2S_{1/2} - 6p\,^2P^0_{3/2}$	8.520e − 01
	$5s\,^2S_{1/2} - 7p\,^2P^0_{3/2}$	1.884e − 02	$5s\,^2S_{1/2} - 8p\,^2P^0_{3/2}$	1.040e − 04
	$5s\,^2S_{1/2} - 9p\,^2P^0_{3/2}$	2.283e − 07	$5s\,^2S_{1/2} - 10p\,^2P^0_{3/2}$	2.430e − 10
	$6s\,^2S_{1/2} - 6p\,^2P^0_{3/2}$	1.256e − 01	$6s\,^2S_{1/2} - 7p\,^2P^0_{3/2}$	2.729e − 01
	$6s\,^2S_{1/2} - 8p\,^2P^0_{3/2}$	3.285e − 02	$6s\,^2S_{1/2} - 9p\,^2P^0_{3/2}$	1.030e − 03
	$6s\,^2S_{1/2} - 10p\,^2P^0_{3/2}$	1.286e − 05	$7s\,^2S_{1/2} - 7p\,^2P^0_{3/2}$	2.605e − 02
	$7s\,^2S_{1/2} - 8p\,^2P^0_{3/2}$	1.017e − 01	$7s\,^2S_{1/2} - 9p\,^2P^0_{3/2}$	2.676e − 02
	$7s\,^2S_{1/2} - 10p\,^2P^0_{3/2}$	1.975e − 03	$8s\,^2S_{1/2} - 8p\,^2P^0_{3/2}$	8.019e − 03
	$8s\,^2S_{1/2} - 9p\,^2P^0_{3/2}$	4.458e − 02	$8s\,^2S_{1/2} - 10p\,^2P^0_{3/2}$	1.903e − 02
	$9s\,^2S_{1/2} - 9p\,^2P^0_{3/2}$	3.097e − 03	$9s\,^2S_{1/2} - 10p\,^2P^0_{3/2}$	2.198e − 02
	$10s\,^2S_{1/2} - 10p\,^2P^0_{3/2}$	1.418e − 03	$5p\,^2P^0_{3/2} - 5d\,^2D_{5/2}$	7.568e − 01
	$5p\,^2P^0_{3/2} - 6d\,^2D_{5/2}$	1.185e − 01	$5p\,^2P^0_{3/2} - 7d\,^2D_{5/2}$	2.714e − 03
	$5p\,^2P^0_{3/2} - 8d\,^2D_{5/2}$	2.066e − 05	$5p\,^2P^0_{3/2} - 9d\,^2D_{5/2}$	7.214e − 08
	$5p\,^2P^0_{3/2} - 10d\,^2D_{5/2}$	1.370e − 10	$5p\,^2P^0_{3/2} - 11d\,^2D_{5/2}$	1.566e − 13
	$5p\,^2P^0_{3/2} - 12d\,^2D_{5/2}$	1.241e − 16	$6p\,^2P^0_{3/2} - 5d\,^2D_{5/2}$	1.772e − 05
	$6p\,^2P^0_{3/2} - 6d\,^2D_{5/2}$	1.863e − 01	$6p\,^2P^0_{3/2} - 7d\,^2D_{5/2}$	9.384e − 02
	$6p\,^2P^0_{3/2} - 8d\,^2D_{5/2}$	7.898e − 03	$6p\,^2P^0_{3/2} - 9d\,^2D_{5/2}$	2.299e − 04

原子	跃 迁	WBEPM 理论	跃 迁	WBEPM 理论
	$6p\,{}^2P^0_{3/2} - 10d\,{}^2D_{5/2}$	3.108e−06	$6p\,{}^2P^0_{3/2} - 11d\,{}^2D_{5/2}$	2.287e−08
	$6p\,{}^2P^0_{3/2} - 12d\,{}^2D_{5/2}$	1.069e−10	$7p\,{}^2P^0_{3/2} - 6d\,{}^2D_{5/2}$	2.970e−06
	$7p\,{}^2P^0_{3/2} - 7d\,{}^2D_{5/2}$	6.162e−02	$7p\,{}^2P^0_{3/2} - 8d\,{}^2D_{5/2}$	5.449e−02
	$7p\,{}^2P^0_{3/2} - 9d\,{}^2D_{5/2}$	9.167e−03	$7p\,{}^2P^0_{3/2} - 10d\,{}^2D_{5/2}$	5.690e−04
	$7p\,{}^2P^0_{3/2} - 11d\,{}^2D_{5/2}$	1.697e−05	$7p\,{}^2P^0_{3/2} - 12d\,{}^2D_{5/2}$	2.936e−07
	$8p\,{}^2P^0_{3/2} - 7d\,{}^2D_{5/2}$	9.069e−07	$8p\,{}^2P^0_{3/2} - 8d\,{}^2D_{5/2}$	2.496e−02
	$8p\,{}^2P^0_{3/2} - 9d\,{}^2D_{5/2}$	3.150e−02	$8p\,{}^2P^0_{3/2} - 10d\,{}^2D_{5/2}$	8.364e−03
	$8p\,{}^2P^0_{3/2} - 11d\,{}^2D_{5/2}$	8.671e−04	$8p\,{}^2P^0_{3/2} - 12d\,{}^2D_{5/2}$	4.622e−05
	$9p\,{}^2P^0_{3/2} - 8d\,{}^2D_{5/2}$	3.959e−07	$9p\,{}^2P^0_{3/2} - 9d\,{}^2D_{5/2}$	1.165e−02
	$9p\,{}^2P^0_{3/2} - 10d\,{}^2D_{5/2}$	1.886e−02	$9p\,{}^2P^0_{3/2} - 11d\,{}^2D_{5/2}$	6.940e−03
	$9p\,{}^2P^0_{3/2} - 12d\,{}^2D_{5/2}$	1.070e−03	$10p\,{}^2P^0_{3/2} - 9d\,{}^2D_{5/2}$	1.336e−07
	$10p\,{}^2P^0_{3/2} - 10d\,{}^2D_{5/2}$	5.970e−03	$10p\,{}^2P^0_{3/2} - 11d\,{}^2D_{5/2}$	1.173e−02
	$10p\,{}^2P^0_{3/2} - 12d\,{}^2D_{5/2}$	5.615e−03	$5d\,{}^2D_{5/2} - 4f\,{}^2F^0_{7/2}$	1.412e−01
	$5d\,{}^2D_{5/2} - 5f\,{}^2F^0_{7/2}$	7.511e−02	$5d\,{}^2D_{5/2} - 6f\,{}^2F^0_{7/2}$	5.661e−03
	$6d\,{}^2D_{5/2} - 5f\,{}^2F^0_{7/2}$	5.354e−02	$6d\,{}^2D_{5/2} - 6f\,{}^2F^0_{7/2}$	5.084e−02
	$7d\,{}^2D_{5/2} - 6f\,{}^2F^0_{7/2}$	2.327e−02	$8d\,{}^2D_{5/2} - 6f\,{}^2F^0_{7/2}$	1.881e−10
	$5s\,{}^2S_{1/2} - 5p\,{}^2P^0_{1/2}$	1.558e+00	$5s\,{}^2S_{1/2} - 6p\,{}^2P^0_{1/2}$	9.082e−01
	$5s\,{}^2S_{1/2} - 7p\,{}^2P^0_{1/2}$	2.088e−02	$5s\,{}^2S_{1/2} - 8p\,{}^2P^0_{1/2}$	1.179e−04
	$5s\,{}^2S_{1/2} - 9p\,{}^2P^0_{1/2}$	2.618e−07	$5s\,{}^2S_{1/2} - 10p\,{}^2P^0_{1/2}$	2.881e−10
	$6s\,{}^2S_{1/2} - 6p\,{}^2P^0_{1/2}$	1.136e−01	$6s\,{}^2S_{1/2} - 7p\,{}^2P^0_{1/2}$	2.799e−01
	$6s\,{}^2S_{1/2} - 8p\,{}^2P^0_{1/2}$	3.501e−02	$6s\,{}^2S_{1/2} - 9p\,{}^2P^0_{1/2}$	1.120e−03
	$6s\,{}^2S_{1/2} - 10p\,{}^2P^0_{1/2}$	1.440e−05	$7s\,{}^2S_{1/2} - 7p\,{}^2P^0_{1/2}$	2.343e−02
	$7s\,{}^2S_{1/2} - 8p\,{}^2P^0_{1/2}$	1.027e−01	$7s\,{}^2S_{1/2} - 9p\,{}^2P^0_{1/2}$	2.794e−02
	$7s\,{}^2S_{1/2} - 10p\,{}^2P^0_{1/2}$	2.126e−03	$8s\,{}^2S_{1/2} - 8p\,{}^2P^0_{1/2}$	7.186e−03
	$8s\,{}^2S_{1/2} - 9p\,{}^2P^0_{1/2}$	4.456e−02	$8s\,{}^2S_{1/2} - 10p\,{}^2P^0_{1/2}$	1.973e−02
	$9s\,{}^2S_{1/2} - 9p\,{}^2P^0_{1/2}$	2.778e−03	$9s\,{}^2S_{1/2} - 10p\,{}^2P^0_{1/2}$	2.181e−02
	$10s\,{}^2S_{1/2} - 10p\,{}^2P^0_{1/2}$	1.250e−03		
Au I				
	$6s\,{}^2S_{1/2} - 6p\,{}^2P^0_{3/2}$	2.842e+00	$6s\,{}^2S_{1/2} - 7p\,{}^2P^0_{3/2}$	9.798e−01
	$6s\,{}^2S_{1/2} - 8p\,{}^2P^0_{3/2}$	1.787e−02	$7s\,{}^2S_{1/2} - 7p\,{}^2P^0_{3/2}$	1.274e−01
	$7s\,{}^2S_{1/2} - 8p\,{}^2P^0_{3/2}$	3.184e−01	$8s\,{}^2S_{1/2} - 8p\,{}^2P^0_{3/2}$	2.185e−02
	$6p\,{}^2P^0_{3/2} - 6d\,{}^2D_{5/2}$	8.123e−01	$6p\,{}^2P^0_{3/2} - 7d\,{}^2D_{5/2}$	9.295e−02

原子	跃　迁	WBEPM理论	跃　迁	WBEPM理论
	$6p\,^2P^0_{3/2} - 8d\,^2D_{5/2}$	1.692e-03	$6p\,^2P^0_{3/2} - 9d\,^2D_{5/2}$	9.292e-06
	$6p\,^2P^0_{3/2} - 10d\,^2D_{5/2}$	3.003e-08	$6p\,^2P^0_{3/2} - 11d\,^2D_{5/2}$	4.897e-11
	$6p\,^2P^0_{3/2} - 12d\,^2D_{5/2}$	4.828e-14	$6p\,^2P^0_{3/2} - 13d\,^2D_{5/2}$	3.095e-17
	$6p\,^2P^0_{3/2} - 14d\,^2D_{5/2}$	1.424e-20	$7p\,^2P^0_{3/2} - 6d\,^2D_{5/2}$	2.030e-03
	$7p\,^2P^0_{3/2} - 7d\,^2D_{5/2}$	2.278e-01	$7p\,^2P^0_{3/2} - 8d\,^2D_{5/2}$	7.922e-02
	$7p\,^2P^0_{3/2} - 9d\,^2D_{5/2}$	4.788e-03	$7p\,^2P^0_{3/2} - 10d\,^2D_{5/2}$	1.195e-04
	$7p\,^2P^0_{3/2} - 11d\,^2D_{5/2}$	1.345e-06	$7p\,^2P^0_{3/2} - 12d\,^2D_{5/2}$	8.343e-09
	$7p\,^2P^0_{3/2} - 13d\,^2D_{5/2}$	3.147e-11	$7p\,^2P^0_{3/2} - 14d\,^2D_{5/2}$	8.026e-14
	$8p\,^2P^0_{3/2} - 7d\,^2D_{5/2}$	7.663e-04	$8p\,^2P^0_{3/2} - 8d\,^2D_{5/2}$	8.052e-02
	$8p\,^2P^0_{3/2} - 9d\,^2D_{5/2}$	4.759e-02	$8p\,^2P^0_{3/2} - 10d\,^2D_{5/2}$	6.440e-03
	$8p\,^2P^0_{3/2} - 11d\,^2D_{5/2}$	3.296e-04	$8p\,^2P^0_{3/2} - 12d\,^2D_{5/2}$	8.281e-06
	$8p\,^2P^0_{3/2} - 13d\,^2D_{5/2}$	1.174e-07	$8p\,^2P^0_{3/2} - 14d\,^2D_{5/2}$	1.060e-09
	$6d\,^2D_{5/2} - 5f\,^2F^0_{7/2}$	1.414e-01	$6s\,^2S_{1/2} - 6p\,^2P^0_{1/2}$	2.162e+00
	$6s\,^2S_{1/2} - 7p\,^2P^0_{1/2}$	1.201e+00	$6s\,^2S_{1/2} - 8p\,^2P^0_{1/2}$	2.567e-02
	$7s\,^2S_{1/2} - 7p\,^2P^0_{1/2}$	8.949e-02	$7s\,^2S_{1/2} - 8p\,^2P^0_{1/2}$	3.431e-01
	$8s\,^2S_{1/2} - 8p\,^2P^0_{1/2}$	1.387e-02		

数据来源：Zheng N W，Wang T，Yang R Y. J. Chem. Phys.，2000，113：6169.

注：① 表中 CuⅠ的结果是未经节点数调整的.而 AgⅠ和 AuⅠ的结果是经过节点数调整的.对于 AgⅠ和 AuⅠ，节点数调整是必要的；类似的情况也出现在碱金属原子的跃迁概率计算中.LiⅠ原子不要调整，而 Na，K，Ru，Cs，节点数调整是必要的.何种情况下节点数要调整或不要调整，如何调整及调整的机制是什么，尚无一致的看法.感兴趣的读者可参阅下述文献：a) Kahn J R，Baybutt P，Truhlar D G. J. Chem. Phys.，1976，65：3826. b) Kostelecky V A，Nieto M M. Phys. Rev. A，1985，32：1293；Phys. Rev. Lett.，1984，53：2285.

表 4.3.8　CⅠ-CⅣ的跃迁概率($10^8\ s^{-1}$)

原子或离子	跃　迁	$T_{\text{WBEPM理论,计}}$	可接受值①
CⅠ　[He]$2s^2 2p(^2P^0)nl$			
	$3s\,^1P^0_1 - 3p\,^1D_2$	0.275 940	0.291
	$3s\,^1P^0_1 - 4p\,^1D_2$	0.023 881	0.026 0
	$5s\,^3P^0_0 - 3p\,^3D_1$	0.042 477	0.044 3
	$5s\,^3P^0_1 - 3p\,^3D_2$	0.031 737	0.031 2

原子或离子	跃 迁	$T_{\text{WBEPM理论,计}}$	可接受值[1]
	$5s\ ^3P_2^0 - 3p\ ^3D_3$	0.035 135	0.032 6
	$6s\ ^3P_0^0 - 3p\ ^3D_1$	0.021 724	0.021 3
	$6s\ ^3P_1^0 - 3p\ ^3D_1$	0.005 408	0.005 34
	$6s\ ^3P_1^0 - 3p\ ^3D_2$	0.016 213	0.016 0
	$6s\ ^3P_2^0 - 3p\ ^3D_2$	0.003 174	0.003 22
	$6s\ ^3P_2^0 - 3p\ ^3D_3$	0.017 765	0.017 9
	$7s\ ^3P_1^0 - 3p\ ^3D_1$	0.003 119	0.003 04
	$3p\ ^3D_1 - 4d\ ^3F_2^0$	0.023 088	0.021 7
	$3p\ ^3D_2 - 4d\ ^3F_3^0$	0.025 155	0.021 9
	$3p\ ^3D_3 - 4d\ ^3F_4^0$	0.031 008	0.024 7
C Ⅱ 〔He〕$2s^2\,(^1S)nl$			
	$3s\ ^2S_{1/2} - 3p\ ^2P_{1/2}^0$	0.428 271	0.362
	$3s\ ^2S_{1/2} - 3p\ ^2P_{3/2}^0$	0.429 240	0.363
	$3s\ ^2S_{1/2} - 4p\ ^2P_{1/2}^0$	0.204 401	0.231
	$3s\ ^2S_{1/2} - 4p\ ^2P_{3/2}^0$	0.203 244	0.231
	$3p\ ^2P_{1/2}^0 - 3d\ ^2D_{3/2}$	0.380 269	0.352
	$3p\ ^2P_{3/2}^0 - 3d\ ^2D_{3/2}$	0.075 885	0.070 3
	$3p\ ^2P_{3/2}^0 - 3d\ ^2D_{5/2}$	0.455 466	0.422
C Ⅲ 〔He〕$2s(^2S)nl$			
	$2p\ ^1P_1^0 - 3d\ ^1D_2$	62.673 71	62.4
	$3p\ ^1P_1^0 - 3d\ ^1D_2$	0.499 261	0.427
	$3s\ ^3S_1 - 3p\ ^3P_0^0$	0.782 970	0.724
	$3s\ ^3S_1 - 3p\ ^3P_1^0$	0.783 609	0.725
	$3s\ ^3S_1 - 3p\ ^3P_2^0$	0.785 084	0.726
	$2p\ ^3P_1^0 - 3d\ ^3D_2$	54.316 79	59.1
	$2p\ ^3P_2^0 - 3d\ ^3D_3$	72.416 62	79.7
	$3p\ ^3P_0^0 - 3d\ ^3D_1$	0.050 024	0.044 0
	$3p\ ^3P_1^0 - 3d\ ^3D_1$	0.037 456	0.032 9
	$3p\ ^3P_1^0 - 3d\ ^3D_2$	0.067 444	0.059 3
	$3p\ ^3P_2^0 - 3d\ ^3D_1$	0.002 488	0.002 19
	$3p\ ^3P_2^0 - 3d\ ^3D_2$	0.022 396	0.019 7
	$3p\ ^3P_2^0 - 3d\ ^3D_3$	0.089 662	0.078 8

原子或离子	跃　　迁	$T_{\text{WBEPM理论,计}}$	可接受值[①]
CⅣ　　$1s^2(^1S)nl$			
	$2s\ ^2S_{1/2} - 2p\ ^2P^0_{1/2}$	2.649 110	2.64
	$2s\ ^2S_{1/2} - 2p\ ^2P^0_{3/2}$	2.663 319	2.65
	$2s\ ^2S_{1/2} - 3p\ ^2P^0_{1/2}$	43.521 02	46.3
	$2s\ ^2S_{1/2} - 3p\ ^2P^0_{3/2}$	43.453 96	46.3
	$3s\ ^2S_{1/2} - 3p\ ^2P^0_{1/2}$	0.314 645	0.316
	$3s\ ^2S_{1/2} - 3p\ ^2P^0_{3/2}$	0.316 437	0.317
	$2p\ ^2P^0_{3/2} - 3d\ ^2D_{5/2}$	176.030 0	176

数据来源：Zheng N W，Wang T，Ma D X，et al. J. Opt. Soc. Am. B，2001，18：1395.
注：① 可接受值取自：Lide D R. CRC Handbook of Chemistry and Physics[M]. 81st ed.
Boca Raton，Florida：CRC Press, Inc.，1999：p10-88-10-146.［Computer file］：
CRC net BASE.

**表 4.3.9　类镁离子(PⅣ,SⅤ,ClⅥ,ArⅦ)激发态能级间
跃迁的振子强度的计算值和文献值的对比**

离子　　　跃　　迁	振　子　强　度	
	$T_{\text{WBEPM理论,计}}$	文　献　值
PⅣ		
$3s4s\ ^3S_1 - 3s4p\ ^3P^0_0$	0.128 9	0.12^c
$3s4s\ ^3S_1 - 3s4p\ ^3P^0_1$	0.387 3	0.35^c
$3s4s\ ^3S_1 - 3s4p\ ^3P^0_2$	0.648 6	0.66^c
$3s3p\ ^3P^0_0 - 3s3d\ ^3D_1$	0.759 3	
$3s3p\ ^3P^0_0 - 3s4d\ ^3D_1$	0.004 128	
$3s3p\ ^3P^0_1 - 3s3d\ ^3D_1$	0.189 7	
$3s3p\ ^3P^0_1 - 3s3d\ ^3D_2$	0.569 2	
$3s3p\ ^3P^0_1 - 3s4d\ ^3D_1$	0.001 006	
$3s3p\ ^3P^0_1 - 3s4d\ ^3D_2$	0.003 025	
$3s3p\ ^3P^0_2 - 3s3d\ ^3D_1$	0.007 582	
$3s3p\ ^3P^0_2 - 3s3d\ ^3D_2$	0.113 7	
$3s3p\ ^3P^0_2 - 3s3d\ ^3D_3$	0.636 9	
$3s3p\ ^3P^0_2 - 3s4d\ ^3D_1$	3.808E-05	

离子	跃　迁	振　子　强　度	
		$T_{\text{WBEPM理论,计}}$	文　献　值
	$3s3p\ ^3P_2^0 - 3s4d\ ^3D_2$	0.000 573 0	
	$3s3p\ ^3P_2^0 - 3s4d\ ^3D_3$	0.003 222	
	$3s3d\ ^3D_1 - 3s4p\ ^3P_0^0$	0.075 42	0.075^c
	$3s3d\ ^3D_1 - 3s4p\ ^3P_1^0$	0.056 49	0.056^c
	$3s3d\ ^3D_1 - 3s4p\ ^3P_2^0$	0.003 753	$0.003\ 8^c$
	$3s3d\ ^3D_2 - 3s4p\ ^3P_1^0$	0.101 7	0.10^c
	$3s3d\ ^3D_2 - 3s4p\ ^3P_2^0$	0.033 78	0.034^c
	$3s3d\ ^3D_3 - 3s4p\ ^3P_2^0$	0.135 1	0.14^c
	$3s4p\ ^3P_0^0 - 3s4d\ ^3D_1$	1.146	
	$3s4p\ ^3P_1^0 - 3s4d\ ^3D_1$	0.286 3	
	$3s4p\ ^3P_1^0 - 3s4d\ ^3D_2$	0.858 9	
	$3s4p\ ^3P_2^0 - 3s4d\ ^3D_1$	0.011 44	
	$3s4p\ ^3P_2^0 - 3s4d\ ^3D_2$	0.171 6	
	$3s4p\ ^3P_2^0 - 3s4d\ ^3D_3$	0.960 9	
SV			
	$3s4s\ ^3S_1 - 3s4p\ ^3P_0^0$	0.119 8	$0.103^c , 0.101\ 5^f$
	$3s4s\ ^3S_1 - 3s4p\ ^3P_1^0$	0.359 8	$0.284^c , 0.259\ 2^f$
	$3s4s\ ^3S_1 - 3s4p\ ^3P_2^0$	0.604 6	$0.52^c , 0.530\ 3^f$
	$3s3p\ ^3P_0^0 - 3s3d\ ^3D_1$	0.706 8	0.72^g
	$3s3p\ ^3P_1^0 - 3s3d\ ^3D_1$	0.176 5	0.18^g
	$3s3p\ ^3P_1^0 - 3s3d\ ^3D_2$	0.529 5	0.537^g
	$3s3p\ ^3P_2^0 - 3s3d\ ^3D_1$	0.007 044	$0.007\ 2^g$
	$3s3p\ ^3P_2^0 - 3s3d\ ^3D_2$	0.105 7	0.108^g
	$3s3p\ ^3P_2^0 - 3s3d\ ^3D_3$	0.591 7	0.60^g
	$3s3d\ ^3D_1 - 3s4p\ ^3P_0^0$	0.063 41	$0.032^c , 0.028\ 7^f$
	$3s3d\ ^3D_1 - 3s4p\ ^3P_1^0$	0.047 52	$0.03^c , 0.023\ 83^f$
	$3s3d\ ^3D_1 - 3s4p\ ^3P_2^0$	0.003 146	$0.008^c , 0.003\ 66^f$
	$3s3d\ ^3D_2 - 3s4p\ ^3P_1^0$	0.085 54	$0.058^c , 0.034\ 36^f$
	$3s3d\ ^3D_2 - 3s4p\ ^3P_2^0$	0.028 32	$0.046^c , 0.025\ 92^f$
	$3s3d\ ^3D_3 - 3s4p\ ^3P_2^0$	0.113 3	$0.06^c , 0.069\ 0^f$
	$3s4p\ ^3P_0^0 - 3s4d\ ^3D_1$	1.060	

离 子	跃 迁	振 子 强 度	
		$T_{\text{WBEPM理论,计}}$	文 献 值
	$3s4p\ ^3P_1^0 - 3s4d\ ^3D_1$	0.265 0	
	$3s4p\ ^3P_1^0 - 3s4d\ ^3D_2$	0.795 1	
	$3s4p\ ^3P_2^0 - 3s4d\ ^3D_1$	0.010 56	
	$3s4p\ ^3P_2^0 - 3s4d\ ^3D_2$	0.158 5	
	$3s4p\ ^3P_2^0 - 3s4d\ ^3D_3$	0.887 8	
Cl Ⅵ			
	$3s4s\ ^3S_1 - 3s4p\ ^3P_0^0$	0.111 7	$0.100^c, 0.099\ 2^f, 0.100\ 7^h$
	$3s4s\ ^3S_1 - 3s4p\ ^3P_1^0$	0.336 2	$0.312^c, 0.298\ 4^f, 0.302\ 8^h$
	$3s4s\ ^3S_1 - 3s4p\ ^3P_2^0$	0.565 4	$0.507^c, 0.502^f, 0.510\ 3^h$
	$3s3p\ ^3P_0^0 - 3s3d\ ^3D_1$	0.643 6	$0.64^g, 0.650\ 7^h$
	$3s3p\ ^3P_1^0 - 3s3d\ ^3D_1$	0.160 6	$0.16^g, 0.162\ 3^h$
	$3s3p\ ^3P_1^0 - 3s3d\ ^3D_2$	0.481 8	$0.477^g, 0.487\ 1^h$
	$3s3p\ ^3P_2^0 - 3s3d\ ^3D_1$	0.006 399	$0.006\ 4^g, 0.006\ 458^h$
	$3s3p\ ^3P_2^0 - 3s3d\ ^3D_2$	0.095 99	$0.094^g, 0.096\ 91^h$
	$3s3p\ ^3P_2^0 - 3s3d\ ^3D_3$	0.537 7	$0.53^g, 0.542\ 6^i$
	$3s3d\ ^3D_1 - 3s4p\ ^3P_0^0$	0.054 06	$0.053^c, 0.051\ 47^f, 0.051\ 35^i$
	$3s3d\ ^3D_1 - 3s4p\ ^3P_1^0$	0.040 41	$0.040^c, 0.038\ 3^f, 0.038\ 25^i$
	$3s3d\ ^3D_1 - 3s4p\ ^3P_2^0$	0.002 673	$0.003^c, 0.002\ 53^f, 0.002\ 542^i$
	$3s3d\ ^3D_2 - 3s4p\ ^3P_1^0$	0.072 76	$0.072^c, 0.069\ 38^f, 0.069\ 24^i$
	$3s3d\ ^3D_2 - 3s4p\ ^3P_2^0$	0.024 06	$0.024^c, 0.022\ 9^f$
	$3s3d\ ^3D_3 - 3s4p\ ^3P_2^0$	0.096 29	$0.095^c, 0.091\ 96^f, 0.092\ 09^i$
	$3s4p\ ^3P_0^0 - 3s4d\ ^3D_1$	0.953 4	0.816^i
	$3s4p\ ^3P_1^0 - 3s4d\ ^3D_1$	0.237 9	$0.202\ 8^i$
	$3s4p\ ^3P_1^0 - 3s4d\ ^3D_2$	0.714 0	$0.610\ 2^i$
	$3s4p\ ^3P_2^0 - 3s4d\ ^3D_1$	0.009 471	$0.008\ 06^i$
	$3s4p\ ^3P_2^0 - 3s4d\ ^3D_2$	0.142 1	$0.121\ 2^i$
	$3s4p\ ^3P_2^0 - 3s4d\ ^3D_3$	0.796 7	$0.681\ 0^i$
Ar Ⅶ			
	$3s3p\ ^3P_0^0 - 3s3d\ ^3D_1$	0.592 3	$0.57^g, 0.610^i$
	$3s3p\ ^3P_1^0 - 3s3d\ ^3D_1$	0.147 7	$0.14^g, 0.152^j$
	$3s3p\ ^3P_1^0 - 3s3d\ ^3D_2$	0.443 1	$0.43^g, 0.456^j$

续　表

离子　　　　跃　迁	振　子　强　度	
	$T_{\text{WBEPM理论,计}}$	文　献　值
$3s3p\ ^3P_2^0 - 3s3d\ ^3D_1$	0.005 874	$0.005\ 6^g, 0.006\ 1^j$
$3s3p\ ^3P_2^0 - 3s3d\ ^3D_2$	0.088 13	$0.084^g, 0.091^j$
$3s3p\ ^3P_2^0 - 3s3d\ ^3D_3$	0.493 7	$0.474^g, 0.509^j$

数据来源：Fan J, Zheng N W. Chem, Phys. Letts., 2004, 400: 273.
注：c. 取自：Aashamar K, Luke T M, Talman J D. Phys. Scr., 1988, 37: 13.
　　f. 取自：Godefroid M, Fischer C F. Phys. Scr., 1985, 31: 237.
　　g. 取自：Fawcett B C. At. Data Nucl. Data, 1983, 28: 579.
　　h. 取自：Butler K, Mendoza C, Zeippen C J. J. Phys. B, 1993, 26: 4409.
　　i. 取自：Neerja, Gupta G P, Tripathi A N, Msezane A Z, At. Data Nucl. Data, 2003, 84: 85.
　　j. 取自：Tayal S S. J. Phys. B, 1986, 19: 3421.

表 4.3.10　C 原子谱项间跃迁的振子强度计算值和文献值对比

跃　迁	WBEPM 理论的计算值	文　献　值
$2p^2\ ^3P - 2p3s\ ^3P^0$	0.153 2	$0.147\ 4^a; 0.139\ 4^b; 0.160\ 7^c; 0.050\ 4^d;$ $0.090\ 0^e; 0.170^f; 0.140^g; 0.13^h$
$2p^2\ ^3P - 2p4s\ ^3P^0$	0.022 64	$0.021\ 71^a; 0.021\ 80^b; 0.015\ 9^c; 0.008\ 86^d;$ $0.015\ 2^e; 0.020\ 0^f; 0.018\ 9^g; 0.027^h$
$2p^2\ ^3P - 2p3d\ ^3D^0$	0.082 50	$0.109\ 8^a; 0.094\ 39^b; 0.141\ 4^c; 0.074\ 3^d;$ $0.075^e; 0.063\ 0^f; 0.094\ 0^g; 0.10^h$
$2p^2\ ^1D - 2p3s\ ^1P^0$	0.112 0	$0.120\ 8^a; 0.113\ 8^b; 0.316\ 9^c; 0.057\ 3^d;$ $0.101^e; 0.082\ 0^f; 0.114^g; 0.13^h$
$2p^2\ ^1D - 2p3d\ ^1F^0$	0.082 68	$0.096\ 08^a; 0.080\ 70^b; 0.315\ 6^c; 0.081\ 8^d;$ $0.085^e; 0.093\ 0^f; 0.085\ 0^g; 0.094^h$
$2p^2\ ^1S - 2p3s\ ^1P^0$	0.099 20	$0.085\ 45^a; 0.086\ 20^b; 0.374\ 1^c;$ $0.062\ 1^d; 0.113^e; 0.094\ 0^f$
$2p^2\ ^1S - 2p3d\ ^1P^0$	0.088 53	$0.140\ 3^a; 0.132\ 2^b; 0.482\ 3^c; 0.116^d;$ $0.120^e; 0.120^f; 0.110^g; 0.35^h$
$2p3s\ ^3P^0 - 2p3p\ ^3S$	0.112 9	$0.107\ 1^a; 0.107\ 0^b; 0.117\ 2^c; 0.136^d;$ $0.108\ 5^e; 0.100^f$
$2p3s\ ^3P^0 - 2p3p\ ^3P$	0.351 5	$0.359\ 6^a; 0.356\ 4^b; 0.365\ 6^c; 0.434^d;$ $0.384\ 4^e; 0.310^f$

跃　迁	WBEPM 理论的计算值	文　献　值
$2p3s\ ^3P^0 - 2p3p\ ^3D$	0.517 1	$0.497\ 1^a; 0.507\ 3^b; 0.526\ 8^c; 0.615^d;$ $0.538^e; 0.500^f$
$2p3s\ ^1P^0 - 2p3p\ ^1S$	0.122 3	$0.121\ 3^a; 0.117\ 4^b; 0.126\ 1^c; 0.158^d;$ $0.124\ 1^e; 0.110^f$
$2p3s\ ^1P^0 - 2p3p\ ^1P$	0.249 2	$0.252\ 0^a; 0.267\ 0^b; 0.246\ 1^c; 0.272^d;$ $0.302\ 7^e$
$2p3s\ ^3P^0 - 2p3p\ ^1D$	0.610 2	$0.636\ 7^a; 0.624\ 0^b; 0.603\ 3^c; 0.701^d;$ $0.641^e; 0.420^f$
$2p3p\ ^3S - 2p3d\ ^3P^0$	0.964 8	$0.621\ 7^a; 0.563\ 7^b; 1.017\ 0^c; 0.997^d;$ $0.860^e; 0.960^f$
$2p3p\ ^3P - 2p3d\ ^3P^0$	0.244 7	$0.301\ 7^a; 0.303\ 8^b; 0.254\ 9^c; 0.226^d;$ $0.228\ 1^e; 0.249^f$
$2p3p\ ^3P - 2p3d\ ^3D^0$	0.663 4	$0.703\ 5^a; 0.693\ 7^b; 0.675\ 1^c; 0.593^d;$ 0.678^e
$2p3p\ ^3D - 2p3d\ ^3D^0$	0.134 2	$0.148\ 7^a; 0.142\ 6^b; 0.140\ 2^c; 0.149^d;$ $0.147\ 1^e; 0.132^f$
$2p3p\ ^3D - 2p3d\ ^3F^0$	0.746 5	$0.812\ 7^a; 0.783\ 1^b; 0.776\ 7^c; 0.830^d;$ $0.814^e; 0.700^f$
$2p3p\ ^1P - 2p3d\ ^1D^0$	0.635 6	$0.696\ 0^a; 0.670\ 6^b; 0.663\ 9^c; 0.770^d;$ 0.714^e
$2p3p\ ^1D - 2p3d\ ^1D^0$	0.108 9	$0.115\ 9^a; 0.114\ 4^b; 0.111\ 8^c; 0.087\ 2^d;$ $0.112\ 6^e$
$2p3p\ ^1D - 2p3d\ ^1F^0$	0.731 7	$0.785\ 0^a; 0.769\ 5^b; 0.735\ 1^c; 0.566^d;$ $0.761^e; 0.740^f$

数据来源：Zheng N W, Wang T. Astrophys. J. Suppl. Ser., 2002, 143：231.

注：a. 取自：Luo D, Pradhan A K J. J. Phys. B, 1989, 22：3377.

b. 取自：Nussbaumer H, Storey P J. A & A, 1984, 140：383.

c. 取自：Victor G A, Escalante V. At. Data Nucl. Data Tables, 1988, 40：203.

d. 取自：Hofsaess D. J. Quant. Spectrosc. Radiat. Transfer., 1982, 28：131.

e. 取自：McEachran R P, Cohen M. J. Quant. Spectrosc. Radiat. Transfer., 1982, 27：119.

f. 取自：Wiese W L, Smith M W, Glennon M. Atomic Transition Probabilities (NSRDS-NBS4；Washington：USGPO), 1966.

g. 取自：Goldbach C, Martin M, Nollez G. A & A, 1989, 221：155; Goldbach C, Nollez G. A & A, 1987, 181：203.

h. 取自：Haar R R, et al. A & A, 1991, 241：321.

我们的工作,已经引起实验和理论物理学家的兴趣.[145-161] G. Celik 等人用 WBEPM 理论开展了如下研究:① 氮原子某些受激的 p-d 跃迁的跃迁概率的理论计算;② 氧原子的跃迁概率计算;③ 在 WBEPM 理论中用不同的参数计算受激氮原子的某些 p-d 和 d-p 跃迁的跃迁概率的比较;④ 锂原子谱线间的跃迁概率的计算.并指出 WBEPM 理论可以广泛用于低激发态、高激发态(尤其是高激发态)、简单体系和复杂体系的跃迁性质的研究,计算结果准确,而且计算过程远比其他理论方法简便得多,是一个很好的理论方法.[146-147,152]

4.4　总电子能量的计算[162-164]

在多电子原子、分子体系的理论处理中,由于 r_{ij}^{-1} 项的存在,变量不能分离,薛定谔方程无法精确求解.因此,对于电子间有相互作用的多电子体系,近似处理就具有一般性的意义.近似处理的含义包括将真实的物理问题模型化,使它变得简单易于处理;对感兴趣的问题或简化了的模型用近似方法计算.

第 2 章阐述的最弱受约束电子理论的要点已表明,移走和加入电子的过程,互为逆过程,移走和加入电子为处理 N 电子原子、分子问题展现了两种模式.加入电子的模式意味着电子被集中在一个体系中处理,也即通常所说的 N 电子问题.已有的量子理论方法,如自洽场方法、分子轨道理论等已取得了很大的成功和丰硕的成果.加入电子的模式为 WBE 理论吸纳和融入这些成果和方法开通了渠道,而移走电子的模式则为电子的可分离性找到理论依据,彰显了电子的个性,也为 WBE 理论吸纳和沟通已有的建立在可分离性基础之上的量子理论和成果及寻找化学、物理学中的一些规律开通了渠道.

对于原子体系,下面将介绍三种不同的近似计算方法:① 用最弱受约束电子的电离能计算体系的总电子能量;② 在最弱受约束电子势模型理论下的变分处理;③ 在最弱受约束电子势模型理论下的微扰处理.

4.4.1　用电离能计算体系的总电子能量

在 4.1 节中,已经给出如下关系式:

$$E_{电子} = -\sum_{\mu=1}^{N} I_\mu \qquad (4.4.1)$$

此式表示基态 N 电子体系的总电子能量 $E_{电子}$ 等于 N 电子体系的逐级电离能 I_μ 之和的负值.

$$I_{cal} = \frac{R}{n'^2_z}\left[(Z-\sigma)^2 + g(Z-Z_0)\right] + \sum_{i=0}^{4} a_i Z^i \qquad (4.4.2)$$

此式代表在一定程度上考虑相关和相对论校正后,原子体系的一个等光谱态能级系列的最弱受约束电子势模型理论的电离能(基态和激发态)的计算公式.

用(4.4.2)式计算出元素的逐级电离能代入(4.4.1)式,则可求得原子体系的总电子能量.作为示例在表 4.4.1 和表 4.4.2 中给出 $Z=2-8$ 元素原子的总电子能量计算值.

4.4.2 最弱受约束电子势模型理论下基态 He 系列的变分处理

氦原子是两电子体系,它是最简单、最具有代表性的多电子体系之一.在量子力学理论发展的进程中,对氦原子体系的处理有着重要的意义,现在氦基态的变分处理和微扰处理已经成为量子力学和量子化学著作中的范例.而且至今对氦原子、锂原子这样一些具有代表性的多电子原子小体系进行高精度的量子力学处理的兴趣依旧不减.[165-169] 这类基础理论和方法学上的研究,使人们有可能更深入地理解多电子体系中各种相互作用在量子电子结构理论中的地位,以及它们对体系性质的影响和可能带来的实际应用.

在此,我们也将运用最弱受约束电子势模型理论对氦系列,即氦原子和类氦离子,进行变分处理,以期建立最弱受约束电子势模型理论对多电子原子体系变分处理的一般性方法,同时期望得到若干有益的结果.

4.4.2.1 单广义拉盖尔函数做尝试函数

He$^+$ 系列成员都是类氢离子,只有一个 1s 电子.这个电子也就是当前体系的最弱受约束电子.因为类氢体系可以精确求解,所以,它的自旋轨道的空间函数是类氢波函数.

$$\psi_{1s}(r) = \frac{1}{\sqrt{\pi}} Z^{3/2} e^{-Zr} \qquad (4.4.3)$$

表 4.4.1　从逐级电离能 $I_{\mu,\text{cal}}$ 计算原子体系的总电子能量 $E_{电子}$ (eV)[①]

Z	元素	逐级电离能								$E_{电子}$
		I_1	I_2	I_3	I_4	I_5	I_6	I_7	I_8	
2	He	24.654 80	54.424[a]							79.078 8
3	Li	5.305 74	75.635 57	122.454[a]						203.395 31
4	Be	9.232 22	18.235 22	153.857 60	217.696[a]					399.021
5	B	8.229 85	25.172 54	37.980 61	259.325 02	340.15[a]				670.858
6	C	11.160 62	24.435 12	47.938 82	64.544 37	392.046 91	489.816[a]			1 029.942
7	N	14.280 80	29.632 92	47.504 63	77.531 40	97.930 58	552.037 35	666.694[a]		1 485.612
8	O	13.406 87	35.182 43	54.983 41	77.438 63	113.952 33	138.144 95	739.315 43	870.784[a]	2 043.208

注: ① a 值用类氢能量表达式 $I=RZ^2/n^2$ 计算($R=13.606$ eV);表中其余的逐级电离能 $I_{\mu,\text{cal}}$ 取自文献: Zheng N W, Zhou T, Wang T, et al. Phys. Rev. A, 2002, 65: 052510.

表 4.4.2 最弱受约束电子势模型理论的计算值 $E_{电子}$ 和其他理论方法及实验值对比(eV)

Z	元素	$E_{电子}$		
		WBEPM 理论计算值[a]	HF 值[b]	实验值[c]
2	He	79.078 8	77.871	79.005 147
3	Li	203.395 31	202.256 42	203.486 009
4	Be	399.021	396.555 33	399.149 1
5	B	670.858	667.475 1	670.984 47
6	C	1 029.942	1 025.567 7	1 030.105 64
7	N	1 485.612	1 480.336 6	1 486.066 14
8	O	2 043.208	2 035.683 3	2 043.806 98

注：a 值来自表 4.4.1.

b 值取自：Roetti C E. Chem. Phys.，1974，60：4725.该文献中 HF 值的单位是 a.u.，利用 1 a.u.=27.211 608 eV 换算成 eV.

c 值取自：Lide D R. CRC Handbook of Chemistry and Physics：2005-2006[M]. 86th ed. New York：Taylor & Francis, 2006：10-202-204.

当把一个电子加入 He^+ 系列体系,使之变成基态 He 原子系列时,由于新加入的电子和原有的电子之间有相互作用,体系内部要发生重组[170-171].重组后的 He 原子系列中的两个电子的单电子波函数(或单电子态),应没有一个和原来 He^+ 系列中的那个电子的波函数(或单电子态)相同(若有一个相同,那就是库普曼定理中冻结轨道给出的图像).为此,我们用第 3 章给过的单个广义拉盖尔函数形式作为尝试函数,以表达电子自旋轨道的空间部分.在此,也先不急于把两电子的空间轨道取相同形式.于是,对于基态 He 系列体系的反对称电子波函数,

$$\Psi = (2!)^{-1/2} \sum_p (-1)^p P\{\psi_{\mathrm{I}}(1)\alpha(1)\psi_{\mathrm{II}}(2)\beta(2)\} \quad (4.4.4)$$

式中,

$$\psi_{\mathrm{I}}(1) = R_{n_1' l_1'} Y_{00}(\theta_1 \phi_1)$$

$$= \frac{1}{\sqrt{4\pi\Gamma(2l_1'+3)}} \left(\frac{2Z_1'}{n_1'}\right)^{l_1'+3/2} r_1^{l_1'} e^{-Z_1' r_1/n_1'} \quad (4.4.5)$$

$$\psi_{\mathrm{II}}(2) = R_{n_2' l_2'} Y_{00}(\theta_2 \phi_2)$$

$$= \frac{1}{\sqrt{4\pi \Gamma(2l_2'+3)}} \left(\frac{2Z_2'}{n_2'}\right)^{l_2'+3/2} r^{l_2'} \mathrm{e}^{-Z_2' r_2/n_2'} \tag{4.4.6}$$

体系的非相对论哈密顿算符

$$\hat{H} = -\frac{1}{2}\nabla_1^2 - \frac{1}{2}\nabla_2^2 - \frac{Z}{r_1} - \frac{Z}{r_2} + \frac{1}{r_{12}} \tag{4.4.7}$$

于是,近似的体系总电子能量的期望值

$$W = \frac{\langle \Psi \mid \hat{H} \mid \Psi \rangle}{\langle \Psi \mid \Psi \rangle} \tag{4.4.8}$$

将(4.4.4)式至(4.4.6)式代入,求得

$$\langle \Psi \mid \Psi \rangle = 1 \tag{4.4.9}$$

(4.4.8)式中的

$$\langle \Psi \mid \hat{H} \mid \Psi \rangle$$

$$= \left\langle \Psi \left| -\frac{1}{2}\nabla_1^2 - \frac{1}{2}\nabla_2^2 - \frac{Z}{r_1} - \frac{Z}{r_2} + \frac{1}{r_{12}} \right| \Psi \right\rangle$$

$$= \left\langle \Psi \left| -\frac{1}{2}\nabla_1^2 \right| \Psi \right\rangle + \left\langle \Psi \left| -\frac{1}{2}\nabla_2^2 \right| \Psi \right\rangle + \left\langle \Psi \left| -\frac{Z}{r_1} \right| \Psi \right\rangle$$

$$+ \left\langle \Psi \left| -\frac{Z}{r_2} \right| \Psi \right\rangle + \left\langle \Psi \left| \frac{1}{r_{12}} \right| \Psi \right\rangle \tag{4.4.10}$$

上式右边的第一、二项是动能积分,第三、四项是核吸引能积分,第五项是电子排斥能积分.关于这些积分的计算分述如下:

(1) 动能积分

介绍两种计算方法.

方法一:文献[172]给出动能积分公式

$$T(nl) = \left\langle nlm \left| -\frac{1}{2}\nabla^2 \right| nlm \right\rangle$$

$$= \frac{1}{2}\int_0^\infty \left[r^2 \frac{\mathrm{d}R_{nl}^*}{\mathrm{d}r} \frac{\mathrm{d}R_{nl}}{\mathrm{d}r} + l(l+1)R_{nl}^* R_{nl} \right] \mathrm{d}r \tag{4.4.11}$$

在当前的情况下,只要用 $R_{n_1' l_1'}^*$ 和 $R_{n_1' l_1'}$ 或 $R_{n_2' l_2'}^*$ 和 $R_{n_2' l_2'}$ 代替(4.4.11)式

中的 R_{nl}^* 和 R_{nl}, 即可计算动能积分 $\left\langle \Psi \left| -\frac{1}{2}\nabla_1^2 \right| \Psi \right\rangle$ 和 $\left\langle \Psi \left| -\frac{1}{2}\nabla_2^2 \right| \Psi \right\rangle$. 所得结果为

$$\left\langle \Psi \left| -\frac{1}{2}\nabla_1^2 \right| \Psi \right\rangle = \frac{Z_1'^2}{n_1'^2}\left(\frac{1}{2} - \frac{l_1'}{2l_1'+1} \right) \tag{4.4.12}$$

和

$$\left\langle \Psi \left| -\frac{1}{2}\nabla_2^2 \right| \Psi \right\rangle = \frac{Z_2'^2}{n_2'^2}\left(\frac{1}{2} - \frac{l_2'}{2l_2'+1} \right) \tag{4.4.13}$$

方法二: 根据第 3 章的阐述, 如果最弱受约束电子势函数 $V(r)$ 取成

$$V(r) = -\frac{Z'}{r} + \frac{d(d+1)+2dl}{2r^2} \tag{4.4.14}$$

则最弱受约束电子的单电子薛定谔方程为

$$\left(-\frac{1}{2}\nabla^2 - \frac{Z'}{r} + \frac{d(d+1)+2dl}{2r^2} \right)\psi = \varepsilon\psi \tag{4.4.15}$$

于是

$$\left\langle \psi \left| -\frac{1}{2}\nabla^2 \right| \psi \right\rangle = \langle \psi | \varepsilon | \psi \rangle + \left\langle \psi \left| \frac{Z'}{r} \right| \psi \right\rangle$$
$$+ \left\langle \psi \left| -\left[\frac{d(d+1)+2dl}{2r^2} \right] \right| \psi \right\rangle \tag{4.4.16}$$

由第 3 章给出的最弱受约束电子能量表达式和 $\langle n'l' | r^k | n'l' \rangle$ 表达式很容易得到 (4.4.16) 式右边各项的结果:

$$\langle \psi | \varepsilon | \psi \rangle = \varepsilon = -\frac{Z'^2}{2n'^2} \tag{4.4.17}$$

$$\left\langle \psi \left| \frac{Z'}{r} \right| \psi \right\rangle = Z'\left\langle \psi \left| \frac{1}{r} \right| \psi \right\rangle = Z'\frac{Z'}{n'^2} = \frac{Z'^2}{n'^2} \tag{4.4.18}$$

$$\left\langle \psi \left| -\left[\frac{d(d+1)+2dl}{2r^2} \right] \right| \psi \right\rangle = -\frac{Z'^2 l'}{n'^2(2l'+1)} \tag{4.4.19}$$

将 (4.4.17) 式至 (4.4.19) 式代入 (4.4.16) 式, 可得

$$\left\langle \psi \left| -\frac{1}{2}\nabla^2 \right| \psi \right\rangle = \frac{Z'^2}{n'^2}\left(\frac{1}{2} - \frac{l'}{2l'+1} \right) \tag{4.4.20}$$

进而有

$$\left\langle \Psi \left| -\frac{1}{2}\nabla^2 \right| \Psi \right\rangle = \frac{Z'^2}{n'^2}\left(\frac{1}{2}-\frac{l'}{2l'+1}\right) \qquad (4.4.21)$$

此结果和方法一的结果,即(4.4.12)式和(4.4.13)式完全相同.

（2）**核吸引能积分**

利用第 3 章的 $\langle n'l' \mid r^k \mid n'l'\rangle$ 表达式,立即求得

$$\left\langle \Psi \left| -\frac{Z}{r_1} \right| \Psi \right\rangle = -\frac{ZZ_1'}{n_1'^2} \qquad (4.4.22)$$

和

$$\left\langle \Psi \left| -\frac{Z}{r_2} \right| \Psi \right\rangle = -\frac{ZZ_2'}{n_2'^2} \qquad (4.4.23)$$

（3）**电子排斥能积分**

利用 $\dfrac{1}{r_{12}}$ 在球坐标系中的展开式[11]

$$\frac{1}{r_{12}} = \sum_{l=0}^{\infty}\sum_{m=-l}^{l}\frac{4\pi}{2l+1}\frac{r_<^l}{r_>^{l+1}}Y_{lm}(\theta_1\phi_1)Y_{lm}^*(\theta_2\phi_2) \qquad (4.4.24)$$

于是有

$$\left\langle \Psi \left| \frac{1}{r_{12}} \right| \Psi \right\rangle = \left\langle \psi_{\mathrm{I}}(1)\psi_{\mathrm{II}}(2) \left| \frac{1}{r_{12}} \right| \psi_{\mathrm{I}}(1)\psi_{\mathrm{II}}(2) \right\rangle$$

$$= \left\langle \psi_{\mathrm{I}}(1)\psi_{\mathrm{II}}(2) \left| \sum_{l=0}^{\infty}\sum_{m=-l}^{l}\frac{4\pi}{2l+1}\frac{r_<^l}{r_>^{l+1}}Y_{00}(\theta_1\phi_1) \right.\right.$$

$$\times Y_{00}^*(\theta_2\phi_2)\left.\left| \psi_{\mathrm{I}}(1)\psi_{\mathrm{II}}(2) \right\rangle \right. \qquad (4.4.25)$$

将(4.4.5)式和(4.4.6)式代入,并利用球谐函数的正交归一性,可得

$$\left\langle \Psi \left| \frac{1}{r_{12}} \right| \Psi \right\rangle$$

$$= \frac{1}{\Gamma(2l_1'+3)\Gamma(2l_2'+3)}\left(\frac{2Z_1'}{n_1'}\right)^{2l_1'+3}\left(\frac{2Z_2'}{n_2'}\right)^{2l_2'+3}$$

$$\times \int_0^{\infty}\int_0^{\infty}r_1^{2l_1'}\mathrm{e}^{-2Z_1'r_1/n_1'}r_2^{2l_2'}\mathrm{e}^{-2Z_2'r_2/n_2'}\frac{1}{r_>}r_1^2r_2^2\,\mathrm{d}r_1\,\mathrm{d}r_2$$

$$= \frac{Z'_2}{n'^2_2} - \frac{\left(\dfrac{2Z'_1}{n'_1}\right)^{2l'_1+2}\left(\dfrac{2Z'_2}{n'_2}\right)^{2l'_2+3}}{\Gamma(2l'_1+3)\Gamma(2l'_2+3)}\left(\frac{2Z'_1}{n'_1}+\frac{2Z'_2}{n'_2}\right)^{-(2l'_1+2l'_2+4)}$$

$$\times \Gamma(2l'_1+2l'_2+4) - \frac{\left(\dfrac{2Z'_2}{n'_2}\right)^{2l'_2+3}\left(\dfrac{2Z'_1}{n'_1}\right)^{-(2l'_2+2)}}{\Gamma(2l'_1+3)\Gamma(2l'_2+3)}$$

$$\times \int_0^\infty \left[(2l'_1+2)x^{2l'_2+1} - x^{2l'_2+2}\right]\exp\left(-\frac{Z'_2 n'_1 x}{Z'_1 n'_2}\right)\times\Gamma(2l'_1+2,\,x)\mathrm{d}x$$

$$(4.4.26)$$

把动能积分、核吸引能积分和电子排斥能积分的表达式及(4.4.9)式代入(4.4.10)式和(4.4.8)式,可得

$$W = \sum_{i=1}^2\left[\frac{Z'^2_i}{n'^2_i}\left(\frac{1}{2}-\frac{l'_i}{2l'_i+1}\right)-\frac{ZZ'_i}{n'^2_i}\right]+\frac{Z'_2}{n'^2_2}$$

$$-\frac{\left(\dfrac{2Z'_1}{n'_1}\right)^{2l'_1+2}\left(\dfrac{2Z'_2}{n'_2}\right)^{2l'_2+3}}{\Gamma(2l'_1+3)\Gamma(2l'_2+3)}\left(\frac{2Z'_1}{n'_1}+\frac{2Z'_2}{n'_2}\right)^{-(2l'_1+2l'_2+4)}$$

$$\times\Gamma(2l'_1+2l'_2+4) - \frac{\left(\dfrac{2Z'_2}{n'_2}\right)^{2l'_2+3}\left(\dfrac{2Z'_1}{n'_1}\right)^{-(2l'_2+2)}}{\Gamma(2l'_1+3)\Gamma(2l'_2+3)}$$

$$\times\int_0^\infty\left[(2l'_1+2)x^{2l'_2+1} - x^{2l'_2+2}\right]\exp\left(\frac{-Z'_2 n'_1 x}{Z'_1 n'_2}\right)$$

$$\times\Gamma(2l'_1+2,\,x)\mathrm{d}x \qquad\qquad (4.4.27)$$

(4.4.26)式和(4.4.27)式中的$\Gamma(\alpha,\,x)$是不完全伽马函数.(4.4.27)式中有四个独立的参数Z'_1,Z'_2和d'_1,d'_2($n'_1=n_1+d$,$l'_1=l_1+d_1$;$n'_2=n_2+d_2$,$l'_2=l_2+d_2$),因为$\left(\dfrac{\partial W}{\partial Z'_i}\right)$和$\left(\dfrac{\partial W}{\partial d_i}\right)$不能写成解析形式,因此,用数值积分的方法搜索$W$的极小值.我们发现对于He原子$Z'_1=Z'_2=$1.539 29和$d_1=d_2=-0.044\,93$时,$W$的极小值等于$-2.854\,21$ a.u.,其他的He系列成员的W极小值和相应的参数值列在表4.4.3中.

若令$Z'_1=Z'_2=Z'$,$d_1=d_2=d$(即$n'_1=n'_2$,$l'_1=l'_2$),则(4.4.27)式可写成

表 4.4.3　使用单广义拉盖尔多项式的 WBEPM 理论结果和使用单 ζ(Zeta) 函数的 HF 方法结果的比较 (a.u.)

	HeⅠ	LiⅡ	BeⅢ	BⅣ	CⅤ	NⅥ	OⅦ	FⅧ
Z'_i值($Z'_1=Z'_2$)	1.539 29	2.533 4	3.530 61	4.528 98	5.527 91	6.527 15	7.526 59	8.526 16
d_i值($d_1=d_2$)	−0.044 93	−0.029 097	−0.021 507	−0.017 055	−0.014 13	−0.012 062	−0.010 521	−0.009 329
总电子能量(T.E.)	−2.854 21 (−2.847 656 2)[①]	−7.229 29	−13.604 3	−21.979 4	−32.354 4	−44.729 4	−59.104 4	−75.479 4
总动能(K.E.)	2.854 21 (2.847 656 2)[①]	7.229 29	13.604 3	21.979 4	32.354 4	44.729 4	59.104 4	75.479 4
总核吸引势能	−6.750 28	−16.125 16	−29.500 2	−46.875 0	−68.250 0	−93.625 0	−123.000 0	−156.375 0
电子排斥能	1.041 86	1.666 57	2.291 45	2.916 38	3.541 33	4.166 3	4.791 27	5.416 26
总电子势能(P.E.)	−5.708 42 (−5.695 312 5)[①]	−14.458 6	−27.208 7	−43.958 7	−64.708 7	−89.458 8	−118.209	−150.959
P.E./K.E.	−2	−2	−2	−2	−2	−2	−2	−2

注：① 括号中的值为哈特利-福克(HF)值. 取自：Clementi E, Roetti C. Roothaan-Hartree-Fock atomic wavefunction: Basis functions and their coefficients for ground and certain excited states of neutral and ionized atoms, Z≤54[J]. At. Data Nucl. Data, 1974, 14: 445.

$$W = \frac{Z'^2}{n'^2(2l'+1)} - \frac{2ZZ'}{n'^2} + \frac{Z'}{n'^2}\left[1 - 2^{-4n'} \times \frac{\Gamma(4n'+1)}{\Gamma^2(2n'+1)}\right]$$

$$(4.4.28)$$

进一步令 $d=0$ 并把 Z' 写成 ζ(zeta)，则(4.4.28)式变成

$$W = \zeta^2 - 2Z\zeta + \frac{5}{8}\zeta \qquad (4.4.29)$$

此式在 $\zeta = Z - \frac{5}{16}$ 时有极小值，即 $W_{\min} = -\left(Z - \frac{5}{16}\right)^2$. 这就还原出用有效核电荷 ζ 代替类氢波函数中的原子序数 Z 的变分结果.

若取 $d=0$, $Z'=Z$, 则(4.4.28)式变为

$$W = -Z^2 + \frac{5}{8}Z \qquad (4.4.30)$$

这就还原出用类氢波函数做零级波函数的一阶微扰法处理类氦系列的结果.

从上面的叙述和推导，可引出如下有意义的结论：

(1)(4.4.4)式中 $\psi_I(1)$ 和 $\psi_{II}(2)$ 取了不同的形式，这表示我们并没有事先用假设的方式令 $\psi_I(1)$ 和 $\psi_{II}(2)$ 相同，但在搜索 W 极小值时，很自然地出现了 $Z_1'=Z_2'$ 和 $d_1=d_2$ 时 W 有极小值的结果. $Z_1'=Z_2'$ 和 $d_1=d_2$ 意味着新加入 He^+ 系列体系中的电子和原有的电子，两者都处在 1s 轨道上，自旋轨道的空间函数相同而自旋相反，不可分辨. 所以，WBEPM 理论的处理方式满足泡利原理和最低能量原理.

(2) WBEPM 理论对 He 基态的处理可以还原出量子化学中基态 He 原子的变分法和微扰法的结果.

(3) 计算结果，P.E./K.E.$=-2$,满足维里定理(Virial theorem).

以上三点都表明第 2 章阐明的最弱受约束电子势模型理论中加入电子的处理模式符合量子力学的基本原理.

表 4.4.3 显示，用单广义拉盖尔多项式的方法处理 He 系列的结果比用单 ζ(Zeta)函数的哈特利-福克(HF)方法的结果稍好，但和实验值比仍有一定误差.以氦原子为例，误差来源是忽略了相对论效应，这将带来 $-0.000\,07$ Hartree 的误差[173],使用单行列式，导致对电子相关的考虑不足，这将引入 $-0.042\,04$ Hartree 的相关能误差[174].剩下大约 $-0.007\,4$

Hartree 来自使用单广义拉盖尔函数作为尝试函数（He 原子的总电子能量的实验值为 $-2.903\,72$ Hartree[175]）. 下一节读者将会看到, 在使用双广义拉盖尔函数代替单广义拉盖尔函数后, 这项误差会大大减小.

用最弱受约束电子势模型理论处理 He 系列还可以得到其他的一些有价值的结果（列在表 4.4.4 中）. 下面对这些结果的来源做如下说明.

（1）轨道能

在自洽场方法中, 有

$$E = \frac{1}{2} \sum_i (\epsilon_i + f_i) \tag{4.4.31}$$

式中, ϵ_i 为轨道能, E 为总电子能量, f_i 为动能和核吸引能之和. 若用表 4.4.3 中的相应数据代入 (4.4.31) 式, 便可求得自洽场方法理念下的轨道能, 以 He 为例, $E = -2.854\,21$ a.u., $\sum_i f_i = 2.854\,21 + (-6.750\,28) = -3.896\,07$ a.u., 于是求得 $\epsilon = -0.906\,18$ a.u..

（2）库普曼定理的增益

用 Δ 表示增益, 则

$$\Delta = I_k - (E^+ - E) \tag{4.4.32}$$

式中, I_k 代表库普曼定理下的电离能, E^+ 和 E 分别代表电离前后体系的总电子能量, 以 He 为例, 用表 4.4.3 中的数据

$$I_k = -\left[\frac{1}{2}(总动能 + 总核吸引势能) + 电子排斥能 \right]$$

$$= -\left[\frac{1}{2}(2.854\,21 - 6.750\,28) + 1.041\,86 \right]$$

$$= 0.906\,18 (a.u.)$$

而 $E = -2.854\,21$ a.u., $E^+ = -I_{实验值} = -54.417\,760$ eV.

求得

$$\Delta = 0.051\,97 \text{ a.u.} = 1.414\,2 \text{ eV}$$

（3）弛豫效应

加入电子前后引起的和 $\left(-\frac{1}{2} \nabla^2 - \frac{Z}{r} \right)$ 相关的能量变化, 以 He 为

表 4.4.4　其他一些有价值的结果

	He I	Li II	Be III	B IV	C V	N VI	O VII	F VIII
Z'	1.539 29	2.533 4	3.530 61	4.528 98	5.527 91	6.527 15	7.526 59	8.526 16
n'	0.955 057	0.970 903	0.978 493	0.982 945	0.985 87	0.987 938	0.989 479	0.990 671
轨道能 a.u.	−0.906 18 (−0.896 48)[①]	−2.781 36	−5.656 37	−9.531 6	−14.406 6	−20.281 6	−27.156 6	−35.031 6
库普曼定理的增量 a.u.	0.051 97	0.052 07	0.052 18	0.052 02	0.052 07	0.052 1	0.052 13	0.052 14
弛豫能 a.u.	−0.052	−0.052 07	−0.052 1	−0.052 2	−0.052 2	−0.052 2	−0.052 2	−0.052 2
屏蔽常数[②]	0.310 559 21 (0.3)	0.311 266 (0.3)	0.311 599 2 (0.3)	0.311 780 7 (0.3)	0.311 907 1 (0.3)	0.311 995 8 (0.3)	0.312 061 3 (0.3)	0.312 111 8 (0.3)
径向期望值	0.902 8	0.563 7	0.409 8	0.321 9	0.265 0	0.225 2	0.195 8	0.173 2

注：① 括号中的轨道能为单 ζ HF 值，摘自：Clementi E. At. Data Nucl. Data Tables, 1974, 14: 445.
② 括号中的屏蔽常数值为 Slater 给出的值，取自：Slater J C. Phys. Rev., 1930, 36: 57.

例,用表 4.4.3 中的数据,有 $\left(-\dfrac{54.417\,760}{27.211\,6}\right)-\dfrac{1}{2}\left[(2.854\,21-6.750\,28)\right]=$ $-0.052(\mathrm{a.u.})=-1.414(\mathrm{eV})$. 应注意到弛豫能和增益值之间的联系.

(4) Slater 屏蔽常数 s

Slater 轨函的电子能量 $\varepsilon=-\dfrac{(Z-s)^2}{2n^{*2}}$. 仍以 He 为例,用表4.4.3中的数据代入有

$$\frac{1}{2}E=\frac{1}{2}\times(-2.854\,21)=-\frac{(2-s)^2}{2\times1^2}$$

求得

$$s=0.310\,559\,2$$

(5) 径向期望值

前面已推得

$$\langle r\rangle=\frac{3n'^2-l'(l'+1)}{2Z'} \tag{4.4.33}$$

以 He 为例,用表 4.4.3 中的数据代入求得

$$\langle r\rangle=0.902\,8$$

4.4.2.2　双广义拉盖尔函数做尝试函数[164]

为了提高计算的准确度和同时表明量子化学计算中广泛使用的线性组合技术在 WBEPM 理论计算中完全适用,本小节将使用由双广义拉盖尔函数线性组合表达的最弱受约束电子的单电子波函数,代替上小节的单广义拉盖尔函数的最弱受约束电子的单电子波函数作为尝试波函数,对 He 原子进行变分处理.

上小节已经表明:两个电子的空间波函数相同时,基态 He 原子系列的近似总电子能量 W 有极小值.因此,在本小节处理中将采用这一结果,即将基态 He 原子的总电子波函数取为

$$\Psi=(2!)^{-1/2}\sum_p(-1)^P P\{\psi_{1\mathrm{s}}(1)\alpha(1)\psi_{1\mathrm{s}}(2)\beta(2)\} \tag{4.4.34}$$

或

$$\Psi=|\;\psi_{1\mathrm{s}}(1)\,\overline{\psi}_{1\mathrm{s}}(2)\;| \tag{4.4.35}$$

式中，

$$\psi_{1s}(\mu) = R(\mu)Y_{00}(\theta_\mu, \phi_\mu) = c_1\varphi_1(\mu) + c_2\varphi_2(\mu) \quad (4.4.36)$$

(4.4.36) 式中，

$$\varphi_i(\mu) = \frac{1}{\sqrt{4\pi\Gamma(2l_i'+3)}} \left(\frac{2Z_i'}{n_i'}\right)^{l_i'+3/2} r_\mu^{l_i'} e^{-Z_i'r_\mu/n_i'} \quad (4.4.37)$$

此处，$n_i' = n_i + d_i$，$l_i' = l_i + d_i$，n_i 和 l_i 分别是主量子数和角量子数. Z_i' 和 d_i 为待定参数.

基态 He 原子的近似总电子能量的期望值

$$W = \frac{\langle \Psi \mid \hat{H} \mid \Psi \rangle}{\langle \Psi \mid \Psi \rangle} \quad (4.4.38)$$

式中，

$$\hat{H} = -\frac{1}{2}\nabla_1^2 - \frac{1}{2}\nabla_2^2 - \frac{Z}{r_1} - \frac{Z}{r_2} + \frac{1}{r_{12}} = \sum_{\mu=1}^{2}\hat{h}(\mu) + \frac{1}{r_{12}}$$

$$(4.4.39)$$

可以导出

$$\langle \Psi \mid \Psi \rangle = \left[(c_1^2 + c_2^2) + 2c_1c_2 S\right]^2 \quad (4.4.40)$$

和

$$\langle \Psi \mid \hat{H} \mid \Psi \rangle = c_1^4 A + 4c_1^3 c_2 B + 4c_1^2 c_2^2 C + 2c_1^2 c_2^2 D + 4c_1 c_2^3 E + c_2^4 F$$

$$(4.4.41)$$

(4.4.41)式中的 A，B，C，D，E 和 F 分别表示如下积分：

$$A = \langle \varphi_1(1)\varphi_1(2) \mid \hat{H} \mid \varphi_1(1)\varphi_1(2) \rangle$$

$$= \langle \varphi_1(1) \mid \hat{h}(1) \mid \varphi_1(1) \rangle + \langle \varphi_1(2) \mid \hat{h}(2) \mid \varphi_1(2) \rangle$$

$$+ \left\langle \varphi_1(1)\varphi_1(2) \left| \frac{1}{r_{12}} \right| \varphi_1(1)\varphi_1(2) \right\rangle \quad (4.4.42)$$

$$B = \langle \varphi_1(1)\varphi_1(2) \mid \hat{H} \mid \varphi_2(1)\varphi_1(2) \rangle$$

$$= \langle \varphi_1(1) \mid \hat{h}(1) \mid \varphi_2(1) \rangle + \langle \varphi_1(2) \mid \hat{h}(2) \mid \varphi_1(2) \rangle S$$

$$+ \left\langle \varphi_1(1)\varphi_1(2) \left| \frac{1}{r_{12}} \right| \varphi_2(1)\varphi_1(2) \right\rangle \quad (4.4.43)$$

$$C = \langle \varphi_1(1)\varphi_1(2) \mid \hat{H} \mid \varphi_2(1)\varphi_2(2) \rangle$$

$$= \langle \varphi_1(1) \mid \hat{h}(1) \mid \varphi_2(1) \rangle S + \langle \varphi_1(2) \mid \hat{h}(2) \mid \varphi_2(2) \rangle S$$

$$+ \left\langle \varphi_1(1)\varphi_1(2) \left| \frac{1}{r_{12}} \right| \varphi_2(1)\varphi_2(2) \right\rangle \qquad (4.4.44)$$

$$D = \langle \varphi_2(1)\varphi_1(2) \mid \hat{H} \mid \varphi_2(1)\varphi_1(2) \rangle$$

$$= \langle \varphi_2(1) \mid \hat{h}(1) \mid \varphi_2(1) \rangle + \langle \varphi_1(2) \mid \hat{h}(2) \mid \varphi_1(2) \rangle$$

$$+ \left\langle \varphi_2(1)\varphi_1(2) \left| \frac{1}{r_{12}} \right| \varphi_2(1)\varphi_1(2) \right\rangle \qquad (4.4.45)$$

$$E = \langle \varphi_2(1)\varphi_1(2) \mid \hat{H} \mid \varphi_2(1)\varphi_2(2) \rangle$$

$$= \langle \varphi_2(1) \mid \hat{h}(1) \mid \varphi_2(1) \rangle S + \langle \varphi_1(2) \mid \hat{h}(2) \mid \varphi_2(2) \rangle$$

$$+ \left\langle \varphi_2(1)\varphi_1(2) \left| \frac{1}{r_{12}} \right| \varphi_2(1)\varphi_2(2) \right\rangle \qquad (4.4.46)$$

$$F = \langle \varphi_2(1)\varphi_2(2) \mid \hat{H} \mid \varphi_2(1)\varphi_2(2) \rangle$$

$$= \langle \varphi_2(1) \mid \hat{h}(1) \mid \varphi_2(1) \rangle + \langle \varphi_2(2) \mid \hat{h}(2) \mid \varphi_2(2) \rangle$$

$$+ \left\langle \varphi_2(1)\varphi_2(2) \left| \frac{1}{r_{12}} \right| \varphi_2(1)\varphi_2(2) \right\rangle \qquad (4.4.47)$$

(4.4.40)式、(4.4.43)式、(4.4.44)式和(4.4.46)式中的

$$S = \langle \varphi_1(1)\varphi_2(1) \rangle$$

$$= \left[\Gamma(2l_1'+3) \Gamma(2l_2'+3) \right]^{-1/2} \left(\frac{2Z_1'}{n_1'} \right)^{l_1'+3/2}$$

$$\times \left(\frac{2Z_2'}{n_2'} \right)^{l_2'+3/2} \left(\frac{Z_1'}{n_1'} + \frac{Z_2'}{n_2'} \right)^{-l_1'-l_2'-3} \Gamma(l_1'+l_2'+3) \quad (4.4.48)$$

(4.4.42)式至(4.4.47)式中的所有积分表达式均已导出,具体表达式如下:

$$\langle \varphi_i(\mu) \mid \hat{h}(\mu) \mid \varphi_i(\mu) \rangle = \left\langle \varphi_i(\mu) \left| -\frac{1}{2} \nabla_\mu^2 - \frac{Z}{r_\mu} \right| \varphi_i(\mu) \right\rangle$$

$$= \frac{Z_i'^2}{2n_i'^2(2n_i'+1)} - \frac{ZZ_i'}{n_i'^2} \qquad (4.4.49)$$

$$\langle \varphi_i(\mu) \mid \hat{h}(\mu) \mid \varphi_j(\mu) \rangle$$

$$= \left\langle \varphi_i(\mu) \left| -\frac{1}{2}\nabla_\mu^2 - \frac{Z}{r_\mu} \right| \varphi_j(\mu) \right\rangle$$

$$= [\Gamma(2l_i'+3)\Gamma(2l_j'+3)]^{-1/2} \left(\frac{2Z_i'}{n_i'}\right)^{l_i'+3/2} \left(\frac{2Z_j'}{n_j'}\right)^{l_j'+3/2}$$

$$\times \left(\frac{Z_i'}{n_i'} + \frac{Z_j'}{n_j'}\right)^{-l_i'-l_j'-1} \Gamma(l_i'+l_j'+1)$$

$$\times \left[-\frac{Z_j'^2}{2n_j'^2}(l_i'+l_j'+2)(l_i'+l_j'+1)\left(\frac{Z_i'}{n_i'}+\frac{Z_j'}{n_j'}\right)^{-2} \right.$$

$$\left. + Z_j'(l_i'+l_j'+1)\left(\frac{Z_i'}{n_i'}+\frac{Z_j'}{n_j'}\right)^{-1} - \frac{l_j'(l_j'+1)}{2} \right]$$

$$- Z[\Gamma(2l_i'+3)\Gamma(2l_j'+3)]^{-1/2}\left(\frac{2Z_i'}{n_i'}\right)^{l_i'+3/2}\left(\frac{2Z_j'}{n_j'}\right)^{l_j'+3/2}$$

$$\times \left(\frac{Z_i'}{n_i'}+\frac{Z_j'}{n_j'}\right)^{-l_i'-l_j'-2}\Gamma(l_i'+l_j'+2) \tag{4.4.50}$$

$$\left\langle \varphi_i(\mu)\varphi_i(\nu)\frac{1}{r_{\mu\nu}}\varphi_i(\mu)\varphi_i(\nu) \right\rangle$$

$$= \frac{Z_i'}{n_i'^2}\{1 - 2^{-4n_i'}\Gamma(4n_i'+1)[\Gamma(2n_i'+1)]^{-2}\} \tag{4.4.51}$$

$$\left\langle \varphi_1(1)\varphi_1(2)\frac{1}{r_{12}}\varphi_2(1)\varphi_1(2) \right\rangle$$

$$= [\Gamma(2l_1'+3)\Gamma(2l_2'+3)]^{-1/2}\left(\frac{2Z_2'}{n_2'}\right)^{l_2'+3/2}$$

$$\times \left\{ \left(\frac{2Z_1'}{n_1'}\right)^{l_1'+5/2}\left(\frac{Z_1'}{n_1'}+\frac{Z_2'}{n_2'}\right)^{l_1'-l_2'-3}(2l_1'+2)^{-1}\Gamma(l_1'+l_2'+3) \right.$$

$$- \left(\frac{2Z_1'}{n_1'}\right)^{-l_2'-1/2}[(2Z_1'n_2')^{-1}(3Z_1'n_2'+Z_2'n_1')]^{-3l_1'-l_2'-4}$$

$$\times [\Gamma(2l_1'+3)]^{-1}\Gamma(3l_1'+l_2'+4) + \left(\frac{2Z_1'}{n_1'}\right)^{-l_2'-1/2}$$

$$\times [\Gamma(2l_1'+3)]^{-1}\left\langle \Gamma(2l_1'+3)[(2Z_1'n_2')^{-1}(Z_1'n_2'+Z_2'n_1')]^{-l_1'-l_2'-2} \right.$$

$$\times \Gamma(l_1'+l_2'+2) - \Gamma(2l_1'+2)$$

$$\times \left[(2Z_1'n_2')^{-1}(Z_1'n_2'+Z_2'n_1')\right]^{-l_1'-l_2'-3}\Gamma(l_1'+l_2'+3)$$

$$-\int_0^\infty \left[(2l_1'+2)-x\right]x^{l_1'+l_2'+1}\exp\left(\frac{-Z_1'n_2'+Z_2'n_1'x}{2Z_1'n_2'}\right)$$

$$\left.\left.\Gamma(2l_1'+2,\,x)\mathrm{d}x\right\}\right\} \tag{4.4.52}$$

$$\left\langle \varphi_1(1)\varphi_1(2)\frac{1}{r_{12}}\varphi_2(1)\varphi_2(2)\right\rangle$$

$$=\left[\Gamma(2l_1'+3)\Gamma(2l_2'+3)\right]^{-1/2}\left(\frac{2Z_1'}{n_1'}\right)^{2l_1'+3}\left(\frac{2Z_2'}{n_2'}\right)^{2l_2'+3}$$

$$\times\left(\frac{Z_1'}{n_1'}+\frac{Z_2'}{n_2'}\right)^{-2l_1'-2l_2'-5}\left[\Gamma(l_1'+l_2'+2)\Gamma(l_1'+l_2'+3)\right.$$

$$\left.-2^{-2l_1'-2l_2'-3}\Gamma(2l_1'+2l_2'+4)\right] \tag{4.4.53}$$

$$\left\langle \varphi_2(1)\varphi_1(2)\frac{1}{r_{12}}\varphi_2(1)\varphi_1(2)\right\rangle$$

$$=\frac{Z_2'}{n_2'^2}-\left[\Gamma(2l_1'+3)\Gamma(2l_2'+3)\right]^{-1}\left(\frac{2Z_2'}{n_2'}\right)^{2l_2'+3}$$

$$\times\left\{\left(\frac{2Z_1'}{n_1'}\right)^{2l_1'+2}\left(\frac{2Z_1'}{n_1'}+\frac{2Z_2'}{n_2'}\right)^{-2l_1'-2l_2'-4}\Gamma(2l_1'+2l_2'+4)\right.$$

$$-\left(\frac{2Z_1'}{n_1'}\right)^{-2l_2'-2}\int_0^\infty\left[(2l_1'+2)-x\right]x^{2l_2'+1}$$

$$\left.\exp\left(\frac{-Z_2'n_1'x}{Z_1'n_2'}\right)\Gamma(2l_1'+2,\,x)\mathrm{d}x\right\} \tag{4.4.54}$$

$$\left\langle \varphi_2(1)\varphi_1(2)\frac{1}{r_{12}}\varphi_2(1)\varphi_2(2)\right\rangle$$

$$=\left[\Gamma(2l_1'+3)\Gamma(2l_2'+3)\right]^{-1/2}\left(\frac{2Z_1'}{n_1'}\right)^{l_1'+3/2}\left(\frac{2Z_2'}{n_2'}\right)^{l_2'+3/2}$$

$$\times\left(\frac{Z_1'}{n_1'}+\frac{Z_2'}{n_2'}\right)^{-l_1'-l_2'-2}\Gamma(l_1'+l_2'+2)+\left[\Gamma(2l_1'+3)\right]^{-1/2}$$

$$\times\left[\Gamma(2l_2'+3)\right]^{-3/2}\left(\frac{2Z_1'}{n_1'}\right)^{l_1'+3/2}\left(\frac{2Z_2'}{n_2'}\right)^{3l_2'+9/2}\left(\frac{Z_1'}{n_1'}+\frac{Z_2'}{n_2'}\right)^{-l_1'-3l_2'-5}$$

$$\times\left\{-\left[(Z_1'n_2'+Z_2'n_1')^{-1}(Z_1'n_2'+3Z_2'n_1')\right]^{-l_1'-3l_2'-4}\right.$$

$$\times \Gamma(l'_1 + 3l'_2 + 4) + (l'_1 + l'_2 + 2) \Gamma(l'_1 + l'_2 + 2)$$
$$\times \Gamma(2l'_2 + 2) [(Z'_1 n'_2 + Z'_2 n'_1)^{-1} (2Z'_2 n'_1)]^{-2l'_2 - 2} - \Gamma(l'_1 + l'_2 + 2)$$
$$\times \Gamma(2l'_2 + 3) [(Z'_1 n'_2 + Z'_2 n'_1)^{-1} (2Z'_2 n'_1)]^{-2l'_2 - 3}$$
$$- \int_0^\infty [(l'_1 + l'_2 + 2) - x] x^{2l'_2 + 1} \exp\left(\frac{-2Z'_2 n'_1 x}{Z'_1 n'_2 + Z'_2 n'_1}\right)$$
$$\times \Gamma(l'_1 + l'_2 + 2, x) \mathrm{d}x \Big\} \tag{4.4.55}$$

将 (4.4.41) 式至 (4.4.55) 式中有关的式子代入 (4.4.38) 式, 则可得到 W 的表达式.

通过搜索 W 的极小值, 当 $c_1 = 0.843$, $Z'_1 = 1.45328$, $d_1 = -0.000081$, $c_2 = 0.1814$, $Z'_2 = 2.9$ 和 $d_2 = -0.00086$ 时, $W_{\min} = -2.861672864$ a.u..

由于是搜索极小值, 很难找准一个精确的极小值. 实际上, 在上面给出的 $W_{\min} = -2.861672864$ a.u. 附近还发现有若干个极小值, 相关的参数值和极小值列在表 4.4.5 中.

用双广义拉盖尔函数线性组合表达的最弱受约束电子的单电子波函数做尝试函数所得结果和其他结果的对比列在表 4.4.6 中.

由表 4.4.6 可见: ① WBEPM 理论下用双广义拉盖尔函数线性组合的计算结果稍稍优于使用双 ζ (Zeta) 函数的哈特利-福克 (HF) 方法的结果, 如果取 $d_i = 0$, 即 $n'_i = n_i + d_i = n_i$, $l'_i = l'_i + d_i = l_i$, (4.4.37) 式便被还原成斯莱特 (Slater) 函数, 由此也就可得到双 ζ (Zeta) 函数的 HF 方法的结果; ② WBEPM 理论下用双广义拉盖尔函数线性组合的计算结果比 WBEPM 理论下用单广义拉盖尔函数的计算结果大有改善, 这表明我们预期的结果达到了, 即提高了计算的准确度, 同时也表明把原子轨道或分子轨道表示成一组合适的基函数的线性组合技术在 WBEPM 理论中是同样行得通的. 更一般地说, 只要是合适的一组基函数, 包括斯莱特 (Slater) 函数、高斯 (Gaussian) 函数、广义拉盖尔 (generalized Laguerre) 函数、类氢函数等[176-178], 在 WBEPM 理论中都适用; ③ 用双广义拉盖尔函数线性组合的结果是 -2.8616729 a.u., 实验值是 -2.90372 a.u.[175]. 如果把计算值加上相对论修正 (-0.00007 a.u.) 和相关能修正 (-0.04204 a.u.), 那么就差不多和实验值相同. 这表明计算误差来源是使用了非相对论性哈密顿算符和使用了单行列式反对称电子波函数, 导致相对论效应被忽略及对电子相关效应估计的偏差. 从前面的理论阐述已表明 WBEPM

表 4.4.5　搜索到的 W 的几个极小值和相关的参数值

序　号	1	2	3	4[①]	5
总电子能量值 (T.E.)	$-2.861\,672\,955$	$-2.861\,672\,971$	$-2.861\,672\,860$	$-2.861\,672\,864$	$-2.861\,672\,846$
c_1	0.846 94	0.846 928	0.843	0.843	0.843
c_2	0.184 04	0.184 127	0.181 4	0.181 4	0.181 4
Z_1'	1.451 94	1.451 96	1.453 22	1.453 28	1.453 16
Z_2'	2.893 81	2.892 72	2.899 86	2.9	2.899 72
d_1	$-0.000\,081$	$-0.000\,058$	$-0.000\,081$	$-0.000\,081$	$-0.000\,081$
d_2	$-0.000\,86$	-0.001	$-0.000\,86$	$-0.000\,86$	$-0.000\,86$
$\dfrac{\text{P.E.}}{\text{K.E.}}$[②]	$-1.999\,997\,8$	$-1.999\,987\,0$	$-2.000\,067\,92$	$-1.999\,981\,77$	$2.000\,154\,08$
$\psi(\mu)$ 的归一性	1.012 729 54	1.012 877 89	1.000 000 76	0.999 999 87	1.000 001 66

注：① 4 号是正文中给出的值 $W_{\min} = -2.861\,672\,864$ a.u.．$ -2.861\,672\,9$ a.u.．
　　② P.E./K.E. 为势能和动能的比值，这些比值均接近 -2，表示符合维里定理．

表 4.4.6　双广义拉盖尔函数线性组合的
计算值和其他相关值对比[①]

序　号	1	2	3	4
基态 He 原子的总电子能量(T.E.)	−2.861 672 9	−2.861 672 6	−2.854 21	−2.847 656 2
总动能(K.E.)	2.861 725 0	2.861 685 5	2.854 21	2.847 656 2
总势能(P.E.)	−5.723 397 9	−5.723 358 1	−5.708 42	−5.695 312 5
P.E./T.E.	−1.999 981 8	−1.999 995 5	−2	−2.000 000 0
总的排斥势能	1.025 872 0		1.041 86	
总的吸引势能	−6.749 269 9		−6.750 28	
$\psi(\mu)$ 的归一性	0.999 999 9	0.999 995 6	1	1
轨道能	−0.917 900 4	−0.917 94	−0.906 18	−0.896 48

注：① 表中：1 号代表 WBEPM 理论下用双广义拉盖尔函数的计算结果；
2 号代表双 ζ(Zeta)函数的哈特利-福克(HF)方法的结果.此结果取自：
Clementi E, Roetti C. At. Data Nucl. Data, 1974, 14：428；
3 号代表 WBEPM 理论下用单广义拉盖尔函数的计算结果；
4 号代表单 ζ(Zeta)函数的 HF 方法的结果.此结果来源同 2 号.

理论中已留下空间可以容纳这些效应的修正,而已有的量子化学计算方法中关于相对论和相关能计算的行之有效的理论方法都是可以引入 WBEPM 理论中来的.

4.4.3　最弱受约束电子势模型理论下基态 He 系列的微扰处理[164]

对于基态 He 系列,体系的非相对论哈密顿算符

$$\hat{H} = -\frac{1}{2}\nabla_1^2 - \frac{1}{2}\nabla_2^2 - \frac{Z}{r_1} - \frac{Z}{r_2} + \frac{1}{r_{12}} = \sum_{i=1}^{2}\hat{H}_i \qquad (4.4.56)$$

$\hat{H}_i$ 分成两个部分:

$$\hat{H}_i = \left[-\frac{1}{2}\nabla_i^2 + V(r_i)\right] + \left[-V(r_i) - \frac{Z}{r_i} + \sum_{j=i+1}^{2}\frac{1}{r_{ij}}\right] = H_i^0 + H_i' \qquad (4.4.57)$$

此处,H_i^0 代表未被扰动的哈密顿量,H_i' 代表微扰.

(4.4.57)式代入(4.4.56)式,得

$$\hat{H} = \sum_{i=1}^{2} H_i^0 + \sum_{i=1}^{2} H_i' = H^0 + H' \tag{4.4.58}$$

取

$$V(r_i) = -\frac{Z_i'}{r_i} + \frac{d_i(d_i+1) + 2d_i l_i}{2r_i^2} \tag{4.4.59}$$

则

$$H^0 = H_1^0 + H_2^0 = -\frac{1}{2}\nabla_1^2 - \frac{Z_1'}{r_1} + \frac{d_1(d_1+1) + 2d_1 l_2}{2r_1^2}$$
$$-\frac{1}{2}\nabla_2^2 - \frac{Z_2'}{r_2} + \frac{d_2(d_2+1) + 2d_2 l_2}{2r_2^2}$$
$$\tag{4.4.60}$$

如第 3 章所述，H^0 是可准确求解的问题的哈密顿算符. 相应的未受扰动的波函数

$$\Psi^0(r_1, r_2) = \psi_{1s}^0(r_1)\psi_{1s}^0(r_2)$$
$$= \frac{1}{4\pi\sqrt{\Gamma(2l_1'+3)\Gamma(2l_2'+3)}}\left(\frac{2Z_1'}{n_1'}\right)^{l_1'+3/2}$$
$$\times\left(\frac{2Z_2'}{n_2'}\right)^{l_2'+3/2} r_1^{l_1'} r_2^{l_2'} \mathrm{e}^{-(Z_1'r_1/n_1')-(Z_2'r_2/n_2')} \tag{4.4.61}$$

未受扰动的总电子能量

$$E^0 = \varepsilon_1^0 + \varepsilon_2^0 = -\frac{Z_1'^2}{2n_1'^2} - \frac{Z_2'^2}{2n_2'^2} \tag{4.4.62}$$

现在计算一级微扰能

$$E' = \langle \Psi^0(r_1, r_2) \mid H' \mid \Psi^0(r_1, r_2)\rangle$$
$$= \langle \Psi^0(r_1, r_2) \mid H_1' \mid \Psi^0(r_1, r_2)\rangle$$
$$+ \langle \Psi^0(r_1, r_2) \mid H_2' \mid \Psi^0(r_1, r_2)\rangle$$
$$= \left[\left\langle \psi_{1s}^0(r_1)\left|\frac{Z_1'-Z}{r_1} - \frac{d_1(d_1+1)+2d_1 l_1}{2r_1^2}\right|\psi_{1s}^0(r_1)\right\rangle\right.$$
$$\left.+ \left\langle \psi_{1s}^0(r_1)\psi_{1s}^0(r_2)\left|\frac{1}{r_{12}}\right|\psi_{1s}^0(r_1)\psi_{1s}^0(r_2)\right\rangle\right]$$

$$+\left[\left\langle\psi^0_{1s}(r_2)\left|\frac{Z'_2-Z}{r_2}-\frac{d_2(d_2+1)+2d_2l_2}{2r_2^2}\right|\psi^0_{1s}(r_2)\right\rangle\right]$$

$$=E'_1+E'_2 \tag{4.4.63}$$

根据文献[178]有

$$\left\langle\psi_{1s}\left|\frac{1}{r_1}\right|\psi_{1s}\right\rangle=\frac{Z'}{n'^2} \tag{4.4.64}$$

和

$$\left\langle\psi_{1s}\left|\frac{1}{r^2}\right|\psi_{1s}\right\rangle=\frac{2Z'^2}{n'^3(2l'+1)} \tag{4.4.65}$$

$\dfrac{1}{r_{ij}}$ 在球坐标系的展开式为[172]

$$\frac{1}{r_{ij}}=\frac{1}{r_>}\sum_{l=0}^{\infty}\frac{r^l_<}{r^l_>}P_l(\cos\theta) \tag{4.4.66}$$

可以导出

$$\left\langle\psi^0_{1s}(r_1)\psi^0_{1s}(r_2)\left|\frac{1}{r_{12}}\right|\psi^0_{1s}(r_1)\psi^0_{1s}(r_2)\right\rangle$$

$$=\frac{Z'_1}{n_1'^2}-\frac{1}{\Gamma(2l'_1+3)\Gamma(2l'_2+3)}\left(\frac{2Z'_1}{n'_1}\right)^{2l'_1+3}\left(\frac{2Z'_2}{n'_2}\right)^{2l'_2+2}$$

$$\times\left(\frac{2Z'_1}{n'_1}+\frac{2Z'_2}{n'_2}\right)^{-(2l'_1+2l'_2+4)}\Gamma(2l'_1+2l'_2+4)$$

$$-\frac{1}{\Gamma(2l'_1+3)\Gamma(2l'_2+3)}\left(\frac{2Z'_1}{n'_1}\right)^{2l'_1+3}\left(\frac{2Z'_2}{n'_2}\right)^{-2l'_2-2}$$

$$\times\left\{\int_0^{\infty}\left[(2l'_2+2)r^{2l'_1+1}-r^{2l'_1+2}\right]\exp\left(\frac{-Z'_1n'_2r}{Z'_2n'_1}\right)\right.$$

$$\left.\times\Gamma(2l'_2+2,\,x)\mathrm{d}x\right\} \tag{4.4.67}$$

于是

$$E'_1=\langle\psi^0_{1s}(r_1)\mid H'_1\mid\psi^0_{1s}(r_1)\rangle=\frac{Z_1'^2}{n_1'^2}\left(1-\frac{l'_1}{2l'_1+1}\right)-\frac{ZZ'_1}{n_1'^2}$$

$$+\left\langle\psi^0_{1s}(r_1)\psi^0_{1s}(r_2)\left|\frac{1}{r_{12}}\right|\psi^0_{1s}(r_1)\psi^0_{1s}(r_2)\right\rangle \tag{4.4.68}$$

$$E_2' = \langle \psi_{1s}^0(r_2) \mid H_2' \mid \psi_{1s}^0(r_2) \rangle = \frac{Z_2'^2}{n_2'^2}\left(1 - \frac{l_2'}{2l_2'+1}\right) - \frac{ZZ_2'}{n_2'^2}$$

$$(4.4.69)$$

一级微扰能的校正值

$$E' = E_1' + E_2' \qquad (4.4.70)$$

把一级微扰能校正值加到未微扰能上,可得

$$E = E^0 + E^1$$

$$= \frac{Z_1'^2}{2n_1'^2(2l_1'+1)} - \frac{ZZ_1'}{n_1'^2} + \frac{Z_2'^2}{2n_2'^2(2l_2'+1)} - \frac{ZZ_2'}{n_2'^2}$$

$$+ \frac{Z_1'}{n_1'^2} - \frac{1}{\Gamma(2l_1'+3)\Gamma(2l_2'+3)}\left(\frac{2Z_1'}{n_1'}\right)^{2l_1'+3}\left(\frac{2Z_2'}{n_2'}\right)^{2l_2'+3}$$

$$\times \left(\frac{2Z_1'}{n_1'} + \frac{2Z_2'}{n_2'}\right)^{-(2l_1'+2l_2'+4)} \Gamma(2l_1'+2l_2'+4)$$

$$- \frac{1}{\Gamma(2l_1'+3)\Gamma(2l_2'+3)}\left(\frac{2Z_1'}{n_1'}\right)^{2l_1'+3}\left(\frac{2Z_2'}{n_2'}\right)^{-2l_2'-2}$$

$$\times \left\{\int_0^\infty \left[(2l_2'+2)r^{2l_1'+1} - r^{2l_1'+2}\right]\exp\left(\frac{-Z_1'n_2'r}{Z_2'n_1'}\right)\right.$$

$$\left. \times \Gamma(2l_2'+2, x)\mathrm{d}x\right\} \qquad (4.4.71)$$

搜索总能量极小值,对于 He 原子得到结果如下:当

$$\begin{cases} Z_1' = Z_2' = 1.539\,29 \\ d_1 = d_2 = -0.044\,926 \end{cases} \qquad (4.4.72)$$

$$\min(E[Z_1', Z_2', d_1, d_2]) = -2.854\,21 \qquad (4.4.73)$$

此结果和利用单广义拉盖尔方法对 He 系列实施变分处理的结果相同.

4.5 电负性、硬软酸碱和配位聚合物的分子设计

4.5.1 电负性概念和标度

鲍林(L. Pauling)在《化学键的本质》一书中给出了化学键的定义:

"就两个原子或原子团而言,如果作用于它们之间的力能够导致聚集体的形成,这个聚集体的稳定性又是大到可让化学家方便地作为一个独立的分子品种来看待,则我们说在这些原子或原子团之间存在着化学键."[179]根据这个定义,离子键、共价键、金属键、配位键、氢键,甚至某些特定情况下范德华力的贡献(例如在超分子化合物、配位聚合物中)也都属于化学键的范畴.

电负性标度用来衡量分子中原子吸引电子的能力的大小.[180]因此电负性是理解化学键、分子结构的一个重要概念.如今,人们已经把电负性和化学势、路易斯(Lewis)酸、碱软硬度,化学键键型过渡和晶体结构,物性(如键能、生成焓等)和反应活性,分子设计和合成等关联起来.

电负性不是一个物理量,不可能用实验方法直接测定.因此,电负性的大小是通过标度来表征的,鲍林首先给出了电负性的热化学标度.表 4.5.1 列出鲍林电负性值.[181]除鲍林电负性外,从各种不同角度出发提出的电负性标度种类繁多.有 Mulliken 标度[182],Allred-Rochow 标度[183],Gordy 标度[184],Sanderson 标度[185],Phillips 标度[186],John-Bloch 标度[187],Allen 标度[188],Y. H. Zhang 元素价态电负性标度[189],郑能武-李国胜的核势标度[190],刘遵宪[191]、孙承谔[192]、李世瑨[193]、高孝恢[194]、袁汉杰[195]等对电负性标度也都做了广泛深入的研究,电负性概念也从原来的元素电负性,关联到化学势[196-197],扩展到轨道电负性、基团电负性等[198-204].使电负性在化学、物理学、材料科学、生物和地质学等方面都有了广泛的应用.

4.5.2 最弱受约束电子的核势标度[190,205]

根据第 3 章的叙述,对于最弱受约束电子,有如下表达式:

$$\varepsilon_\mu^0 \approx -\frac{Z'^2}{2n'^2}(\text{a.u.}) \tag{4.5.1}$$

$$I_\mu \approx -\varepsilon_\mu^0 \tag{4.5.2}$$

$$\langle r^{-1} \rangle = \frac{Z'}{n'^2} \tag{4.5.3}$$

$$\langle r \rangle = \frac{3n'^2 - l'(l'+1)}{2Z'} \tag{4.5.4}$$

表 4.5.1　鲍林电负性

IA	IIA	IIIB	IVB	VB	VIB	VIIB				IB	IIB	IIIA	IVA	VA	VIA	VIIA
H 2.1																
Li 1.0	Be 1.5											B 2.0	C 2.5	N 3.0	O 3.5	F 4.0
Na 0.9	Mg 1.2											Al 1.5	Si 1.8	P 2.1	S 2.5	Cl 3.0
K 0.8	Ca 1.0	Sc 1.3	Ti 1.5	V 1.6	Cr 1.6	Mn 1.5	Fe 1.8	Co 1.8	Ni 1.8	Cu 1.9	Zn 1.6	Ga 1.6	Ge 1.8	As 2.0	Se 2.4	Br 2.8
Rb 0.8	Sr 1.0	Y 1.2	Zr 1.4	Nb 1.6	Mo 1.8	Tc 1.9	Ru 2.2	Rh 2.2	Pd 2.2	Ag 1.9	Cd 1.7	In 1.7	Sn 1.8	Sb 1.9	Te 2.1	I 2.5
Cs 0.7	Ba 0.9	La–Lu 1.1 1.2	Hf 1.3	Ta 1.5	W 1.7	Re 1.9	Os 2.2	Ir 2.2	Pt 2.2	Au 2.4	Hg 1.9	Tl 1.8	Pb 1.8	Bi 1.9	Po 2.0	At 2.2
Fr 0.7	Ra 0.9	Ac 1.1	Th 1.3	Pa 1.5	U 1.7	Np–No 1.3										

资料来源：鲍林 L.化学键的本质[M].卢嘉锡,黄耀曾,曾广植,等,译校.上海：上海科学技术出版社,1966.

上述各式中，ε_μ^0 代表中心场下非相对论最弱受约束电子的能量，I_μ 代表最弱受约束电子的电离能，Z' 是最弱受约束电子感受到的有效核电荷数，n' 和 l' 分别称为最弱受约束电子的有效主量子数和有效角量子数，且有 $n'=n+d$，$l'=l+d$. $\langle r^{-1}\rangle$ 和 $\langle r\rangle$ 分别是 r^{-1} 和 r 的期望值.略去上下标并结合(4.5.1)式至(4.5.3)式，可得

$$Z'=\frac{2I}{\langle r^{-1}\rangle} \tag{4.5.5}$$

将(4.5.5)式代入(4.5.3)式，有

$$n'=\frac{(2I)^{1/2}}{\langle r^{-1}\rangle} \tag{4.5.6}$$

于是 Z' 和 n' 可用电离能 I 和期望值 $\langle r^{-1}\rangle$ 表示.

I 可以取自电离能的实验值，也可按 4.1 节给出的方法计算，$\langle r^{-1}\rangle$ 和

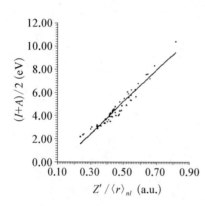

图 4.5.1　$(I+A)/2$ 与 $Z'/\langle r\rangle_{nl}$ 的线性关系

$\langle r\rangle$ 可用量子化学方法从理论上计算.于是得到比值 $Z'/\langle r\rangle$.我们发现 $Z'/\langle r\rangle$ 和 Mulliken 电负性 $X_M[X_M=(I+A)/2]$ 之间存在良好的线性关系(见图 4.5.1).线性相关系数达到 0.971.

密立根(Mulliken)电负性有三个特点：① $X_M=(I+A)/2$，通过电离能和电子亲和能之和的平均值表达吸引电子能力的大小，具有直观的物理意义；② Mulliken 电负性值和鲍林电负性值存在线性关系[203]：

$$X_P=0.366(X_M-0.615) \tag{4.5.7}$$

③ 密立根电负性已经和化学势、轨道电负性、软硬度相关联，因而存在深厚的量子化学理论基础.

比值 $Z'/\langle r\rangle$ 和 Mulliken 电负性之间呈良好的线性关系表明比值 $Z'/\langle r\rangle$ 可以作为 Mulliken 电负性的一种等价的标度形式.我们称比值 $Z'/\langle r\rangle$ 为原子(或离子)的最弱受约束电子的电负性核势标度.

在早期工作中[190,205]关于 $Z'/\langle r\rangle$ 和 Mulliken 电负性的关系还做过如下的研究：

密立根电负性

$$X_M = (I + A)/2 \tag{4.5.8}$$

绝对硬度[201]

$$\eta = (I - A)/2 \tag{4.5.9}$$

Gázquez - Ortiz 关系式[206]

$$\eta \approx \langle r^{-1} \rangle /4 \tag{4.5.10}$$

(4.5.8)和(4.5.9)两式相加得

$$X_M = I - \eta \tag{4.5.11}$$

代入(4.5.10)式,则有

$$X_M \approx I - \langle r^{-1} \rangle /4 \tag{4.5.12}$$

曾研究过周期表中 72 个元素的 $Z'/\langle r \rangle$ 与 $(I - \langle r^{-1} \rangle /4)$ 的关系,得到线性相关系数为 0.986 的结果(见图 4.5.2 和表 4.5.1).

若用电离能和电子亲和能的实验数据进行 $(I-A)/2$ 和 $\langle r^{-1} \rangle$ 拟合,会得到比 Gázquez - Ortiz 关系式,即(4.5.10)式,更准确的表达式.

原子有各级电离势和电子亲和势,且相应的 $\langle r^{-1} \rangle$ 和 $\langle r \rangle$ 都可理论计算,因此,最弱受约束电子的价态电负性核势标度值完全可以计算.

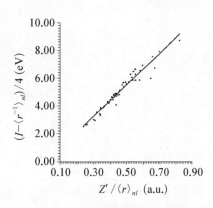

图 4.5.2　周期表中前 72 个元素(不含镧系)$I - \langle r^{-1} \rangle_{nl}/4$ 与 $Z'/\langle r \rangle_{nl}$ 的线性关系

(纵轴已表示成以 eV 为能量单位,线性相关系数为 0.986)

表 4.5.2　$Z'/\langle r \rangle$ 值

Z	原子	Z'	$\langle r \rangle$(a.u.)	$Z'/\langle r \rangle$(a.u.)
1	H	1	1.5	0.666 7
2	He	1.071 9	0.964 4	1.111 3
3	Li	1.148 3	3.689 2	0.311 2

Z	原子	Z'	$\langle r \rangle$(a.u.)	$Z'/\langle r \rangle$(a.u.)
4	Be	1.312 3	2.517 6	0.521 2
5	B	1.008 9	2.292 8	0.440 0
6	C	1.057 1	1.825 7	0.579 0
7	N	1.116 3	1.527 7	0.730 6
8	O	0.901 5	1.399 5	0.644 1
9	F	1.007 7	1.228 0	0.820 5
10	Ne	1.105 1	1.093 6	1.010
11	Na	1.254 2	4.131 0	0.303 5
12	Mg	1.408 2	3.170 5	0.444 1
13	Al	1.160 9	3.390 0	0.342 4
14	Si	1.254 2	2.737 6	0.458 1
15	P	1.352 8	2.323 2	0.582 3
16	S	1.171 2	2.109 6	0.555 1
17	Cl	1.300 7	1.875 6	0.693 4
18	Ar	1.423 9	1.692 7	0.841 1
19	K	1.349 6	5.111 5	0.264 0
20	Ca	1.500 1	4.081 8	0.367 5
21	Sc	1.501 8	3.842 7	0.390 8
22	Ti	1.492 4	3.680 9	0.405 4
23	V	1.413 9	3.561 9	0.396 9
24	Cr	1.366 2	3.453 8	0.395 5
25	Mn	1.452 4	3.331 8	0.435 9
26	Fe	1.479 1	3.212 1	0.460 4
27	Co	1.428 0	3.127 4	0.456 5
28	Ni	1.344 2	3.060 6	0.439 1
29	Cu	1.320 7	2.987 2	0.442 1
30	Zn	1.563 7	2.864 5	0.545 8
31	Ga	1.185 8	3.439 9	0.344 7
32	Ge	1.304 1	2.900 5	0.449 6
33	As	1.414 9	2.549 4	0.554 9
34	Se	1.274 5	2.367 0	0.538 4

Z	原子	Z'	$\langle r \rangle$(a.u.)	$Z'/\langle r \rangle$(a.u.)
35	Br	1.408 8	2.157 5	0.652 9
36	Kr	1.538 7	1.987 0	0.774 3
37	Rb	1.410 9	5.494 2	0.256 8
38	Sr	1.559 1	4.494 4	0.346 9
39	Y	1.613 2	4.167 4	0.387 1
40	Zr	1.641 4	3.967 3	0.413 7
41	Nb	1.582 1	3.829 1	0.413 1
42	Mo	1.574 5	3.707 1	0.424 7
43	Tc	1.566 9	3.609 4	0.434 1
44	Ru	1.533 3	3.506 9	0.437 1
45	Rh	1.507 6	3.422 4	0.440 5
46	Pd	1.642 4	3.315 6	0.495 3
47	Ag	1.457 2	3.284 7	0.443 6
48	Cd	1.694 4	3.176 2	0.533 4
49	In	1.282 5	3.779 9	0.339 3
50	Sn	1.397 4	3.267 1	0.427 7
51	Sb	1.465 3	2.932 4	0.499 6
52	Te	1.404 8	2.734 1	0.513 8
53	I	1.506 4	2.529 9	0.595 4
54	Xe	1.630 7	2.356 9	0.691 8
55	Cs	1.490 5	6.137 9	0.242 8
56	Ba	1.640 9	5.087 6	0.322 5
57	La	1.730 0	4.997 7	0.346 1
72	Hf	1.698 4	3.995 3	0.425 0
73	Ta	1.843 9	3.833 4	0.480 9
74	W	1.806 0	3.729 3	0.484 2
75	Re	1.736 7	3.652 9	0.475 4
76	Os	1.858 9	3.529 8	0.526 6
77	Ir	1.894 5	3.441 4	0.550 4
78	Pt	1.830 7	3.379 9	0.541 6
79	Au	1.837 6	3.315 0	0.554 3

Z	原子	Z'	$\langle r \rangle$(a.u.)	$Z'/\langle r \rangle$(a.u.)
80	Hg	2.041 4	3.229 7	0.632 0
81	Tl	1.420 7	3.908 2	0.363 5
82	Pb	1.502 0	3.430 5	0.437 8
83	Bi	1.330 8	3.164 9	0.420 4
84	Po	1.427 0	2.939 3	0.485 4
85	At	1.467 8	2.752 9	0.533 1
86	Rn	1.596 3	2.581 4	0.618 3

数据来源：Zheng N W，Li G S. J. Phys. Chem.，1994，98：3964.

4.5.3　硬软酸碱概念和标度

1923 年路易斯(G. N. Lewis)在电子对授受的概念下提出了酸碱的电子理论[207]，根据这个理论，凡能给出电子对的物种称为碱；凡能接受电子对的物种称为酸,酸和碱通过电子对的授受发生反应,生成酸碱加合物,和其他酸碱定义相比,这个定义涵盖的酸碱物种最为广泛,因此它的适用范围也最为广泛.我们所关心的金属离子及原子,和有机、无机配体形成配合物或配位聚合物的反应,都可以在这个理论下得到理解.

在配合物或配位聚合物中,金属离子或原子是电子对接受者,因此充当路易斯酸的角色,而有机、无机配体通过某个(或某些)原子或原子团授出电子,因此充当路易斯碱的角色,直接授出电子的那些原子或原子团称为配位原子或配位官能团,长式周期表右上角的元素：F,Cl,Br,I,O,S,Se,Te,N,P,As 等经常以配位原子的身份出现.金属离子或原子和配位原子或配位官能团之间的电子授受关系自然有一个牢固程度的问题,这种牢固程度通过配合物或配位聚合物的稳定性得到反映.人们发现有些金属离子(或原子)和某些配位原子生成的配合物稳定性很高,和另一些配位原子生成的配合物稳定性很低；另一些金属离子(或原子)则有相反的行为,以 Fe^{3+} 和 Hg^{2+} 的卤离子配合物为例(见表 4.5.3).

表 4.5.3 Fe^{3+},Hg^{2+} 的卤离子配合物的稳定常数($\lg k_1$)

中心离子 \ 配体	F^-	Cl^-	Br^-	I^-
Fe^{3+}	6.04	1.41	0.49	—
Hg^{2+}	1.03	6.72	8.94	12.87

数据来源：戴安邦,等.配位化学[M].北京：科学出版社,1987.

从表 4.5.3 可以看出作为配位原子的卤素和中心金属 Fe^{3+} 生成的配合物的稳定性,随卤素原子的种类不同呈现如下的变化,即 $F \gg Cl > Br > I$,而它们和中心金属 Hg^{2+} 生成的配合物的稳定性正好相反,即 $F \ll Cl < Br < I$.换成其他族的配位原子,类似的趋势也同样出现,即 $O \gg S > Se > Te$ 和 $O \ll S \sim Se \sim Te$;$N \gg P > As > Sb > Bi$ 和 $N \ll P > As > Sb > Bi$.于是 S. Abrland 等人将中心原子划分成(a)和(b)两类[208-210].(a)类中心原子和配体生成的配合物的稳定性随配位原子的不同有如下关系：$N \gg P > As > Sb > Bi$,$O \gg S > Se > Te$,$F \gg Cl > Br > I$;而(b)类的关系是 $N \ll P > As > Sb > Bi$,$O \ll S \sim Se \sim Te$,$F \ll Cl < Br < I$.中心原子的行为并不都像 Fe^{3+} 或 Hg^{2+} 那样典型,所以(a)类和(b)类的划分是定性的且比较粗糙.后来 Pearson 对配合物的稳定性规律做了进一步研究,并提出软硬酸碱的概念和分类[208,211].原有的(a)类中心原子归入硬酸范畴,(b)类中心原子归入软酸范畴,一些不那么典型的路易斯酸的物种,则成了处于硬酸和软酸中间的交界酸成员.对于授出电子对的路易斯碱也做了相应的分类：软碱、交界碱和硬碱.表 4.5.4 和表 4.5.5 分别列出常见的一些酸、碱的分类.随后在多种实验信息,如平衡常数、键能、速率常数等基础上,总结出硬软酸碱原理(hard and soft acids and bases,HSAB).该原理认为：硬酸倾向于和硬碱配位,软酸倾向于和软碱配位[208,212].HSAB 原理虽然是一个经验的原理,但应用很广.[213]

表 4.5.4 一些常见的硬酸、交界酸和软酸

硬酸

H^+,Li^+,Na^+,K^+,$R_b{}^+$,Cs^+,

Be^{2+},$Be(CH_3)_2$,Mg^{2+},Ca^{2+},Sr^{2+},Ba^{2+},

稀土金属离子 RE^{n+}($n=2,3,4$;RE=Sc,Y,La,Ce,Pr,Nd,Pm,Sm,Eu,Gd,Tb,Dy,Ho,Er,Tm,Yb,Lu),

$UO_2{}^{2+}$,U^{4+},Th^{4+},Pu^{4+},Ti^{4+},Zr^{4+},Hf^{4+},Cr^{3+},Cr^{6+},MoO^{3+},WO^{4+},Mn^{2+},Mn^{7+},Fe^{3+},Co^{3+},BF_3,BCl_3,$B(OR)_3$,Al^{3+},$AlCH_3$,AlH_3,$Al(CH_3)_3$,RCO^+,CO_2,NC^+,Si^{4+},Sn^{4+},CH_3Sn^{3+},$(CH_3)_2Sn^{2+}$,N^{3+},$RPO_2{}^+$,

$ROPO_2^+$, As^{3+} RSO_2^+ , $ROSO_2^+$, SO_3 , I^{5+} , I^{7+} , Cl^{3+} , Cl^{7+} ,
HX(氢键分子,含 H_2O)

软酸
Cu^+ , Ag^+ , Au^+ , Cd^{2+} , Hg^+ , Hg^{2+} , CH_3Hg^+ , Pd^{2+} , Pt^{2+} , Pt^{4+} , Tl^{3+} , Tl^+ , $Tl(CH_3)_3$, $Ga(CH_3)_3$, $GaCl_3$, $GaBr_3$, GaI_3 , BH_3 , $Co(CN)_5^{3-}$, HO^+ , RO^+ , RS^+ , RSe^+ , Te^{4+} , RTe^+ , Br_2 , Br^+ , I_2 , I^+ , ICN, O, Cl, Br, I, N, $RO\cdot$, $RO_2\cdot$, M°(金属原子), 三硝基苯,四氯苯醌,醌类等, 四氰基乙烯等,卡宾类

交界酸
Fe^{2+} , Co^{2+} , Ni^{2+} , Cu^{2+} , Zn^{2+} , Pb^{2+} , Sn^{2+} , Sb^{3+} , Bi^{3+} , Rh^{3+} , Ir^{3+} , Ru^{2+} , Os^{2+} , $B(CH_3)_3$, SO_2 , NO^+ , R_3C^+ , $C_6H_5^+$, GaH_3

资料来源：(1) Huheey J E. Inorganic Chemistry：Principles of Structure and Reactivity [M]. 3rd ed. Cambridge：Harper International sl Edition, 1983：314.

(2) 张祥麟,康衡.配位化学[M].长沙：中南工业大学出版社,1986：323.

(3) 戴安邦,等.配位化学[M].北京：科学出版社,1987：280.

(4) 黄春辉.稀土配位化学[M].北京：科学出版社,1997：13.

备注：徐光宪,高松,黄春辉,等.自然科学进展,1993,3：1 中还给出了如下金属元素软度增加顺序：稀土元素(最硬酸)＜前过渡元素(如 Ti, Zr, Hf, V, Nb, Ta, Cr, Mo, W)＜中过渡元素(如 Mn, Tc, Re, Fe, Ru, Os, Co, Rh, Ir, Ni, Pd, Pt)＜后过渡元素 (如 Cu, Ag, Au, Zn, Cd, Hg)和过渡金属以后的金属(如 Tl, In, Pb, Sn, Bi 等).

表 4.5.5　一些常见的硬碱、交界碱和软碱

硬　碱
F^- , Cl^- , O^{2-} , OH^- , H_2O , CH_3COO^- , ClO_4^- , NO_3^- , SO_4^{2-} , PO_4^{3-} , CO_3^{2-} , RO^- , ROH, R_2O, NH_3 , RNH_2 , N_2H_4

软　碱
I^- , S^{2-} , RS^- , RSH, R_2S, $S_2O_3^{2-}$, SCN^- , R_3P, R_3As, $(RO)_3P$, CN^- , RNC, CO, C_2H_4 , C_6H_6 , H^- , R^-

交界碱
$C_6H_5NH_2$, C_5H_5N, N_3^- , Br^- , NO_2^- , SO_3^{2-} , N_2

资料来源：(1) Huheey J E. Inorganic Chemistry：Principles of Structure and Reactivity [M]. 3rd ed. Cambridge：Harper International sl Edition, 1983：314.

(2) 张祥麟,康衡.配位化学[M].长沙：中南工业大学出版社,1986：323.

(3) 戴安邦,等.配位化学[M].北京：科学出版社,1987：280.

备注：(a) 文献 Maksić Z B. The Concept of the Chemical Bond[M]. Berlin：Springer-Verline, 1990：65 还给出硬度顺序：$F^->Cl^->Br^->I$；$OH^->SH^->SeH^-$；$NH_2^->PH_2^-$；$CH_3^->SiH_3^-$；$F^->OH^->NH_2^->CH_3^-$.

(b) 徐光宪,高松,黄春辉,等.自然科学进展,1993,3：1 给出碱硬度的顺序：氧配体是硬碱,S配体是软碱,N,Cl 和 P 等配体介于两者之间.

许多研究者致力于硬软酸碱强度(或标度)的定量研究.[207-208,214-218]虽然还不完善,但是对于中心离子(或原子),电负性和路易斯酸[19,208,215,218]的软硬度之间存在相关性是应该没有疑问的.在这方面,文献给出表达式有

$$\begin{cases} X_M = \dfrac{I+A}{2}^{[201]} \\ \eta = \dfrac{I-A}{2} \end{cases} \tag{4.5.13}$$

或

$$X_M = I - \eta \tag{4.5.14}$$

上两式中的 X_M 为 Mulliken 的电负性,I 和 A 分别为电离能和电子亲和能,η 为路易斯酸的绝对硬度.

$$Z = \dfrac{Z}{r_k^2} - 7.7X_z + 8.0^{[189,215]} \tag{4.5.15}$$

这个双参数方程中,Z 代表路易斯酸强度的标度,参数 Z/r_k^2 和静电力相关(Z 为原子实的电荷数,r_k 为离子半径),另一个和共价键强度相关的参数 X_z 是 Y. H. Zhang 提出的元素价态电负性,这些式子计算出来的硬度值有一定参考意义.不过,对于本书后面的讨论来说,(4.5.13)式和(4.5.15)式给出的三价镧系离子的硬度都偏低.实际上它们都是相当硬的硬酸.

4.5.4　配位聚合物的分子设计

1967 年 C. J. Pedersen 首次合成了冠醚化合物,并研究了它和金属离子的选择性配位结合的行为,由此开创了大环化合物的新兴研究领域[219].冠醚化合物有选择性地和金属离子配位,很像生物学中酶和底物之间的行为,表明它具有分子识别的功能.D. J. Cram 合成和研究了一系列具有光学活性的冠醚化合物,并以冠醚为主体(受体)选择性地和作为客体(底物)的离子或分子结合,由此创立了主-客体化学(Host-Guest Chemistry)[220].大环化合物不但具有分子识别金属离子或分子的功能,而且分子间可以通过非共价键的结合力组装起来,形成有新性质和新功能的聚集体.通过组装形成的聚集体已不是单个的分子,组装的驱动力

是非共价键力,已不同于分子内部的共价结合.关于分子识别和组装过程的研究已超越了分子这一层次.J. M. Lehn 在分子识别和组装的研究中提出了超分子化学(Supramolecular Chemistry)的概念.[221] 为了表彰三人在这一领域做出的开创性的贡献,1987 年他们被授予诺贝尔化学奖.

所谓分子识别,就是主体(受体)对客体(底物)选择性地结合并产生特定结构和功能的过程.所谓超分子化学,就是两个以上分子借助分子间的非共价键力在分子层次之上组装的化学.分子识别和组装的研究始于溶液体系,后来拓展到固体.晶体工程这一术语是 G. M. J. Schmidt 首先提出来的.[222] 这一术语很快就和超分子化学关联起来,并分别形成有机分子网络和配位聚合物两大领域,所以有机分子网络和配位聚合物的研究可以看成是超分子化学的新发展.

所谓配位聚合物,是金属离子和有机、无机配体以配位键结合形成模块式结构单元,模块式结构单元再向空间重复扩展,并通过非共价的相互作用组装成三维的晶体结构材料,因为它是组装出来的晶体材料,所以称之为晶体工程,又因为它是在分子层次之上组装形成的,所以被看作是超分子化学的新发展.

配位聚合物的组成和结构特征决定了它具有明显的优势:首先,金属离子是它的组分和基本结构要素之一.在配位、组装环境下金属离子所具有的电学、磁学、光学特性,化学的酸碱特性,氧化还原的特性,催化特性,配位特性等都可能赋予设计、合成的配位聚合物材料,从而使它变得多姿多彩.其次,它的组分和结构要素之二是有机、无机配体.种类繁多的配体,特别是有机配体,它们的组成、空间结构、构象、配位原子的"软""硬"性以及和金属离子配位方式的多样性等等,层出不穷,构造出来的模块、模块的空间扩展难以穷尽.第三,不同条件下组装出来的结构花样、性质和功能,又各不相同.配位聚合物的这些明显的优势为配位聚合物材料的设计、合成创造了无限的想象空间.也使配位聚合物材料中的孔穴通道的大小、形状、类型、表面积大小、内表面的酸碱特性、亲疏水性、催化特性(酸碱催化、氧化还原催化、手性催化、孔洞吸附和脱附)等有很大的可调变性,这是沸石材料、多孔无机类沸石材料及其他无机晶体材料和有机晶体材料很难与之媲美的.同时也正是因为这些明显的优势,使配位聚合物材料在催化剂、分子筛、分子磁体、非线性光学元件、传感器、药物合成等领域有着广泛的应用潜力.因而,配位聚合物的研究深受各国科学家的广泛关注.人们用金属离子和有机、无机配体设计合成出具有锯齿结构、砖墙结构、梯形结构、螺旋结构、蜂巢结构、金刚石结构等许许多多组装风格各异的配位聚合物晶体.[223-264]

配位聚合物的分子设计是一个很大的题目.许多评述和专著已有论述,比如徐光宪等[265]做了稀土多核配合物与原子簇的分子设计合成结构与成键的专题评述,黄春辉[266]出版了稀土配位化学专著,值得读者认真阅读.在此,我们仅结合实验室的工作,介绍我们如下的一些想法和做法:

(1) 硬软酸碱匹配.文献[265]指出,硬软酸碱原则是配合物、配位聚合物分子设计的一个规则.该文献同时给出金属元素软度增加的顺序:稀土元素(最硬酸)<前过渡元素<中过渡元素<后过渡元素和过渡金属以后的金属(参见表 4.5.4 中的备注),以及氧原子倾向于和稀土离子配位、氮则倾向于配位过渡金属离子的结论.文献[266]则以 1935—1995 年上半年正式发表有结构数据的稀土配合物的化学键分类数据更形象、更具体地加强了上述结论.在 719 种配合物中,RE－O 占 587 种,而 RE－N 只占 27 种.可见氧原子倾向于和稀土离子配位.我们注意到,直到 2000 年国外合成的配位聚合物中,金属离子以 Lewis 酸强度偏软的后过渡元素 Cu,Ag,Au,Zn,Cd,Hg 和中过渡元素 Pd,Pt,Ru,Fe,Co,Ni 等居多,与之相匹配的则是 Lewis 碱强度偏软的非氧配体(其中含 N 配体居多),而 Lewis 酸强度硬的稀土和 Lewis 碱强度硬的含氧配体相搭配的配位聚合物很少被研究,于是,我们较早地开展了稀土-氧配体的配位聚合物的合成工作[233-234,251].

(2) 骨架结构中悬挂功能基团/功能原子的概念和结构.当选择含 O,N 两种配位原子的化合物做配体,和选择稀土离子做中心元素时,可能出现两种配位情况.第一种情况是虽然稀土喜欢和氧配位而比较不喜欢和氮配位,但当配体中 O,N 原子正好能和稀土形成环结构时,则由于成环带来的稳定性,N 还是有可能和 O 同时和稀土配位(见图 4.5.3).图中配位聚合物是[Ce$_2$(Hpdc)$_3$(H$_2$O)$_4$]·2H$_2$O.Hpdc^{2-}代表 3,5 -吡唑二羧酸(3,5 - pyrazoledicarboxylic acid)阴离子.吡唑环上的 N 原子和邻近的一个羧基氧原子,正好和 Ce^{3+}螯合成五元环,所以,O,N 原子同时参与了配位.具体配位情况对于 Ce1 来说是三个 Hpdc^{2-}配体各自通过一个羧基氧原子和邻近的环上的氮原子,即图中标记的 O3/N2,O5/N3

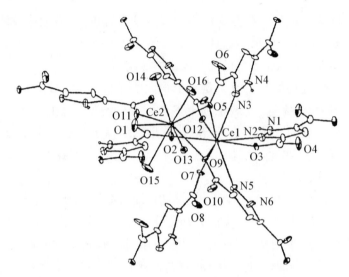

图 4.5.3 $[Ce_2(Hpdc)_3(H_2O)_4] \cdot 2H_2O$ 中的配位情况

取自：Pan L，Huang X Y，Li J，et al. Angew. Chem. Int. Ed.，2000，39：527.

和 O9/N5,和 Ce1 螯合,形成三个五元环;另外三个 Hpdc^{2-} 各自通过一个羧基氧,即图中的 O2,O7 和 O12 和 Ce1 配位.Ce1 的配位数是 9.对于 Ce2 来说,一个 Hpdc^{2-} 的一个羧基,即图中的 O1 和 O2,和 Ce2 螯合成环,另外三个 Hpdc^{2-} 各自通过一个羧基氧,即图中的 O5,O9 和 O11,和 Ce2 配位,剩下的四个配位位置由四个 H_2O 中的氧占据.Ce2 的配位数也是 9.第二种情况,则是稀土只和 O 配位而不和 N 配位.N 原子或含 N 的官能团不进入骨架结构,而是悬挂在骨架结构之上(见图 4.5.4 和图 4.5.5).两图中稀土离子只和氧配位,而不和 N 配位.未配位的含 N 原子的 $-NH_2$ 基团悬挂在骨架上.从主-客体化学角度,这些悬挂着的 N 原子或含 N 的官能团是具有功能的原子或官能团,因此,我们提出了设计在骨架结构中悬挂功能基团/功能原子的想法,这有助于主-客体化学反应功能的实现.

(3) 运用修饰配体的方法使稀土配位聚合物从堆积结构转变成开放孔洞结构.硬酸、硬碱的搭配是离子性强的化学键的模式,软酸、软碱的搭配是共价性强的化学键的模式,共价键有方向性,而离子键没有,所以,离子晶体结构是堆积结构,稀土-氧配位聚合物结构中易出现堆积结构,我们提议引入一些基团来修饰配体,这样就有可能起到"撑开"的作用,使堆积结构转变成孔洞结构(见图 4.5.6)[241,249-250].

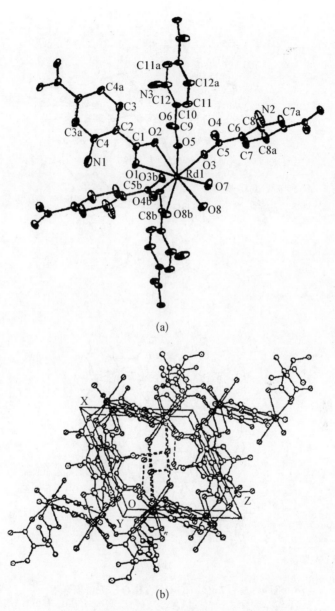

(a)

(b)

图 4.5.4　$[\mathrm{Nd}(\mathrm{C_8H_5NO_4})_{1.5}(\mathrm{H_2O})_2]\cdot 2\mathrm{H_2O}$

取自：Xu H T，Zheng N W，Jin X L，et al. J. Mol. Struct.，2003，654：183.

$\mathrm{C_8H_5NO_4^{2-}}$ 代表 2-氨基对苯二羧酸(2-aminoterephthalic acid)阴离子.

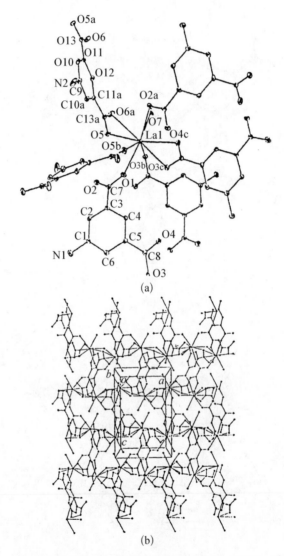

(a)

(b)

图 4.5.5 $[La(C_8H_5NO_4)_{1.5}H_2O]_n$ 配位聚合物

取自：Xu H T, Zheng N W, Jin X L, et al. Chem. Letts., 2002, 1144.
$C_8H_5NO_4^{2-}$ 代表 5-氨基间苯二羧酸(5-aminoisophthalic acid)阴离子.

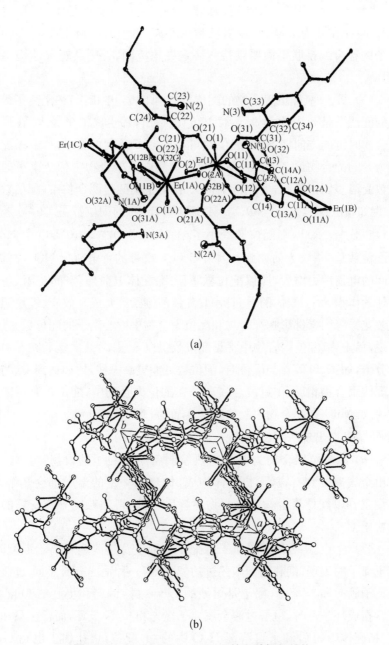

(a)

(b)

图 4.5.6　Er₂(abdc)₃·5.5H₂O 的开放框架结构

取自：Wu Y G，Zheng N W，et al. J. Mol. Struct.，2002，610：181.

abdc^{2-} 代表 2 -氨基- 1,4 -苯二羧酸(2 - amino - 1,4 - benzenedicarboxylic acid)阴离子.

(4) π 键结构.含苯、吡啶、吡唑、吡嗪环的二羧酸配体,环和羧基 CO_2^- 间存在共轭 π 键,在羧基氧和中心离子配位时,环和 CO_2^- -中心离子的螯合或桥联平面要维持在一定夹角范围,否则共轭 π 结构将被破坏[240,250].

(5) 稀土-氧配位聚合物的配位数.文献[265]中指出,稀土离子最常见的配位数是 8,其次是 9.文献[266]也指出,稀土离子半径大,在形成配合物时键的方向性不强,配位数可在 3—12 范围内变动.其中以配位数为 8 的配合物最多.的确,稀土配合物和配位聚合物中稀土离子的配位数受诸多因素影响,变化范围很大.在稀土硝酸盐配合物中,配位数很高.例如,在 $(NH_4)_2La(NO_3)_5 \cdot 4H_2O$ 中,La^{3+} 的配位数是 $12^{[266]}$.若用 $C_2O_4^{2-}$ 代替 NO_3^-,则配位数变小了.在 $Nd_2(C_2O_4)_3 \cdot 10H_2O$ 中 Nd^{3+} 的配位数是 $9^{[266]}$.为何如此? 因为 $C_2O_4^{2-}$ 携带的负电荷比 NO_3^- 高,配体间的电荷斥力增大,所以配位数下降.除配体电荷外,空间位阻(包括配体的体积大小、配体的空间构型、配体的刚柔性)、成环效应、模块间的组装花样等因素都影响配合物和配位聚合物中中心离子的配位数,一般来说,稀土-氧配位聚合物中常见配位数仍以 8 居多,其次是 9.在有中性小分子,如 H_2O 等参与配位时,配位数可能更高一些,比如达到 10.与稀土配位聚合物相反,中过渡金属离子在配位聚合物中,配位数有可能变大.例如 Mn^{2+} 在配合物中配位数是 6,而在 $[Mn(3.5-pdc) \cdot 2H_2O]$ 中,Mn^{2+} 罕见地出现 7 配位的情况(图 4.5.7)$^{[245]}$.

(6) 以配位聚合物为前驱物热解制备纳米粒子的设想.配位聚合物由金属离子和有机、无机配体构成,加热到一定的温度都会热解.我们注意到以配位聚合物为前驱物热解后,可以得到粒度分布良好的纳米粒子[241].

(7) 含 O、N 两种配位原子的配体和稀土及过渡金属离子混配时,稀土离子的表现,则和前面叙述过的(2)中第一种情况有所不同.过渡金属离子倾向和 N 配位,稀土是更硬的 Lewis 酸,倾向和更硬的 O 配位.若存在成环条件时,也是过渡金属离子优先和 O,N 成环,而稀土只和 O(包括配体中的 O 和来自溶剂 H_2O 中的 O)配位,想让稀土也和 O,N 同时配位,则合成难度非常大.

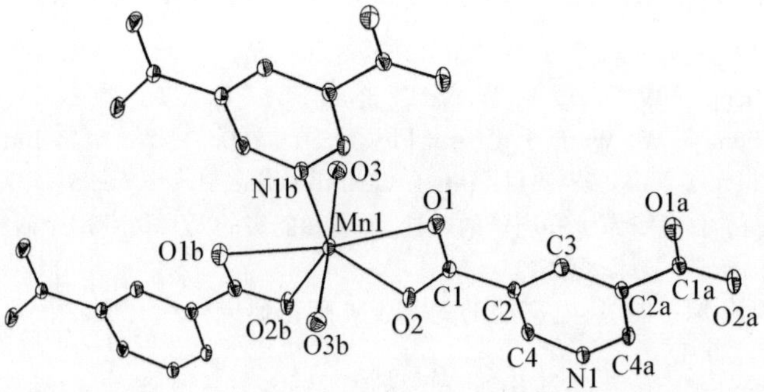

(a)

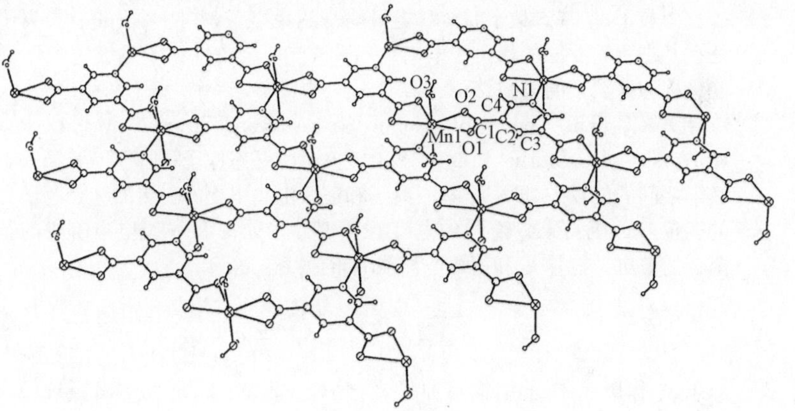

(b)

图 4.5.7　[Mn(3,5‐pdc)·2H₂O]配位聚合物中 Mn²⁺ 的配位数为 7

取自：Xu H T, Zheng N W, Xu H H, et al. J. Mol. Struct., 2002，610：47.
3,5‐pdc²⁻代表 3,5‐pyridine dicarboxylic acid 的阴离子.

参考文献

[1]　郑能武.原子新概论[M].南京：江苏教育出版社,1988.

[2]　Zheng N W. Kexue Tongbao,1986,31：1238‐1242;郑能武.科学通报,1985, 30：1801‐1804.

[3]　Zheng N W. Kexue Tongbao,1987,32：1263‐1267;郑能武.科学通报,1986, 31：1316‐1319.

[4]　Zheng N W. Kexue Tongbao,1988,33：916‐920;郑能武.科学通报,1987,

32；354－357.

[5] 郑能武.科学通报,1977,22；531－535.

[6] Zheng N W, Zhou T, Wang T, et al. Phys. Rev. A, 2002, 65；052510.

[7] Zheng N W, Wang T. Chem. Phys. Letts., 2003, 376；557；Int. J. Quantum Chem., 2003, 93；344；Int. J. Quantum Chem., 2004, 98；495.

[8] 王涛.多电子原子和离子的跃迁、电离和能级的 WBEPM 理论研究[D].合肥：中国科学技术大学,2003.

[9] 周涛.原子能级、电离能的 WBEPM 理论研究[D].合肥：中国科学技术大学,2001.

[10] Zheng N W, Xin H W. J. Phys. B：At. Mol. Opt. Phys., 1991, 24；1187.

[11] Thewlis J. Encyclopaedic Dictionary of Physics：Vol. 2 [M]. Oxford：Pergamon Press,1961.该文献给出电离势定义如下：对于像原子、分子这样的自由粒子,从基态粒子完全移走最弱受约束电子,并使余下的(正)离子也处在基态所需要的能量叫作电离势.于是,使一个中性粒子逐级电离所需的能量称为该粒子的第一、第二、第三、……电离势.

[12] Cowan R D. The Theory of Atomic Structure and Spectra [M]. Berkeley：University of California Press,1981.该文献称基态原子(或离子)和第一电离极限之间的能量差(即一个基态离子和逐级电离中更高一级的基态离子之间的能量差)为原子(或离子)的电离能.同时给出处在第 m 级电离阶段的基态离子的总电子能量 E 和逐级电离能 I_j 的关系：

$$E = -\sum_{j=m}^{Z} I_j \quad (1 \leqslant m \leqslant Z)$$

[13] 郑乐民,徐庚武.原子结构与原子光谱[M].北京：北京大学出版社,1988：123.该文献给出两种表示电离能的方法：一种是以离子最低能级的能量减去原子最低能级的能量作为电离能,这也是通常的电离能的计算方法；另一种以离子基组态的平均能减去原子基组态的平均能作为电离能.

[14] 徐克尊.高等原子分子物理学[M].北京：科学出版社,2000：158.该文献称分子和它的一次电离的离子的势能曲线的极小点之间的能量差为绝热电离势.它和 Koopmans 近似下的电离势(垂直电离势)不同.

[15] Edlen B. Encyclopedia of Physics：Vol. 27 [M]. Berlin：Springer-Verlag, 1964.

[16] Parpia F A, Fischer C F, Grant I P. Comput. Phys. Commun, 1996, 94；249.

[17] Kim Y K, Martin W C, Weiss A W. J. Opt. Soc. Am. B, 1988, 5；2215.

[18] Chen M H, Cheng K T, Johnson W. Phys. Rev. A, 1993, 47；3692.

[19] Dzuba V A, Flambaum V V, Sushkov O P. Phys. Letts. A, 1983, 95；230；Phys. Rev. A, 1995, 51；3454.

[20] Safronova M S, Johnson W R, Safronova U I. Phys. Rev. A, 1996, 53；4036.

[21] Dzuba V A, Johnson W R. Phys. Rev. A, 1998, 57；2459.

[22] Eliav E, Kaldor U, Ishikawa Y. Phys. Rev. A, 1996, 53: 3050.

[23] Jönsson P, Fischer C F, Godefroid M R. J. Phys. B: At. Mol. Opt. Phys., 1999, 32: 1233.

[24] Safronova U I, Johnson W R, Safronova M S, et al. Phys. Scr., 1999, 59: 286.

[25] Eliav E, Vilkas M J, Ishikawa Y, et al. Chem. Phys., 2005, 311: 163.

[26] Dzuba V A. Phys. Rev. A, 2005, 71: 032512.

[27] Safronova U I, Johnson W R, Safronova M S. Phys. Rev. A, 2007, 76: 042504.

[28] Safronova U I, Johnson W R, Berry H G. Phys. Rev. A, 2000, 61: 052503.

[29] Fischer C F, Tachiev G, Gaigalas G, et al. Comput. Phys. Commun., 2007, 176: 559.

[30] Jursic B S. Int. J. Quantum Chem., 1997, 64: 255.

[31] Davidson E R, Hagstron S A, Chakravorty S J, et al. Phys. Rev. A, 1991, 44: 7071; 1993, 47: 3649.

[32] Edlen B. Topics in Modern Physics: A Tribute to Edward U. Condon [M]. Colorado: Colorado Associated Univ. Press, 1971.

[33] Zheng N W, Xin H W. J. Phys. B: At. Mol. Opt. Phys., 1991, 24: 1187.

[34] Faktor M M, Hanks R. J. Inorg. Nucl. Chem., 1969, 31: 1649.

[35] Sugar J, Reader J. J. Chem. Phys., 1973, 59: 2083.

[36] Sugar J. J. Opt. Soc. Am., 1975, 65: 1366.

[37] Sinha S P. Helv. Chim. Acta, 1975, 58: 1978.

[38] Sinha S P. Inorg. Chim. Acta, 1977, 22: L5.

[39] Sinha S P. Inorg. Chim. Acta, 1978, 27: 253.

[40] Zheng N W, Zhou T, Yang R Y, et al. Chem. Phys., 2000, 258: 37.

[41] Zheng N W, Ma D X, Yang R Y, et al. J. Chem. Phys., 2000, 113: 1681.

[42] Zheng N W, Wang T, Ma D X, et al. Int. J. Quantum Chem., 2002, 87: 293.

[43] Ma D X, Zheng N W, Lin X. Spectrochimca Acta: Part B, 2003, 58: 1625.

[44] Zheng N W, Li Z Q, Fan J, et al. J. Phys. Soc. JPN, 2002, 71: 2677.

[45] Zheng N W, Li Z Q, Ma D X, et al. Can. J. Phys., 2004, 82.

[46] Fan J, Zheng N W, Ma D X, et al. Phys. Scr., 2004, 69: 398.

[47] Zheng N W, Fan J, Ma D X, et al. Phys. Soc. JPN, 2003, 72: 3091.

[48] Ma D X, Zheng N W, Fan J. J. Phys. Chem. Ref. Data, 2004, 33: 1013.

[49] Zhang T Y, Zheng N W, Ma D X. Phys. Scr., 2007, 75: 763.

[50] 周涛.原子能级、电离能的 WBEPM 理论研究[D].合肥：中国科学技术大学, 2001.

[51] 马东霞.WBEPM 理论的发展及其应用研究[D].合肥：中国科学技术大学, 2005.

[52] Blundell S A, Johnson W R, Safronova M S, et al. Phys. Rev. A, 2008, 77: 032507.

[53] Safronova U I, Cowan T E, Safronova M S. J. Phys. B: At. Mol. Opt. Phys., 2006, 39: 749.

[54] Safronova U I, Safronova M S, Johnson W R. Phys. Rev. A, 2005, 71: 052506.

[55] Safronova U I, Safronova M S. Can. J. Phys., 2004, 82: 743.

[56] Safronova U I, Johnson W R. Phys. Rev. A, 2004, 69: 052511.

[57] Safronova U I, Johnson W R, Safronova M S, et al. Phys. Rev. A, 2002, 66: 042506.

[58] Safronova U I. Mol. Phys., 2000, 98: 1213.

[59] Bieron J, Fischer C F, Godefroid M. J. Phys. B: At. Mol. Opt. Phys., 2002, 35: 3337.

[60] Berengut J C, Dzuba V A, Flambaum V V, et al. Phys. Rev. A, 2004, 69: 044102.

[61] Dzuba V A. Phys. Rev. A, 2005, 71: 062501; 2005, 71: 032512.

[62] Dzuba V A, Sushkov O P, Johnson W R, et al. Phys. Rev. A, 2002, 66: 032105.

[63] Safronova M S, Johnson W R, Safronova U I. J. Phys. B: At, Mol. Opt. Phys., 1997, 30: 2375; Phys. Rev. A, 1996, 54: 2850.

[64] Parr R G, Yang W T. Density-Functional Theory of Atoms and Molecules [M]. New York: Oxford University Press, 1989.

[65] Nagy A. Phys. Reports-Rev. Sec. of Phys. Left., 1998, 298: 2.

[66] Kozlov M G, Porsev S G, Flambaum V V. J. Phys. B: At. Mol. Opt. Phys., 1996, 29: 689.

[67] Lauderdale W J, Stanton J F, Gauss J, et al. J. Chem. Phys., 1992, 97: 6606.

[68] Seaton M J. Prog. Phys. Soc., 1966, 88: 801.

[69] Lu K T. Phys. Rev. A, 1971, 4: 579.

[70] Fano U. J. Opt. Soc. Am., 1975, 65: 979.

[71] Fischer C F. Phys. Rev. A, 1990, 41: 3481.

[72] Dzuba V A, Flambaum V V, Kozlov M G. Phys. Rev. A, 1996, 54: 3948.

[73] 郑乐民,徐庚武.原子结构与原子光谱[M].北京:北京大学出版社,1988.

[74] 徐克尊.高等原子分子物理学[M].北京:科学出版社,2000.

[75] Cowan R D. The Theory of Atomic Structure and Spectra[M]. Berkeley: University of California Press, 1981.

[76] Slater J C. Quantum Theory of Atomic Structure: Vol.1[M]. New York: McGraw-Hill Book Company Inc., 1960: 17 – 19. 里兹组合原则(Ritz Combination Principle)指出在任何原子光谱中,观测到的谱线的频率都可以写成两个有着频率量纲的光谱项值之差.

[77] Langer R M. Phys. Rev., 1930, 35: 649.

[78] 康纳德 J P.高激发原子[M].詹明生,王瑾,译.北京:科学出版社,2003: 27 – 28.该书指出:对于多电子原子、分子,甚至任一由带电粒子组成的近似球形

密集集合,甚至当存在内部激发时,仍显示出能级的 Rydberg 系列,也就是说,其能级 E_n 的无穷系列明显地遵守公式

$$E_{nl} = E_\infty - \frac{R_M Z^2}{(n - \mu_l)^2} = E_\infty - \frac{R_M Z^2}{n^{*2}}$$

[79]　Martin W C. J. Opt. Soc. Am., 1980, 70: 784.

[80]　郑能武.原子新概论[M].南京:江苏教育出版社,1988.

[81]　张国营,薛刘萍,夏天,等.原子与分子物理学报,2007,24:1014.(最大绝对误差 $1.91~\mathrm{cm}^{-1}$,最大相对误差 4×10^{-5}.)

[82]　薛刘萍,张国营,张学龙,等.原子与分子物理学报,2005,22:747.(绝大多数误差 $\leqslant 1~\mathrm{cm}^{-1}$,最大误差 $-18~\mathrm{cm}^{-1}$.)

[83]　薛刘萍,张国营,尹钊,等.原子与分子物理学报,2006,23:1133.(绝大多数误差 $\leqslant 1~\mathrm{cm}^{-1}$,最大相对误差 0.032%,绝对误差 $484.7~\mathrm{cm}^{-1}$.)

[84]　张国营,薛刘萍,张学龙,等.原子与分子物理学报:增刊,2006:48.(相对误差小于 6.59×10^{-5}.)

[85]　尹钊,聂元存,张国营,等.清华大学学报:自然科学版,2006,46:2037.(相对误差 $\leqslant 1.71 \times 10^{-5}$.)

[86]　张国营,薛刘萍,程勇,等.原子与分子物理学报,2004,21:411.

[87]　程勇,张国营,薛刘萍,等.商丘师范学院学报,2005,21:22.

[88]　徐光宪,黎乐民,王德民.量子化学基本原理和从头计算法:中册[M].北京:科学出版社,1985.

[89]　默雷尔 J N,凯特尔 S F A,特德 J M.原子价理论[M].文振翼,姚惟馨,等,译.北京:科学出版社,1978.

[90]　Zheng N W, Wang T, et al. J. Opt. Soc. Am. B, 2001, 18: 1395.

[91]　Zhang T Y, Zheng N W, Ma D X. Int. J. Quantum Chem., 2009, 109(2): 145.

[92]　Zheng N W, Wang T, et al. J. Chem. Phys., 2000, 112: 7042.

[93]　Zheng N W, Wang T, et al. J. Phys. Soc. JPN, 2002, 71: 1672.

[94]　Zheng N W, Wang T. Spectrochim Acta B, 2003, 58: 27; 2003, 58: 1319.

[95]　Zheng N W, Wang T, et al. J. Phys. Soc. JPN, 1999, 68: 3859.

[96]　Zheng N W, Sun Y J, Wang T, et al. Int. J. Quantum Chem., 2000, 76: 51.

[97]　Zhang T Y, Zheng N W. Acta Physica Polonica A, 2009, 116(2): 141.

[98]　Zheng N W, Wang T, et al. J. Chem. Phys., 2000, 113: 6169.

[99]　Zheng N W, Wang T, et al. At. Data Nucl. Data Tables, 2001, 79: 109.

[100]　Zheng N W, Wang T. Chem. Phys., 2002, 282: 31.

[101]　Zheng N W, Wang T. Astrophys. J. Suppl. Ser., 2002, 143: 231.

[102]　范婧.二、三周期原子能级及跃迁性质的理论研究[D].合肥:中国科学技术大学,2004.

[103]　Zheng N W, Fan J. J. Phys. Soc. JPN, 2003, 72: 3091.

[104]　Fan J, Zheng N W. Chem. Phys. Letts., 2004, 400: 273.

[105]　Fan J, Zheng N W, et al. Chin. J. Chem. Phys., 2007, 20: 265.

[106]　王涛.多电子原子和离子的跃迁、电离和能级的 WBEPM 理论研究[D].合

肥：中国科学技术大学，2003.

[107] 曾谨言.量力学导论[M].北京：北京大学出版社，1993.

[108] Hoans-Binh D. Astron. Astrophys. Suppl. Ser., 1993, 97: 769.

[109] Fischer C F. Can. J. Phys., 1975, 53: 338; 1975, 53: 184.

[110] Fischer C F, Tachiev G, Irimia A. At. Data. Nucl. Data. Tables, 2006, 92: 607.

[111] Fischer C F, Ralchenko Y. Int. J. Mass Spectrometry, 2008, 271: 85.

[112] Fischer C F. J. Phys. B: At. Mol. Opt. Phys., 2006, 39: 2159.

[113] Moccia R, Spizzo P. J. Phys. B, 1985, 18: 3537.

[114] Hibbert A, Biement E, Godefroid M, et al. Astron. Astrophys. Suppl. Ser., 1993, 99: 179.

[115] Fawcett B C. At. Data Nucl. Data Tables, 1987, 37: 411.

[116] Tong M, Fischer C F, Sturesson L. J. Phys. B, 1994, 27: 4819.

[117] Nahar S N. Phys. Rev. A, 1998, 58: 3766.

[118] Velasco M, Lavin C, Martin I. J. Quant. Spectrosc. Radiat. Transfer., 1997, 57: 509.

[119] Migdalek J, Baylis W E. J. Phys. B, 1978, 11: L497.

[120] Safronova U I, Safronova A S, Beiersdorfer P. Phys. Rev. A, 2008, 77: 032506.

[121] Johnson W R, Safronova U I. At. Data Nucl. Data Tables, 2007, 93: 139.

[122] Safronova U I, Cowan T E, Safronova M S. Phys. Lefts A, 2006, 348: 293.

[123] Murakami I, Safronova U I, Vasilyev A A, et al. At. Data Nucl. Data Tables, 2005, 90: 1.

[124] Safronova U I, Johnson W R, Shlyaptseva A, et al. Phys. Rev. A, 2003, 67: 052507.

[125] Johnson W R, Savukov I M, Safronova U I, et al. Astrophys. J. Suppl. Ser., 2002, 141: 543.

[126] Borschevsky A, Eliav E, Ishikawa Y, et al. Phys. Rev. A, 2006, 74: 062505.

[127] Dzuba V A, Ginges J S M. Phys. Rev. A, 2006, 73: 032503.

[128] Correge G, Hibbett A. At. Data Nucl. Data Tables, 2004, 86: 19.

[129] Safronova M S, Williams C J, Clark C W. Phys. Rev. A, 2004, 69: 022509.

[130] Keenan F P, Harra L K, Aggarwal K M, et al. Astrophys. J., 1992, 385: 375.

[131] Kulaga D, Migdalek J, Bar O. J. Phys. B, 2001, 34: 4775.

[132] Seijo L, Barandiaran Z, Harguindey E. J. Chem. Phys., 2001, 114: 118.

[133] Cohen S, Aymar M, Bolovinos A, et al. Eur. Phys. J. D, 2001, 13: 165.

[134] Seaton M J. J. Phys. B, 1998, 31: 5315.

[135] Rohrlich F. Astrophys. J., 1959, 129: 441; 1959, 129: 449.

[136] Racah G. Phys. Rev.，1942，62：438；1943，63：367.

[137] Fuhr J R，Martin W C，Musgrove A，et al. NIST Atomic Spectroscopic Database，Version 2. 0. 1996；http://physics. nist. gov（Select "Physical Reference Data"）.

[138] Lindgard A，Nielsen S E. J. Phys. B，1975，8：1183.

[139] Lindgard A，Nielsen S E. At. Data Nucl. Data Tables，1977，19：533.

[140] Theodosiou C E. Phys. Rev. A，1984，30：2881.

[141] Theodosiou C E. J. Phys. B，1980，13：L1.

[142] 郑能武,孙育杰等.物理化学学报,1999(15)：443.

[143] 孙育杰,王涛,郑能武.计算机与应用化学,1998(5)：369.

[144] Celik G，et al. Int. J. Quantum Chem.，2007，107：495.

[145] Evans E H，Day J A，Fisher A，et al. J. Anal. At. Spectrom.，2004，19：775.

[146] Celik G，Akin E，Kilic H S. Eur. Phys. J. D，2006，40：325.

[147] Celik G，Ates S. Eur. Phys. J. D，2007，44：433.

[148] Safronova U I，Johnson W R. Phys. Rev. A，2004，69：052511.

[149] Bridges J M，Wiese W L. Phys. Rev. A，2007，76：022513.

[150] Baclawski A，Wujec T，Musielok J. Eur. Phys. J. D，2006，40：195.

[151] Hikosaka Y，Lablanquie P，Shigemasa E. J. Phys. B：At. Mol. Opt. Phys. 2005，38：3597.

[152] Celik G. J. Quantitative Spectroscopy & Radiative Transfer，2007，103：578.

[153] Fivet V，Quinet P，Biemont E，et al. J. Phys. B：At，Mol. Opt. Phys.，2006，39：3587.

[154] Baclawski A，Musielok J. Eur. Phys. J. Special Topics，2007，144：221.

[155] Baclawski A，Wujec T，Musielok J. Eur. Phys. J. D，2007，44：427.

[156] Wang W，Cheng X L，Yang X D，et al. J. Phys. B：At. Mol. Opt. Phys.，2006，39：519.

[157] Santos J P，Madruga C，Parente F，et al. Nuclear Instruments and Methods in Physics Research B，2005，235：171.

[158] Mahmood S，Arnin N，Sami-ul-Haq，et al. J. Phys. B：At. Mol. Opt. Phys.，2006，39：2299.

[159] 杨治虎.原子与分子物理学报,1994,11：330.

[160] 杨治虎.原子与分子物理学报,1994,11：445.

[161] 杨治虎,苏有武.光子学报,1996,25：783.

[162] 郑能武.原子新概论[M].南京：江苏教育出版社,1988.

[163] Zheng N W，Wang T，Ma D X，et al. Int. J. Quantum Chem.，2004，98：281.

[164] (a) Ma D X，Zheng N W，Fan J. Int. J. Quantum Chem.，2005，105：12.
(b) 马东霞.WBEPM 理论的发展及其应用研究[D].合肥：中国科学技术大学,2005.

(c) Zheng N W, Zhang T Y. Acta Phys.-Chim. Sin., 2009, 25: 1093.

(d) Zheng N W, Ma D X. et al. Perturbation treatment on total energies and ionization energies of He-like series in WBEPM Theory. 未发表.

[165] King F W. J. Mol. Struct. (Theochem), 1997, 400: 7.

[166] King F W. Advances At. Mol. and Opt. Phys., 1999, 40: 57.

[167] Drake G W F. Phys. Scr., 1999, T83: 83.

[168] Drake G W F. Phys. Rev. A, 2002, 65: 054501.

[169] Rahal H, Gombert M M. J. Phys. B: At. Mol. Opt. Phys., 1997, 30: 4695.

[170] Springborg M. Methods of Electronic-Structure Calculations [M]. Chichester: John Wiley & Sons, Ltd., 2000: 100 - 101.

[171] Veszprémi T, Fehér M. Quantum Chemistry: Fundamentals to Applications [M]. Dordrecht: Kluwer Academic / Plenum Publishing, 1999: 113.

[172] 徐光宪,黎乐民,王德民.量子化学基本原理和从头计算法:中册[M].北京:科学出版社,1985.

[173] Kim Y K. Phys. Rev., 1967, 154: 17.

[174] Levine I N. Quantum Chemistry[M]. 5th ed. New Jersey: Prentice Hall, 2000.

[175] Lide D R. CRC Handbook of Chemistry and Physics[M]. Boca Raton: CRC Press, Inc., 2000.

[176] Foresman J B, Frisch A. Exploring Chemistry with Electronic Structure Methods[M]. 2nd ed. Pittsburgh: Gaussian, Inc., 1996.

[177] Pilar F L. Elementary Quantum Chemistry[M]. New York: McGraw-Hill, Inc., 1968: 248.

[178] Wen G W, Wang L Y, Wang R D. Chin. Sci. Bull., 1991, 36: 547.

[179] 鲍林 L.化学键的本质[M].卢嘉锡,黄耀曾,曾广植,等,译校.上海:上海科学技术出版社,1966: 3.

[180] 鲍林 L.化学键的本质[M].卢嘉锡,黄耀曾,曾广植,等,译校.上海:上海科学技术出版社,1966: 79.

[181] 鲍林 L.化学键的本质[M].卢嘉锡,黄耀曾,曾广植,等,译校.上海:上海科学技术出版社,1966: 79 - 86.

[182] Mulliken R S. J. Chem. Phys., 1934, 2: 782; 1935, 3: 573. 密立根 (Mulliken)指出,原子的电离能和电子亲和能的平均值应该是电中性原子对电子吸引的量度.因为电离能的大小反映失去电子的难易,而电子亲和能的大小则反映得到电子的难易.于是密立根就把这个平均值作为电负性的标度,即 $X_M = \dfrac{I+A}{2}$. 式中,X_M 代表密立根的电负性标度,I 和 A 分别代表中性原子的电离能和电子亲和能.

[183] Allred A L, Rochow E R. J. Inorg. Nucl. Chem., 1958, 5: 264. Allred-Rochow 电负性标度从库仑力出发,即 $F = \dfrac{Z^* e^2}{r^2}$,F 代表核对外层价电子的库仑吸引力,Z^* 是作用在价电子上的有效核电荷,r 是原子的共价半径.Z^*

可根据 Slater 规则计算,通过 Z^*/r^2 和 Pauling 电负性拟合,最终得到电负性 X 的表达式,$X=0.359\dfrac{Z^*}{r^2}+0.744$.

[184] Gordy W. Phys. Rev., 1946, 69: 604. Gordy 的贡献在于给出了不同价态的电负性值.

[185] Sanderson R T. J. Chem. Educ., 1952, 29: 539; 1954, 31: 2, 238.

[186] Phillips J C. Covalent Bonding in Crystals, Molecules and Polymers[M]. Chicago: University of Chicago Press, 1969.

[187] John J S, Bloch A N. Phys. Rev. Letts., 1974, 33: 1095.

[188] Allen L C. J. Am. Chem. Soc., 1989, 111: 9003.

[189] Zhang Y H. Inorg. Chem., 1982, 21: 3886. Y. H. Zhang 的元素价态电负性标度,也是从库仑力出发,即 $F\propto\dfrac{Z^*}{r^2}$,Z^* 为有效核电荷,r 为共价半径.然后利用电离能 I_I 的关系式:$I_I=R\dfrac{Z^{*2}}{n^{*2}}$,导出 $Z^*=n^*(I_I/R)^{1/2}$,代入前式得到 $F\propto\dfrac{n^*(I_I/R)^{1/2}}{r^2}$. 最后用 Pauling 电负性和 $\dfrac{n^*(I_I/R)^{1/2}}{r^2}$ 画图,拟合出下列关系式:$X_2=0.241\dfrac{n^*(I_I/R)^{1/2}}{r^2}+0.775$. 处理过程中,$I_I$ 值取自该文的参考文献[6]和[7],有效主量子数 n^* 取自该文的参考文献[7].但该文中把参考文献[7]的作者姓氏错写成 Zhen Nengwu,应为 Zheng Nengwu(郑能武),该标度给出了同种元素不同价态的电负性值,并且进一步可以和软、硬酸的强度相关联.

[190] Zheng N W, Li G S. J. Phys. Chem., 1994, 98: 3964. N. W. Zheng 和 G. S. Li 给出了最弱受约束电子的电负性核势标度.

[191] 刘遵宪.中国化学会会志,1942,9: 119.

[192] 孙承谔.中国化学会会志,1943,10: 77.

[193] 李世瑨.化学学报,1957,23: 234.

[194] 高孝恢.化学学报,1961,27: 190.

[195] 袁汉杰.化学学报,1964,30: 341;1965,31: 536.

[196] Parr R G, Donnelly R A, Levy M, et al. J. Chem. Phys., 1978, 69: 4431.

[197] Parr R G, Yang W T. Density-Functional Theory of Atoms and Molecules [M]. New York: Oxford University Press, Inc., 1989. 给出化学势是 Mulliken 电负性的负值,即 $\mu=-X_M$.

[198] Iczkowski R, et al. J. Am. Chem. Soc., 1961, 83: 3547. 给出 $\left(\dfrac{dE}{dN}\right)_{N=0}=X_M$ 关系式.

[199] Johnson K H. Int. J. Quantum Chem., 1977, 11: 39.定义了轨道电负性 $\mu_i=-\dfrac{\partial E}{\partial n_i}=-\epsilon_i$.此式表示当第 i 个轨道增加 dn_i 个电子时,其能量减低率为 μ_i,μ_i 越大,该轨道接受电子的能力越强.$X\alpha$ 方法中的轨道能量的负

值等于轨道电负性 μ_i.

[200] 唐敖庆,杨忠志,李前树.量子化学[M].北京:科学出版社,1982.

[201] Pearson R G. Absolute Electronegtivity and Absolute Hardness[M]// Maksić Z B. The Concept of Chemical Bond. Berlin:Springer-Verlag, 1990: 45-76. R. G. Pearson 给出绝对电负性和绝对硬度的概念,绝对电负性 $X = -\left(\dfrac{\partial E}{\partial N}\right)_V \approx \dfrac{I+A}{2}$ 和绝对硬度 $\eta = -\dfrac{1}{2}\left(\dfrac{\partial X}{\partial N}\right)_V \approx \dfrac{I-A}{2}$.

[202] Huheey J J. Phys. Chem., 1965, 69:3284.

[203] 杨频.分子结构参量及其与物性关联规律[M].北京:科学出版社,2007.该书对电负性的研究概况做了系统的阐述.

[204] 杨频,高孝恢.性能-结构-化学键[M].北京:高等教育出版社,1987.

[205] 李国胜,郑能武.化学学报,1994,52:448.

[206] Gázquez J L, Ortiz E. J. Chem. Phys., 1984, 81:2741.

[207] Huheey J E. Inorganic Chemistry:Principles of Structure and Reactivity [M]. 3rd ed. Cambridge:Harper International Si Edition, 1983.

[208] Pearson R G. Absolute Electronegativity and Absolute Hardness[M]// Maksic Z B. The Concept of the Chemical Bond. Berlin:Springer-Verlag, 1990.

[209] Abrland S, Davies N R. Quant. Rev., 1958, 19:265.

[210] 戴安邦,等.配位化学[M].北京:科学出版社,1987.

[211] Pearson R G. J. Am. Chem. Soc., 1963, 85:3533.

[212] Pearson R G. Hard and Soft Acids and Bases. Stroudsburg:Dowden, Hutchinson and Ross Inc., 1973.

[213] 南京大学化学系无机化学组.化学通报,1976(6):47.

[214] Pearson R G. J. Chem. Educ., 1968, 45:581, 643.

[215] Zhang Y H. Inorg. Chem., 1982, 21:3889.

[216] Drago R S, Kabler R A. Inorg. Chem., 1972, 11:3144; Drago R S. Inorg. Chem., 1973, 12:2211.

[217] Klopman G. J. Am. Chem. Soc., 1968, 90:223.

[218] 戴安邦.化学通报.1978(1):26.

[219] Pedersen C J. J. Am. Chem. Soc., 1967, 89:2495.

[220] Cram D J, Cram J M. Science, 1974, 183:803; Cram D J, Cram J M. Acc. Chem. Rev., 1978, 11:8.

[221] Lehn J M. Pure Appl. Chem., 1978, 50:871; Lehn J M. Angew. Chem. Int. Ed. Engl., 1988, 27:89; Lehn J M. Science, 1993, 260:1762.

[222] Schmidt G M J. Pure Appl. Chem., 1971, 27:647.

[223] Wells A F. Structural Inorganic Chemistry[M]. 5th ed. Oxford:Oxford University Press, 1984.

[224] Robson R, Abrahams B F, Batten S R, et al. In Supramolecular Architecture [M]//Bein T. Acs Symposium Series 499. Washington, D.C.:American Chemical Society, 1992.

[225]　Batten S R, Robson R. Angew. Chem. Int. Ed., 1998, 37: 1460.

[226]　Zaworotko M J. Chem. Soc. Rev., 1994, 23: 283.

[227]　Moulton B, Zaworotko M J. Chem. Rev., 2001, 101: 1629.

[228]　Yaghi O M, Sun Z, Richardson D A, et al. J. Am. Chem. Soc., 1994, 116: 807.

[229]　Gardner G B, Venkataraman D, Moore J S, et al. Nature, 1994, 374: 792.

[230]　Fujita M, Kwon Y J, Washizu S, et al. J. Am. Chem. Soc., 1994, 116: 1151.

[231]　Orr G W, Barbour L J, Atwood J L. Nature, 1999, 285: 1049.

[232]　Blake A J, Champness N R, Chung S S M, et al. Chem. Commun., 1997, 1675.

[233]　Pan L, Huang X Y, Li J, et al. Angew. Chem. Int. Ed., 2000, 39: 527.

[234]　Pan L, Zheng N W, Wu Y G, et al. Inorg. Chem., 2001, 40: 828.

[235]　Sun J Y, Wong L H, Zhou Y M, et al. Angew. Chem. Int. Ed., 2002, 41: 4471.

[236]　Sun Y Q, Zhang J, Chen Y M, et al. Angew. Chem. Int. Ed., 2005, 44: 5814.

[237]　Müller-Buschbaum K, Mokaddem Y, Schappacher F M, et al. Angew. Chem. Int. Ed., 2007, 46: 4385.

[238]　Rao C N R, Nafarajan S, Vaidhyanathan R. Angew. Chem. Int. Ed., 2004, 43: 1466.

[239]　Xu H T, Zheng N W, Jin X L, et al. Chem. Lett., 2002: 350.

[240]　Xu H T, Zheng N W, Jin X L, et al. Chem. Lett., 2002: 1144.

[241]　Wu Y G, Zheng N W, Yang R Y, et al. J. Mol. Struct., 2002, 610: 181.

[242]　Xu H T, Zheng N W, Jin X L, et al. J. Mol. Struct., 2003, 654: 183.

[243]　Xu H T, Zheng N W, Jin X L, et al. J. Mol. Struct., 2003, 655: 339.

[244]　Pan L, Zheng N W, Wu Y G, et al. J. Coord. Chem., 1999, 47: 269.

[245]　Xu H T, Zheng N W, Xu H H, et al. J. Mol. Stract, 2002, 610: 47.

[246]　杨如义,郑能武,许海涛,等.科学通报,2002,47: 1546.

[247]　杨如义,郑能武,许海涛,等.化学通报,2003(7): 492.

[248]　潘龙.配位聚合物设计、合成及表征[D].合肥:中国科学技术大学,2000.

[249]　吴永钢.配位聚合物的合成、结构和性质[D].合肥:中国科学技术大学,2001.

[250]　许海涛.稀土、过渡金属——二酸配位聚合物的合成、结构表征和性质研究[D].合肥:中国科学技术大学,2002.

[251]　Long D L, Blake A J, Champness N R, et al. J. Am. Chem. Soc., 2001, 123: 3401.

[252]　Pan L, Zheng N W, Wu Y G, Chin. J. Strucf, Chem., 1999, 18: 41.

[253]　Pan L, Zheng N W, Zhou X Y, et al. Acta Cryst., 1998, C54: 1802.

[254]　Pan L, Zheng N W, Wu Y G, et al. Acta Cryst., 1999, C55: 343.

[255]　Pan L, Zheng N W, Wu Y G, et al. J. Coord. Chem., 1999, 47: 269.

[256] Pan L, Zheng N W, Wu Y G, et al. J. Coord. Chem., 1999, 47: 551.

[257] Pan L, Zheng N W, Wu Y G, et al. Inorg. Chim. Acta, 2000, 303: 121.

[258] Xu H T, Zheng N W, Xu H H, et al. J. Mol. Struct., 2001, 597: 1.

[259] Xu H T, Zheng N W, Xu H H, et al. J. Mol. Struct., 2002, 606: 117.

[260] Xu H T, Zheng N W, Jin X L, et al. J. Mol. Struct., 2003, 646: 197.

[261] Xu H T, Zheng N W, Yang R Y, et al. Inorg. Chim. Acta, 2003, 349: 265.

[262] Chen G J, Ouyang Y, Yan S P, et al. Inorg. Chem. Commun., 2008, 11: 138.

[263] Xu J Y, Tian J L, Zhang Q W, et al. Inorg. Chem, Commun., 2008, 11: 69.

[264] Luo J, Zhou X G, Gao S, et al. Polyhedron, 2004, 23: 1243.

[265] 徐光宪,高松,黄春辉,等.自然科学进展,1993(3): 1.

[266] 黄春辉.稀土配位化学[M].北京: 科学出版社,1997.

后　记

　　量子力学的提出是 20 世纪最重大的科学成就之一,它深刻地影响了自然科学各分支学科的发展,极大拓展了人们对微观世界的认知.在量子力学提出后,许多科学家发展出多种处理多粒子体系的近似的量子理论和计算方法.比如:哈特里自洽场方法(Hartree SCF Method),哈特里-福克方法(Hartree-Fock Method),分子轨道理论(Molecular Orbital Theory),从头计算方法(ab initio Method),多体微扰理论(Many-Body Perturbation Theory),前线轨道理论(Frontier Orbital Theory),量子蒙特卡罗方法(Quantum Monte Carlo Method),密度泛函理论(Density Functional Theory),有效芯势(Effective Core Potential),量子力学/分子力学方法(Quantum Mechanics/Molecular Mechanics Method),处理电子相关作用的组态相互作用(configuration interaction),耦合簇理论(Coupled Cluster Theory)等.从事这方面研究的一些科学家还因其杰出的贡献荣获诺贝尔奖.

　　笔者从事的研究工作也正是致力于建立一种新的量子理论.经过多年研究,首次提出并建立了一种新颖的量子理论——最弱受约束电子理论(Weakest Bound Electron Theory, WBE Theory).理论的核心要点在前言中已作了简要介绍,但限于篇幅,有些内容便放在这里进一步展开.

　　1. 最弱受约束电子理论的基本思想和展望

　　WBE Theory 提出后,笔者及学生已将该理论用于:（1）原子性质的研究.包括原子能级、振子强度、跃迁概率、辐射寿命、电离能等.大量的研究结果表明,该理论在这些应用中具有很高的准确性、统一性、简便性和广泛性.还引入等光谱态系列、类光谱态系列概念.在前人基础上提出新的原子能级计算公式.提出适用于原子基态激发态的电离能差分定律.(2) 分子设计研究.提出 WBE 核势概念,并与电负性、软硬酸碱理论相关联,指导合成了许多结构新颖的配位聚合物.较早在国际上开展镧系元素配位聚合物的设计合成.(3) 以氦原子和类氦离子系列的处理为例,展示了该理论处理多电子原子体系的准确性和简便性.(4) 以氢分子离子处理为例,展示了该理论处理分子问题的可行性,以及离域的 WBE 的分子轨道由相应 WBE 的原子轨道线性组合而成的方法.

该理论思想新颖,有清晰的物理本质和图像、严格的数学求解和解析表达,以及与量子力学、量子化学已有概念、原理、定律、理论、方法的兼容性.

下面先简要总结一下该理论的基本思想.

(1) 首次引入 WBE 概念.

WBE 是当前体系中最容易被激发被电离的电子,也是物理,化学,生物过程中最活泼的电子.我们首次把 WBE 概念引入量子理论中,并建立了一种新的量子理论.

(2) N 电子原子问题可以简化成 N 个 WBE 单电子问题处理.

从逐级电离角度看,多电子体系中的 N 个电子可以重新命名为 N 个 WBE.体系的电子的哈密顿算符可以写成 N 个 WBE 的单电子算符之和.总电子能量等于 N 个 WBE 单电子能量之和,也等于 N 级电离能之和的负值.于是,N 电子原子问题可简化为 N 个 WBE 单电子问题处理.而在哈特里自洽场中,由于重复计算电子排斥能,体系电子的哈密顿量实际上被改变了,所以,轨道能不是单电子能量,轨道能之和不等于体系的总电子能量.

(3) 对于多电子原子,在解析势的形式下,WBE 的单电子薛定谔方程可以严格求解.

我们知道,氢和类氢是单电子体系,量子力学对氢和类氢求解,得到整数量子数 n, l 和核电荷数 z 为标志的径向波函数和能量表达式.试想,如果在氢和类氢中引入一个电子,并和原子核组成新势场,那么原来电子的径向波函数和能量表达式中的 n, l 和 z,还可能是整数吗? 多电子原子中,每一个 WBE 都是在当前体系的非最弱受约束电子(NWBE)和原子核的势场中运动,这与上面设想的情况完全相同.基于这种考虑,经仔细研究,我们提出一个解析势的表达式.在该形式下,WBE 的单电子薛定谔方程,可以像氢原子体系一样严格求解,得到与氢原子

相对应但 n, l, z 为非整数的 WBE 的能量和波函数的解析表达式（如果径向方程用广义拉盖尔函数法求解，那么得到的径向波函数为广义拉盖尔多项式）.

（4）多中心问题可以简化为单中心线性组合问题来处理.

在单中心原子离子体系中，引入一个原子核，电子所感受到的势场肯定会发生变化.这种变化与单中心原子离子中引入新电子导致势场的变化在物理本质上是一样的.再者，在多核体系中，电子偏向哪个核都有一定概率，所以可以通过线性组合来表达分子轨道.因此，对于分子体系，WBE 是在所有 NWBE 和原子核组成的势场中运动，WBE 分子轨道本质上是离域的.它可以由合适的 WBE 的原子轨道线性组合而成.

（5）移走电子和加入电子过程为处理多电子问题提供了两种拓扑等价的模式.

N 电子体系逐级电离移走一个一个 WBE 的全过程和逐一加入电子构造 N 电子体系的类奥夫保过程（Aufbau-like process）的全过程，互为逆过程.两者构成一个封闭循环.移走和加入电子的思想，为处理 N 电子原子分子问题，提供了两种拓扑等价的模式.两种模式仅仅是给电子重新命名，而体系的哈密顿量不变.两种模式意味着电子可以集中处理，也可以一个个处理.既体现全同粒子的不可分辨性和反对称原理，又为电子的可分离处理找到理论依据，彰显了电子的个性.换言之，在 WBE Theory 之下，许多公认的物理思想、概念、原理、定律都得到遵守.比如，原子轨道、分子轨道、电子组态、最低能量原理、泡利不相容原理、轨道对称性守恒等；同时又能更深入地了解单个电子的行为，比如，能级间电子的跃迁行为.相关的计算也大大简化了.这方面，WBE Theory 和自洽场理论、模型势理论大不相同.

（6）关于简化计算的设想.

大量事实表明，分子中相隔较远的原子或原子基团之间的相互作用比较小；原子或分子中，原子内层电子一般不参与诸多物理化学生物过程（内层电子激发等少数过程除外）.一些科学家也早已关注到这些事实，并在他们的理论和方法中，表达了这方面的思想.比如，前线轨道理论、休克尔分子轨道理论、有效芯方法、分子片概念等.在前人思想的基础上，我们也把这些有益于大大简化计算，又能深入探讨问题本质的思想纳入 WBE Theory 中.建议根据研究意图或/和分子的结构性能，可近似地将整个分子划分成一个活性碎片和一个或/和几个惰性碎片.惰性碎片对活性碎片的影响以常量化方式处理,以便集中处理活性碎片.而在处理活性碎片时,又可近似将其划分为外层活性轨道和电子及内层惰性轨道和电子.内层惰性轨道和电子也可以常量化处理,以便集中处理外层活性轨道和电子.必要时,外层活性轨道和电子的处理还可以模型化和用计算机模拟.这一点目前还只是一种想法,有待进一步研究和证实.

量子力学和量子化学已取得骄人的巨大成就,许多思想、概念、原理、理论、定律和方法不断涌现.WBE Theory 就是在这样背景下提出来的.它的理论和应用前景已得到初步展现和国际同行的认同.正如鲁迅先生所说:地上本没有路,走的人多了,也便成了路.既然在没有路的地方已踩出了一条路的印迹,笔者希望并相信,在量子力学和量子化学这一片资源丰富的领域内,WBE Theory 会茁壮地成长,今后走的人多了,一定会变成一条宽阔的大路.

2.哈特里自洽场和最弱受约束电子理论中的哈密顿算符的差异

量子力学诞生之后,多电子体系的量子力学处理,也即量子力学的多体问题,一直备受关注,到目前为止,求多粒子体系薛定谔方程的精确解仍不可能.于是,许多科学家都聚焦在寻找多粒体系薛定谔方程的近似解法上.哈特里自洽场就是诸多研究工作中的佼佼者之一,在哈特里自洽场基础上,经过改进和发展,诞生了哈特里-福克方程,哈特里-福克-罗特汉方程,分子轨道理论,从头计算方法,多组态自洽场方法等.哈特里-福克方程如今已成为量子物理、凝聚态物理、量子化学中最重要的方程之一,也是基于分子轨道理论的所有量子化学计算方法的基础.

哈特里自洽场方法的基本思想是,体系中每一个电子都在核和其他电子的平均势场中独立运动.其单电子哈密顿量为:

$$\hat{H}_j = -\frac{1}{2}\,\nabla^2 - \frac{z}{r} + \sum_{i \neq j}^{N} \int \frac{1}{\mid r_i - r \mid} \mid \varphi_i(r_i) \mid^2 d\tau_i \tag{1}$$

相应的定态薛定谔方程是:

$$\hat{H}_j \psi_j(r) = \varepsilon_j \psi_j(r) \quad (j = 1, 2, \cdots, N) \tag{2}$$

其解 $\psi_j(r)$ 就是第 j 个电子的单电子态函数[1].然后通过迭代逼近得到自洽解.至今,人们对哈特里自洽场的改进都集中在波函数方面,有许多好方案,并已取得丰硕成果.而我的关注点是它的单电子哈密顿量.我注意到,哈特里自洽场的单电子哈密顿量 $\hat{H}_i$ 的表达式中存在两个要害问题:第一,电子排斥能被重复计入.这就导致轨道能不等于电子能量,轨道能之和不等于体系的总电子能量.第二,势函数中因包含待定的 $\varphi_i(r_i)$,方程不可能有解析解.该法只能通过迭代逼近达到"自洽".这两个不足,源于对哈密顿量的处理,这也给后续理论方法造成不便(包括对理论方法的普适性、简便性和准确性的影响).

那么,在 WBE Theory 中又是如何处理哈密顿量的呢? 第一种方式是:根据逐级电离的定义,N 电子原子中的 N 个电子是一个一个被电离的,被电离的电子称为最弱受约束电子(WBE),没有被电离的电子称为非最弱受约束电子(NWBE).因此,可以认为 WBE_i 是在 $N-i$ 个 NWBE 和核形成的势场中运动,它的单电子哈密顿量为:

$$\hat{H}_i = -\frac{1}{2}\ \nabla_i^2 - \frac{z}{r_i} + \sum_{i<j}^{N} \frac{1}{r_{ij}} \tag{3}$$

式中 i 代表 WBE_i,j 代表 $NWBE_j$.所有与 WBE_i 相关的电子对之间的排斥势能项都归到 WBE_i 名下.显然,WBE 的单电子哈密顿量之和等于体系的总的电子哈密顿量.第二种方式:简言之,就是把体系中相互作用的电子对 i 和 j 的排斥能,各取二分之一平摊给电子 i 和电子 j,它的单电子哈密顿量是

$$\hat{H}_i = -\frac{1}{2}\ \nabla_i^2 - \frac{z}{r_i} + \frac{1}{2}\sum_{i\neq j}^{N} \frac{1}{r_{ij}} \tag{4}$$

(3)式和(4)式是作者根据逐级电离和全同粒子的物理事实提出的划分多电子哈密顿算符成单电子哈密顿算符的方式,也是 WBE Theory 的核心思想之一.粒子间的磁相互作用也可以如此划分.

在量子力学和量子化学中有两点很重要.一是体系的哈密顿算符代表一个可观测的物理量,即体系的电子总能量.二是量子化学的标准状态.两者联在一起,即有体系的总电子能量等于逐级电离能之和的负值.这样,一个理论的优劣就有了实验检验的标准.显然,以上分割算符的两种方式,只是从不同角度出发给电子重新命名,所有单电子哈密顿算符之和等于体系总电子哈密顿算符,并不改变体系的哈密顿算符.所以,就有单电子能量之和等于体系总的电子能量及等于体系逐级电离能之和的负

值的结果.这就解决了哈特里自洽场中夸大计入电子排斥能的问题.

两种方式中,每一个电子都是在由核和其他电子组成的势场中运动,物理本质上是相同的,所以,我们提出一个近似的统一的势函数来表达它们的势场.这样,单电子薛定谔方程 可以严格求解.

综上所述,WBE Theory 避免了哈特里自洽场重复计算电子对排斥能和单电子薛定谔方程没有解析解的两大不足.

3. 最弱受约束电子理论中的势函数由来

大家都在想怎么能把多电子问题简化成单电子问题处理,而单电子问题又如何能像氢原子问题一样通过求解单电子薛定谔方程得到解析解.多年来我也一直在研究这个问题.多电子体系中电子的电离是原子、分子的一种重要物理性质.电离有严格的物理定义,电离能是实验上可测量的物理量,量子力学中的哈密顿算符和这个物理量是直接关联的.于是,WBE 的概念和元素逐级电离能的变化规律,首先进入我的研究视线.我发现了元素电离能差分定律:在一个等光谱态能级系列中,电离能的一阶差分对核电荷数呈良好的线性关系;二阶差分接近于定值.每一级电离中只有一个 WBE 电离.于是可认为 WBE 是在 NWBE 和核组成的势场中运动.无论这个势场中的 NWBE 有多少,是开壳层分布还是闭壳层分布,等光谱态能级系列中的电离能都遵从差分定律.因此,我相信WBE 感受的势场可能有一个统一的表达形式.前人对碱金属单价电子势场做过研究,提出了一个势函数的无限级数表示式.那么是否可以直接引入这个表示式? 答案是否定的.因为在无限级数形式下,单电子薛定谔方程肯定没办法求解.而且,研究者只关注了静电的屏蔽和极化作用,没有考虑电子概率分布的贯穿效应.经过对氢原子和氢光谱的量子力学研究、碱金属单价电子势函数的无限级数表示式的研究、碱金属光谱的研究以及元素电离能差分定律的研究,最终我提出了在非相对论、中心场近似下 WBE 的势函数的解析势形式:

$$V(r_\mu) = -\frac{z'_\mu}{r_\mu} + \frac{d_\mu(d_\mu+1)+2d_\mu l_\mu}{2r_\mu^2} \tag{5}$$

略去下标为

$$V(r) = -\frac{z'}{r} + \frac{d(d+1)+2dl}{2r^2} \tag{6}$$

在该形式下,WBE 的单电子薛定谔方程可以像氢原子一样严格求解.解的角向部分和氢原子相同为球谐函数,而径向方程可以用广义拉盖尔函数法和伽马函数法求解.如果径向方程用广义拉盖尔函数法求解,那么得到的径向波函数为广义拉盖尔多项式(不是通常的联属拉盖尔多项式).而且,WBE Theory 可以还原出量子力学处理氢原子的所有结果.所以,WBE Theory 是一个单电子和多电子体系统一的量子理论.

4. 最弱受约束电子理论用于分子体系

基本思路有两点.

(1) 根据分子电离的定义,N 电子体系发生 N 级电离.每一级电离只移走一个 WBE,而其他电子(即 NWBE)是不被移走的.因此,体系中每一个电子都有可能成为 WBE.根据电离的观点,在当前体系中 WBE 是在由 NWBE 和核组成的势场中运动.因此,WBE 的分子轨道本质上是离域的.

(2) 多中心分子问题可简化为单中心原子问题的线性组合处理,也即分子的 WBE 轨道可由合适的 WBE 的原子轨道线性组合而成.理由是原子中 NWBE 作为扰动源,其必然影响 WBE 感受到的由核产生的势场,而分子中除指定的核之外,其他核的加入也必然影响 WBE 感受到的由指定核产生的势场,两者的物理本质是相同的.再者,当前体系中 WBE 可以靠近指定核也可以靠近其他任何一核,WBE 的运动是概率分布的.

作为具体例子,用 WBE Theory 处理氢分子离子(基态),最简单的情况下可选取

$$\psi = c_1 \varphi_a(1s) + c_2 \varphi_b(1s) \tag{7}$$

作尝试变分函数,式中 $\varphi_a(1s)$ 和 $\varphi_b(1s)$ 是 WBE 的原子的 1s 轨道(不是氢原子的 1s 轨道)[2].读者可参考文献[3-4]进行演算.

郑能武

2022 年 7 月

---

[1] 徐光宪,黎乐民,王德民编著.量子化学—基本理论和从头计算(中册)[M].北京:科学出版社,2009:153-155.

［2］ 郑能武.最弱受约束电子理论及应用(修订版)［M］.合肥：中国科学技术大学出版社,2011.

［3］ 杨照地,孙苗,苑丹丹,编.张桂玲主审.量子化学基础［M］.北京：化学工业出版社,2012：77.

［4］ Griffths D J.量子力学概论［M］.贾瑜,胡行,李玉晓,译.北京：机械工业出版社,2009：199.

索　引